高等职业教育水利类新形态一体化教材

"十三五"江苏省高等学校重点教材（编号：2019-2-168）

工程水文与水利计算

主　编　史志鹏　何婷婷

副主编　陈　晨　马　琳

　　　　陈　建　于明旭

中国水利水电出版社

www.waterpub.com.cn

·北京·

内 容 提 要

水利工程规划设计的基础是水文资料的收集和相关水利计算，本书主要内容包括工程水文基础知识、工程水文分析计算、水利计算、水库调度、工程水文实训共五个模块。每个模块以任务驱动的方式展开，包括知识导入、任务描述、相关知识和课外技能训练。为了使读者能够理解每个学习任务的重点和难点，调动读者的学习积极性，在每个模块的相关知识中都穿插了思考题和做一做，并且附上相关参考答案；另外，每个模块都融入了大量的微课视频、精美动画和例题答案，这就使得原本生涩难懂、计算量大的水利计算变得直观立体、通俗易懂。

本书可作为水利工程、水利水电工程技术、水文与水资源工程等专业的教学用书，也可以作为相关岗位培训及从事相关行业的专业技术人员的参考用书。

图书在版编目（CIP）数据

工程水文与水利计算 / 史志鹏，何婷婷主编. -- 北京 : 中国水利水电出版社，2020.11
高等职业教育水利类新形态一体化教材 “十三五”江苏省高等学校重点教材
ISBN 978-7-5170-8032-9

Ⅰ. ①工… Ⅱ. ①史… ②何… Ⅲ. ①工程水文学－高等职业教育－教材②水利计算－高等职业教育－教材 Ⅳ. ①TV12②TV214

中国版本图书馆CIP数据核字(2020)第205176号

“十三五”江苏省高等学校重点教材（编号：2019－2－168）

书　　名	高等职业教育水利类新形态一体化教材 “十三五”江苏省高等学校重点教材 **工程水文与水利计算** GONGCHENG SHUIWEN YU SHUILI JISUAN
作　　者	主　编　史志鹏　何婷婷 副主编　陈　晨　马　琳　陈　建　于明旭
出版发行	中国水利水电出版社 （北京市海淀区玉渊潭南路1号D座　100038） 网址：www.waterpub.com.cn E-mail：sales@waterpub.com.cn 电话：（010）68367658（营销中心）
经　　售	北京科水图书销售中心（零售） 电话：（010）88383994、63202643、68545874 全国各地新华书店和相关出版物销售网点
排　　版	中国水利水电出版社微机排版中心
印　　刷	清淞永业（天津）印刷有限公司
规　　格	184mm×260mm　16开本　13.5印张　312千字
版　　次	2020年11月第1版　2020年11月第1次印刷
印　　数	0001—2000册
定　　价	**39.00**元

前言

为了进一步落实《教育部关于加强高等学校在线开放课程建设应用与管理的意见》（教高〔2015〕3号）的精神，推动现行在线开放课程、慕课、金课的课堂实施，编写了高等职业教育新形态一体化教材《工程水文与水利计算》。本书集实用性、创新性为一体，针对高职高专学生学习特点和要求编写。

本书在内容编写上严格执行国家最新规范，通过“知识导入、任务内容讲解、课外技能训练、课程综合实训”四个步骤将课程内容层层推进，并辅助大量微课视频、动画、例题答案、技能训练参考答案以凸显本书的应用性和实用性。本书内容主要由五个模块构成，每个模块设置总体学习目标和要求，使学习者对于模块学习的内容和将要达到的学习效果有初步的认识；每个模块又划分为若干子任务，每个任务都有任务目标和任务要求，相关内容中还设置了很多实例精进、课程延伸思考和课外拓展阅读，供学习者线上和线下学习参考。

本书数字化资源丰富，包括70余个微课视频，10个课程动画，若干课程实例精讲和课后习题演练，采用“纸质教材＋数字资源”的出版方式，实现了数字教学资源和传统教材的完美融合，通过扫描书中二维码就可以实时在线查看微课视频、动画、例题答案、课后拓展训练答案等数字资源，突破了传统课堂的时空局限性，激发学生的自主学习兴趣，打造了立体化课堂。不仅能够满足高职高专学生课堂学习的需要，更能满足不同基础学习者线上学习的需要。

本书主要有三大特色：一是任务驱动教学。每个模块下有若干具体学习任务，都描述具体任务内容和实施条件以明确本任务学习的总体要求，读者通过具体相关内容的学习、微课视频的观看和课堂实例的精讲，能够自主学习并完成学习任务，近一步培养分析问题和解决问题的能力。二是内容充实，形式多样。本书相关学习内容是直观的内容精选，针对重难点内容更是通过丰富的微课教学、动画演示、实例精讲、课后思考等方式，激发读者的学习兴趣，达到学习目标。三是形式新颖，资源丰富。本书采用新形态一体化教材，融合更多的数字化资源使内容更加直观生动，使读者能够轻松掌握工程水文计算中的复杂计算。

本书编写分工如下：模块1主要由江苏建筑职业技术学院史志鹏和陈晨编写，模块2主要由江苏建筑职业技术学院何婷婷和史志鹏编写，模块3主要由江苏建筑职业技术学院何婷婷、陈建、于明旭编写，模块4由杨凌职业技术学院马琳编写，模块5由江苏建筑职业技术学院何婷婷和史志鹏编写。本书在总体框架构建和内容选择方面得到了江苏建筑职业技术学院张子贤教授的悉心指导和建议，在此，对所有为本书付出辛勤劳动的编者表示深深的感谢。

另外，本书模块5参考和引用了杨凌职业技术学院拜存有教授和江苏建筑职业技术学院张子贤教授合编的《工程水文及水利计算》（第3版）水文技能训练项目中的部分内容，在此再次表示衷心的感谢。

由于编者水平有限，书中的错误和不当之处还请读者批评指正。

编者

2019年8月

“行水云课”数字教材使用说明

“行水云课”水利职业教育服务平台是中国水利水电出版社立足水电、整合行业优质资源全力打造的“内容”+“平台”的一体化数字教学产品。平台包含高等教育、职业教育、职工教育、专题培训、行水讲堂五大版块，旨在提供一套与传统教学紧密衔接、可扩展、智能化的学习教育解决方案。

本套教材是整合传统纸质教材内容和富媒体数字资源的新型教材，它将大量图片、音频、视频、3D动画等教学素材与纸质教材内容相结合，用以辅助教学。读者可通过扫描纸质教材二维码查看与纸质内容相对应的知识点多媒体资源，完整数字教材及其配套数字资源可通过移动终端APP、“行水云课”微信公众号或中国水利水电出版社“行水云课”平台查看。

内页二维码具体标识如下：

- Ⓕ 为平面动画
- ▶ 为知识点视频
- 3D 为三维动画
- Ⓣ 为试题及答案
- ▤ 为课件
- Ⓟ 为文档

多媒体知识点索引

续表

续表

续表

序号	码号	资　源　名　称	类型	页码
90	2.3.3	做一做答案扫描上方二维码查看答案	Ⓣ	73
91	2.3.4	课外技能训练答案扫描上方二维码查看答案	Ⓣ	73
92	3.1.1	水库调节	▶	77
93	3.1.2	做一做答案扫描上方二维码查看答案	Ⓣ	79
94	3.1.3	水库设计标准	▶	80
95	3.1.4	水库特征曲线（上）	▶	80
96	3.1.5	水库特征曲线（下）	▶	81
97	3.1.6	水库特征水位和特征库容	Ⓕ	82
98	3.1.7	水库水量损失	▶	82
99	3.1.8	做一做答案扫描上方二维码查看答案	Ⓣ	83
100	3.1.9	水库兴利调节（上）	▶	84
101	3.1.10	水库兴利调节（下）	▶	86
102	3.1.11	做一做答案扫描上方二维码查看答案	Ⓣ	86
103	3.1.12	做一做答案扫描上方二维码查看答案	Ⓣ	89
104	3.1.13	长系列法	▶	89
105	3.1.14	扫描查看水量差累积曲线和普列什柯夫线	Ⓟ	92
106	3.1.15	课外技能训练答案扫描上方二维码查看答案	Ⓣ	92
107	3.2.1	防洪措施	▶	95
108	3.2.2	水库调洪计算	▶	98
109	3.2.3	做一做答案扫描上方二维码查看答案	Ⓣ	98
110	3.2.4	做一做答案扫描上方二维码查看答案	Ⓣ	99
111	3.2.5	做一做答案扫描上方二维码查看答案	Ⓣ	102
112	3.2.6	课外技能训练答案扫描上方二维码查看答案	Ⓣ	105
113	3.3.1	水能基本知识	▶	107
114	3.3.2	做一做答案扫描上方二维码查看答案	Ⓣ	111
115	3.3.3	做一做答案扫描上方二维码查看答案	Ⓣ	112
116	3.3.4	保证出力	▶	112
117	3.3.5	做一做答案扫描上方二维码查看答案	Ⓣ	113
118	3.3.6	做一做答案扫描上方二维码查看答案	Ⓣ	113
119	3.3.7	做一做答案扫描上方二维码查看答案	Ⓣ	114
120	3.3.8	做一做答案扫描上方二维码查看答案	Ⓣ	117

续表

目录

模块1 工程水文基础知识

知识导入

工程水文基础认知

思考

1. 我们在生活中见过哪些与工程水文有关的建筑物？

2. 工程水文及水利计算对于水利工程有什么重要意义？

导入语

自古以来，人类就依水（主要指河流）而居。可以说人类的生存与发展与河流有着密不可分的关系。但是，河流的“水”变化无常，在为人类生存提供基本保障的同时，也会危及人类的安全。因此，认识河流。引水、治水的历史由来已久，如我国古代的大禹治水，秦代修建的都江堰、郑国渠、灵渠等工程影响深远，现代大型工程如长江三峡工程、南水北调工程更是堪称世界闻名。由此可见，水利水电工程建设的主要目标就是开发利用河流的水资源，兴水利、除水害，不仅满足城市供水、发电、航运、灌溉等需求，还有防洪和生态环境改善的功能。河流是人类的主要关注对象，更是水利工程技术人员主要研究的对象。了解工程水文的基本常识，掌握河流水文学的基本概念和基本原理，熟悉水文资料的收集方法及水文统计的基本方法，可为完成工程水文分析计算、工程规模确定，以及水库的调度运用等实际工作任务，胜任今后的工作岗位提供知识和能力支撑。

学习目标与要求

1. 掌握下列工程水文的基本概念：水文循环，河流，流域，降水，降雨特性，点雨量，面雨量，流域总蒸发，下渗，土壤水，地下水，径流，洪水，水位，流量，径流量，径流深，径流系数，悬移质，推移质，含沙量，输沙率，输沙量，侵蚀模数，水位流量关系，统计规律，频率，随机变量，统计参数，样本，总体，经验频率曲线，理论频率曲线，抽样误差，适线法，相关分析，相关系数，复相关。

2. 能够准确表述水文循环的基本过程，解释常见水文现象。

3. 能计量流域主要特征值（F、L、J）。

4. 能够阐述水量平衡基本原理，解释水量平衡通用方程和闭合流域年水量平衡方程、多年平均水量平衡方程的意义。

5. 能够陈述降雨的成因和分类。

6. 能正确使用面平均雨量计算方法进行流域平均雨量计算。

7. 能够陈述降雨径流的形成过程，并分析主要影响因素。

8. 会换算径流单位。

9. 会换算河流泥沙单位。

10. 会观测水位、流量、含沙量、降水、水面蒸发。

11. 会初步整理水位、流量、含沙量、降水、水面蒸发观测资料。

12. 能够叙述水质监测的作用和内容。

13. 能阐述水文资料的整编过程。

14. 会正确使用水文年鉴和水文手册（图集）等水文资料。

15. 能够进行频率与重现期的转换计算，并解释含义。

16. 能够用Excel和计算器计算水文样本系列的统计参数和经验频率。

17. 能够手工绘制经验频率曲线。

18. 会运用频率适线估计总体的统计参数。

19. 能够用Excel和计算器进行简单直线相关计算，并进行资料的插补与延长。

20. 能够用图解法进行简单曲线相关和复相关关系线的定线。

21. 养成严谨、认真、一丝不苟的学习和工作态度以及团队协作精神。

查阅本书目录，结合课程片头的相关视频，了解本课程的主要学习内容和学习方法。

1.0.1

工程水文片头

任务1.1　水文学基本知识

任务目标

通过本任务的学习，使学生掌握河流水文学的基本知识、基本概念和基本原理，理解水文现象的形成过程及主要影响因素，掌握水文循环过程中各个水文要素的度量方法和水量平衡原理。

任务描述

- **任务内容**

通过仔细观察图1.1.1水文循环示意图，简要说明水文循环的基本过程，总结出水文循环的主要过程。想一想，如何能够准确计算水文循环各个主要过程的量。

- **实施条件**

(1) 学习相关课程视频和微课。

(2) 结合之前所学其他课程的相关知识。

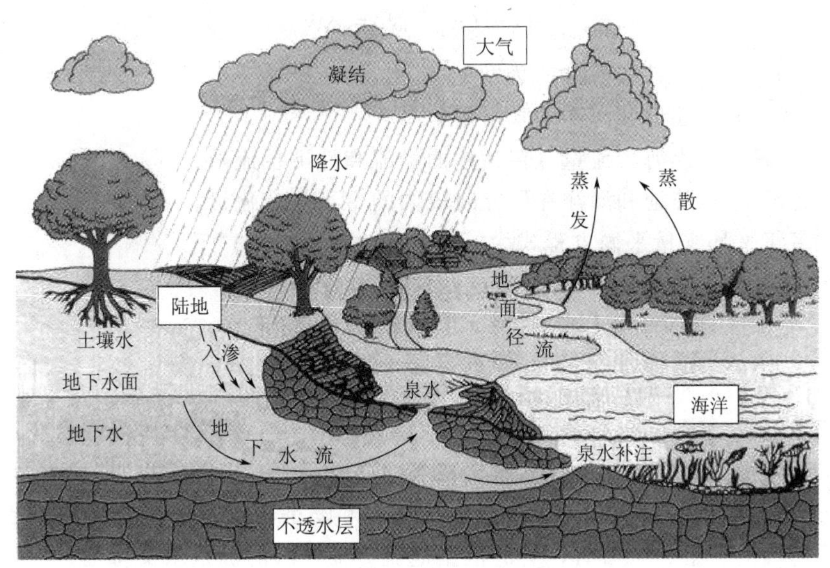

图 1.1.1　水文循环示意图

 相关知识

1.1.1　水文循环

1. 水文循环的概念

地球表面的各种水体，在太阳辐射的作用下，从海洋和陆地表面蒸发上升到空中，并随空气流动，在一定的条件下，冷却凝结形成降水又回到地面。降水的一部分经地面、地下形成径流并通过江河流回海洋；一部分又重新蒸发到空中，继续上述过程。这种水分不断交替移动的现象称为水文循环，也称为水循环。

2. 水文循环的成因

形成水文循环的原因分为内因和外因两个方面。内因是水有固相、液相、气相三种状态，且在一定条件下相互转换；外因是太阳的辐射作用和地心引力。太阳辐射为水分蒸发提供热量，促使液、固态的水变成气态，并引起空气流动。空中的气态水凝结后又以降水方式回到地面，形成地面水、地下水汇流入海。

1.1.2　地球上的水量平衡

根据自然界的水文循环，地球水圈的不同水体在周而复始的循环运动着，从而产生一系列水文现象。据此原理，可列出一般的水量平衡方程：

$$I-O=W_2-W_1=\Delta W \tag{1.1.1}$$

对于地球，以大陆作为研究对象，则某一时段的水量平衡方程式为

$$H_1-(E_1+R)=\Delta W_1 \tag{1.1.2}$$

若以全球海洋为研究对象，则有

$$H_h-(E_h+R)=\Delta W_h \tag{1.1.3}$$

式中 E_l、E_h——陆地和海洋的蒸发量；

H_l、H_h——陆地和海洋的降水量；

R——入海径流量（包括地面径流和地下径流）；

ΔW_l、ΔW_h——陆地和海洋在研究时段内的蓄水量变化量。

全球多年平均水量平衡方程式为

$$\overline{E}_l+\overline{E}_h=\overline{H}_l+\overline{H}_h \tag{1.1.4}$$

1.1.3 河流

1. 河流的定义和划分

1.1.4

河流及其特征

河流是汇集一定区域地表水和地下水的泄水通道，是水文学研究的主要对象。一条河流按其流经区域的自然地理和水文特点划分为河源、上游、中游、下游和河口五段，如图1.1.2所示。河源是河流的发源地，可以是泉水、溪涧、湖泊、沼泽和冰川；划分河流上、中、下游时，有的依据地貌特征，有的侧重水文特征。上游直接连接河源，一般落差大，流速急，水流的下切能力强；中游段坡降变缓，下切力减弱，旁蚀力加强，河道有弯曲，河床稳定；下游段一般流经平原，坡降平缓，水流缓慢，泥沙淤积；河口是河流注入海洋、湖泊或其他河流的地段。

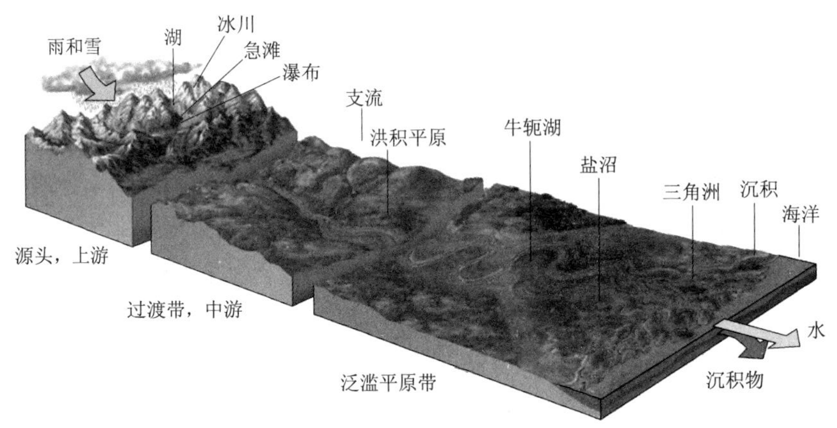

图1.1.2 河流的五段示意图

2. 河流的特征

河流的纵横断面：河段某处垂直于水流方向的断面称为横断面，又称为过水断面，如图1.1.3所示。河流各个横断面最深点的连线称作河流的深泓线或溪线。假想将河流从河源到河口沿深泓线切开并投影到平面上所得的剖面，称作河流纵断面，如图1.1.4所示。

河流的长度：一条河流，自河源到河口沿深泓线计量的平面曲线长度称为河长。

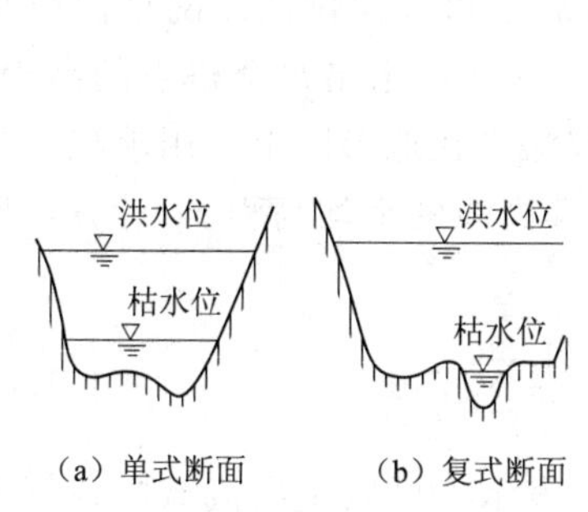

图 1.1.3　河流的横断面

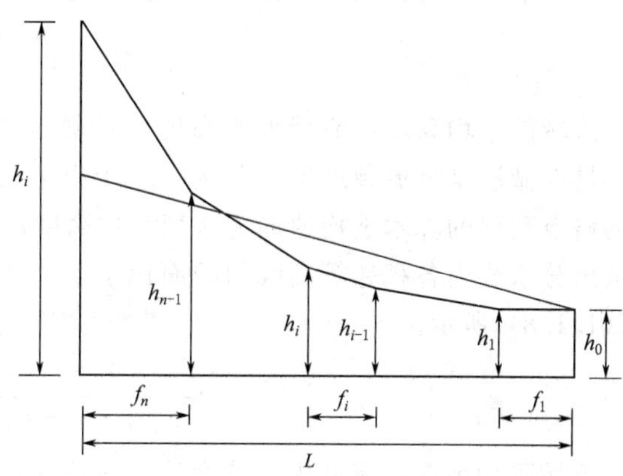

图 1.1.4　河流的纵断面

河流纵比降：河段两端的河底高程之差称为河床落差，单位河长的河床落差称为河道纵比降 J，通常以千分数或小数计。

$$J=\frac{z_{上}-z_{下}}{l}=\frac{\Delta z}{l} \tag{1.1.5}$$

当河段的纵断面为折线时，可用面积包围法计算河段的平均纵比降。

$$J=\frac{(z_0+z_1)l_1+(z_1+z_2)l_2+\cdots+(z_{n-1}+z_n)l_n-2z_0L}{L^2} \tag{1.1.6}$$

1.1.4　流域

1. 流域及分水线

河流某一断面以上汇集地表水和地下水的区域称为河流在该断面的流域。流域的分水线有地面分水线和地下分水线，地面分水线是实际分水岭山脊的连线或四周最高点的连线。当地面分水线与地下分水线完全重合时，该流域称为闭合流域，否则称为非闭合流域，非闭合流域在相邻流域间有水量交换，如图 1.1.5 所示。

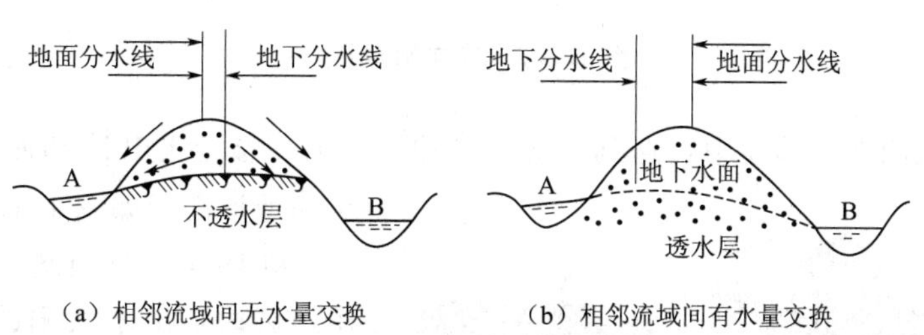

图 1.1.5　非闭合流域地面与地下分水线示意图

2. 流域的特征

流域面积：河流某一断面以上，由地面分水线所包围不规则的图形的面积。

流域长度：流域几何中心轴的长度。

流域平均宽度：流域面积与流域长度的比值，用 B_f 表示。

$$B_f=\frac{F}{L_f} \tag{1.1.7}$$

流域的平均高度：流域平均高度的计算可以用网格法和求积仪法。网格法较粗略，具体做法是将流域地形图分为100个以上的网格，内插确定出每个格点的高程，各网格点高程的算术平均值即为流域平均高度；求积仪法是在地形图上，用求积仪分别量出分水线内各相邻等高线间的面积 f_i，用相邻两等高线的平均高程 z_i 计算，如式（1.1.8）所示。

$$\overline{Z}_f=\frac{f_1z_1+f_2z_2+\cdots+f_nz_n}{f_1+f_2+\cdots+f_n}=\frac{1}{F}\sum_{i=1}^{n}f_iz_i \tag{1.1.8}$$

流域平均坡度：流域表面坡度的平均情况，以 $\overline{J}_f$ 表示。可以量出流域内各等高线的长度，用 l_0，l_1，l_2，…，l_n 表示，相邻两条等高线的高差用 Δz 表示，公式按照式（1.1.9）计算。

$$\overline{J}_f=\frac{\Delta z(0.5l_0+l_1+l_2+\cdots+0.5l_n)}{F} \tag{1.1.9}$$

1.1.5　降水

1. 降水的成因及分类

降水是指空中的水汽以液态或固态形式从大气到达地面的各种水分的总称。按照空气上升冷却的原因，将降雨分为锋面雨、地形雨、对流雨和台风雨四种类型。

按照冷暖气团的相对运动方向将锋面雨分为冷锋雨和暖锋雨，如图1.1.6所示。

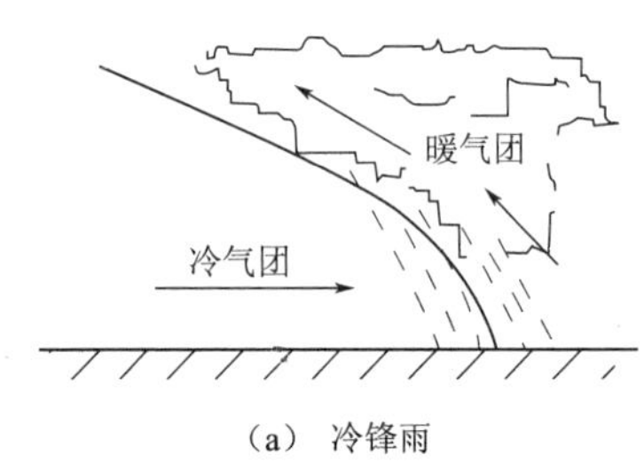

(a)　冷锋雨

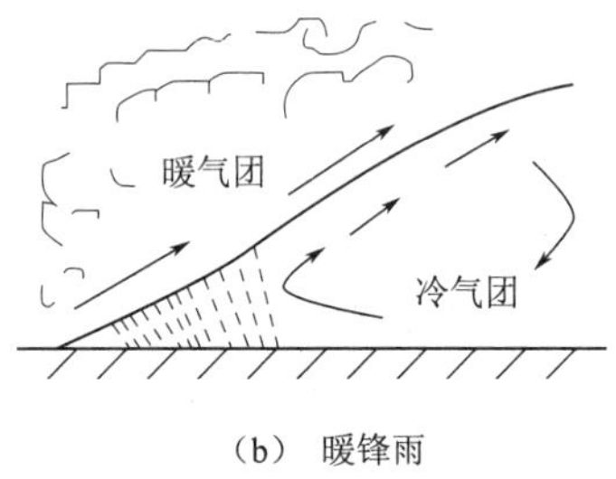

(b)　暖锋雨

图1.1.6　锋面雨示意图

当暖湿气团在运移途中，遇到山脉、高原等阻碍，被迫上升冷却而形成的降雨，称为地形雨，如图1.1.7所示。

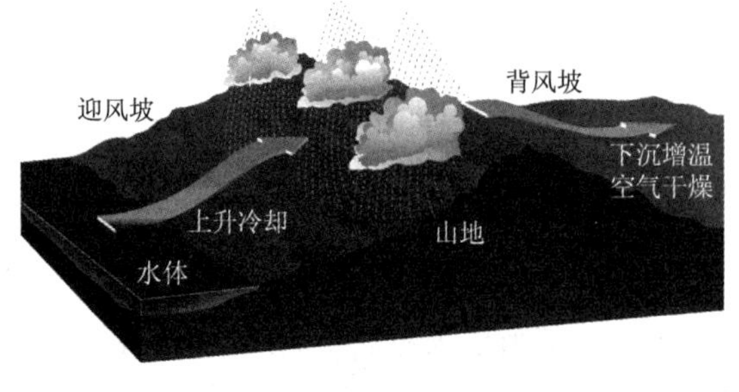

图1.1.7　地形雨示意图

在盛夏季节当暖湿气团笼罩一个地区时，由于太阳的强烈辐射作用，局部地区因受热不均衡而与上层冷空气发生对流作用，暖湿空气上升冷却而降雨，称为对流雨，如图1.1.8所示。图中箭头代表气流的运动方向。

台风雨是由热带海洋上的风暴带至大陆上的狂风暴雨，如图 1.1.9 所示。图中箭头代表气流的运动方向。

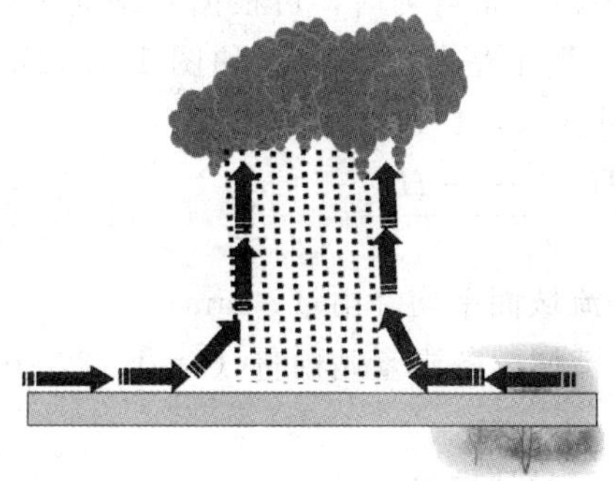

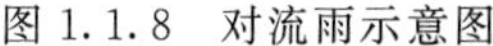

图 1.1.8　对流雨示意图

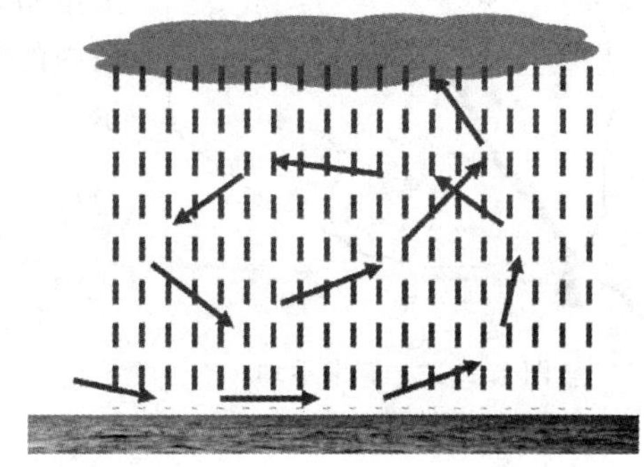

图 1.1.9　台风雨示意图

根据我国气象部门的规定，按照 1h 或者 24h 的降雨量，降雨分类如下：

（1）小雨：指 1h 雨量不大于 2.5mm 或 24h 降雨量不大于 10.0mm。

（2）中雨：指 1h 雨量为 2.6～8.0mm 或 24h 雨量为 10.1～24.9mm。

（3）大雨：指 1h 雨量为 8.1～15.9mm 或 24h 雨量为 25.0～49.9mm。

（4）暴雨：指 1h 雨量不小于 16mm 或 24h 雨量不小于 50.0mm。

计算流域降雨量首先要计算点降雨量。

2. 点降雨

点降雨特性通常用降雨量过程线和强度历时曲线来表示。

点降雨过程线表示降雨量随时间变化的特性，常采用降雨量柱状图和降雨量累积曲线来表示，如图 1.1.10 所示。图中横坐标代表降雨历时，单位为小时（h）；纵坐标有两个，一个是累积降雨量 H，单位为 mm；另一个为降雨强度 i，单位为 mm/h。

降雨强度-历时曲线：统计不同历时内的最大平均降雨强度，并以平均雨强为纵坐标、历时为横坐标点绘曲线，即为降雨的平均雨强-历时曲线，如图 1.1.11 所示。

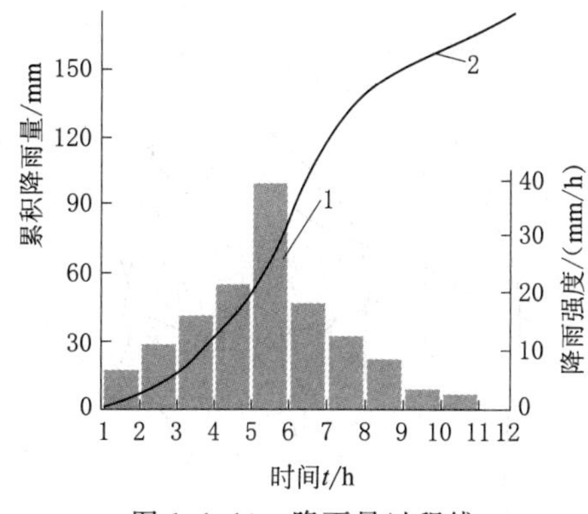

图 1.1.10　降雨量过程线

1—雨量柱状图；2— 降雨量累积曲线

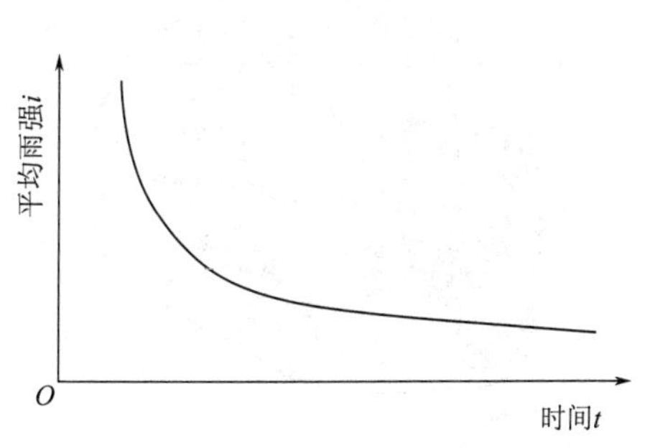

图 1.1.11　平均雨强-历时曲线

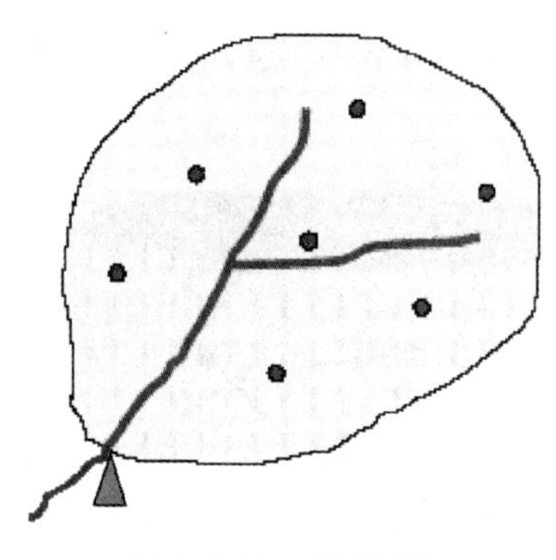

图 1.1.12 算术平均法计算示意图

3. 流域平均雨量的计算

(1) 算术平均法。当流域内地形变化不大，且雨量站数目较多、分布均匀时，可根据各站同一时段内的降雨量用算术平均法计算，如图 1.1.12 所示，计算公式见式 (1.1.10)。

$$H_F=\frac{H_1+H_2+\cdots+H_n}{n}=\frac{1}{n}\sum_{i=1}^{n}H_i \quad (1.1.10)$$

式中 H_F——流域面平均降雨量，mm；

H_i——流域内各雨量站雨量 ($i=1,2,\cdots,n$)，mm；

n——雨量站数目。

(2) 泰森多边形法。泰森多边形法又称为面积加权平均法或垂直平分法，当流域内雨量站分布不均匀或地形变化较大时，可假定流域上不同地点的降雨量与距其最近的雨量站的雨量相近，并用其值计算流域面平均雨量，如图 1.1.13 所示。图中深色线条代表流域内的水系分布，浅色虚线为所构建的泰森多边形，边缘实线为流域边界线。

$$H_F=\frac{H_1f_1+H_2f_2+\cdots+H_nf_n}{F}=\frac{1}{F}\sum_{i=1}^{n}H_if_i$$

$$=\sum_{i=1}^{n}A_iH_i \quad (1.1.11)$$

其中 $A_i=f_i/F$

式中 f_i——流域内各多边形的面积 ($i=1,2,\cdots,n$)，km^2；

F——流域面积，km^2；

A_i——各雨量站的面积权重系数，$\sum_{i=1}^{n}A_i=1.0$。

(3) 等雨量线法。如果降雨在地区上或流域上分布很不均匀，地形起伏大，则宜用等雨量线法计算面雨量，如图 1.1.14 所示。它是以面积作为权重的加权平均法，

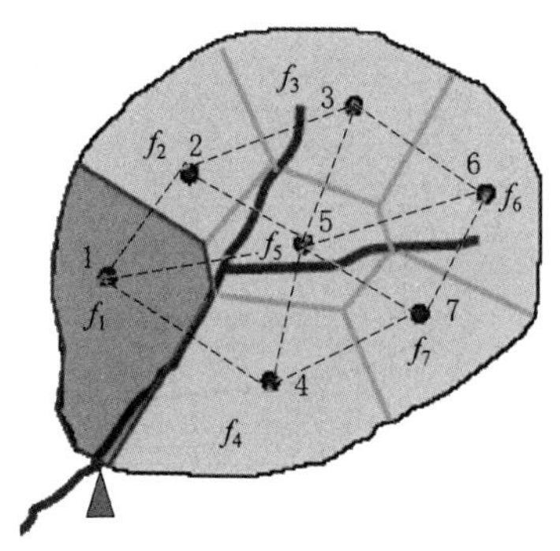

图 1.1.13 泰森多边形法

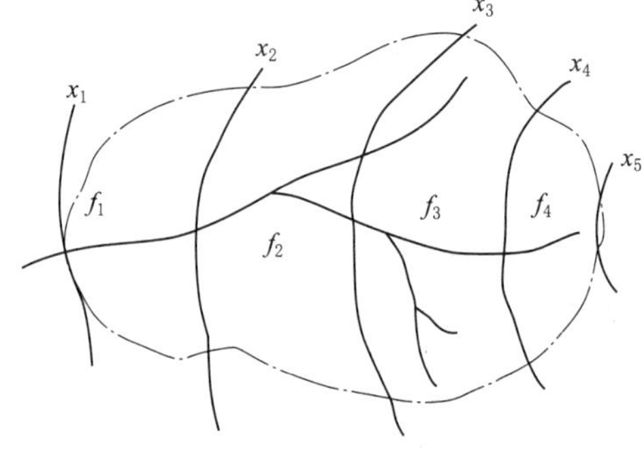

图 1.1.14 等雨量线法计算

先根据流域上各雨量站的雨量资料绘制等雨量线图，并计算出流域内各相邻两条等雨量线间的面积 f_i，则流域平均降雨量为

$$H_F=\frac{1}{F}\sum_{i=1}^{n}\frac{1}{2}(H_i+H_{i+1})f_i=\frac{1}{F}\sum_{i=1}^{n}\overline{H}_i f_i \tag{1.1.12}$$

式（1.1.12）中各参数含义和式（1.1.11）相同，图 1.1.14 中 x_i 代表流域等雨量线具体雨量值。

4. 降雨的观测

我国古代很早就有关于降雨的观测，《后汉书·礼仪志》记载：“自立春至立夏尽立秋，郡国上雨泽。”清乾隆年间还有降雨观测的测雨台，古代观测降雨主要用圆罂，如图 1.1.15 和图 1.1.16 所示。

1.1.8
降雨的观测

图 1.1.15　乾隆测雨台

宋代圆罂承雨器
图 1.1.16　测雨用的圆罂

观测降雨主要使用雨量器（图 1.1.17），内径 20cm，分辨率 0.1mm。采用两段制观测，即每日 8 时及 20 时各观测一次，雨季增加观测段次。每日 8 时至次日 8 时降水量为当日降水量。

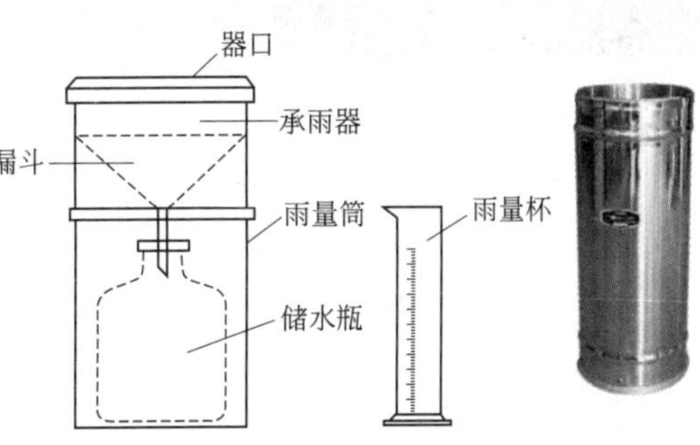

图 1.1.17　雨量器结构图

目前我国常用的雨量器为自记式雨量计，又可分为虹吸式雨量计和翻斗式雨量计，如图 1.1.18 和图 1.1.19 所示。

1.1.9
虹吸式雨量计

1.1.10
翻斗式雨量计

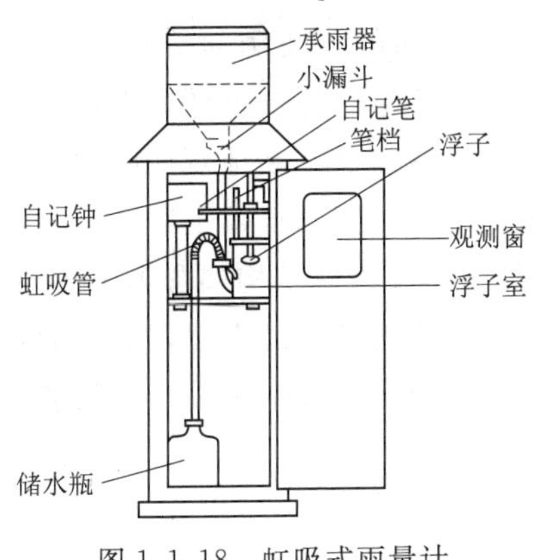

图 1.1.18　虹吸式雨量计

图 1.1.19　翻斗式雨量计

虹吸式雨量计承雨器将雨量导入浮子室，浮子随注入的雨水增加而上升，带动自记笔在附有时钟的转筒上的记录纸上连续记录随时间累积而增加的雨量。当累积雨量达10mm时，自行进行虹吸，使自记笔立即垂直下落到记录纸上纵坐标的零点，之后又开始记录。翻斗式雨量计承雨器接受的雨水流入对称的翻斗的一侧，当接满0.1mm时，翻斗倾于一侧把雨水全部泼掉，另一翻斗则处于进水状态。每次翻转将发出一个脉冲信号，由记录设备记下这些信号并换算为雨量。

1.1.6　蒸发

1.1.11

蒸发

蒸发是指水由液态或固态转化为气态的物理变化过程，是水文循环的重要环节之一，也是水量平衡的基本要素和降雨径流的一种损失。流域蒸发包括水面蒸发和陆面蒸发。

1. 水面蒸发的观测

水面蒸发的观测采用的是E601型蒸发器，如图1.1.20所示，每日8时观测一次，单位为mm。

1.1.12

E601水面蒸发器

(a) 实物图

(b) 剖面图

(c) 平面图

图1.1.20　E601型水面蒸发器结构图（单位：cm）

1—蒸发器；2—水圈；3—溢流桶；4—测深桩；5—器内水面指示针；6—胶管；7—放桶箱；8—箱盖；9—溢流嘴；10—支持挡；11—直管；12—管架；13—排水孔；14—土圈；15—土圈放坍墙

2. 土壤蒸发的观测

土壤蒸发器有多种，目前常用的为H-500型土壤蒸发器。其内筒是活动的，装满研究的土样，接收雨水，超渗径流排入径流器，超过土样持水量的雨水则渗入下面的集水器。仪器通过不断地观测降雨、径流、下渗和内筒土样重量的变化，以求得土壤各个时段的蒸发量，H-500型土壤蒸发器的结构如图1.1.21所示。

图1.1.21　H-500型土壤蒸发器

流域蒸发量又称为流域蒸散发量，为水面蒸发量和陆面蒸发量之和，可应用流域水量平衡方程或经验公式法间接计算。

我国按照干旱指数（γ）可分为5个区，见表1.1.1。

1.1.13

降水与蒸发的观测

表 1.1.1　　我国降水、径流分区

降水分区	年降水量/mm	干旱指数 γ	年径流系数 α	年径流深/mm	径流分区
多雨带	>1600	<0.5	>0.5	>800	丰水带
湿润带	800～1600	0.5～1	0.3～0.5	200～800	多水带
半湿润带	400～800	1～3	0.1～0.3	50～200	过渡带
半干旱带	200～400	3～7	<0.1	10～50	少水带
干旱带	<200	>7		<10	干涸带

思考

1. 我们通常将中国分为北方和南方，那么南北的分界线到底在哪里？
2. 我国有七大水系，分别叫什么？控制流域面积多少？

1.1.7　入渗

包气带中的水分即为土壤水，常吸附于土壤颗粒表面和存在于土壤孔隙之中。土壤水分有四种存在状态，即吸湿水、薄膜水、毛管水和重力水。

下渗也叫入渗，是指水分从土壤表面向土壤内部深入的物理过程，以垂直运动为主要特征。土壤入渗可以分为三个阶段，第一阶段称为渗润阶段，即雨水在分子力、毛管力和重力作用下，由于受土粒分子力的作用而吸附于土粒表面形成薄膜水；第二阶段称为渗漏阶段，入渗的雨水在毛管力和重力的作用下，在土壤孔隙中向下做不稳定运动，并逐渐充填土粒孔隙，直到孔隙充满饱和；第三阶段称为渗透阶段，当土壤孔隙被水充满达到饱和时，水分主要受重力作用向下做稳定的渗透运动，这是一种饱和下渗。

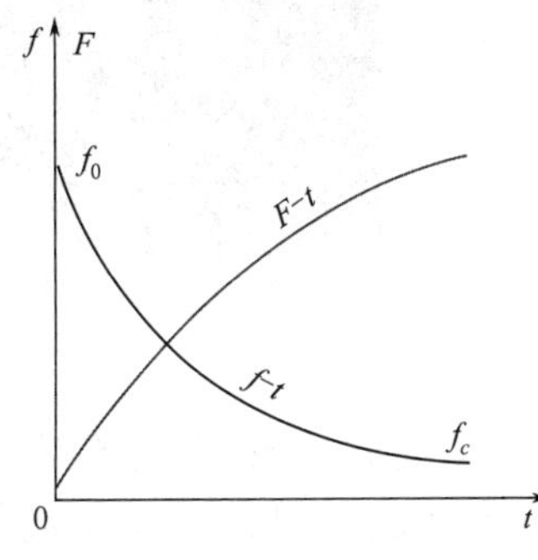

图 1.1.22　土壤下渗能力曲线

图 1.1.22 为土壤的下渗曲线，其表示的是土壤的下渗速率 f 和下渗总量 F 随时间的变化。从图中可以看出，随着时间的推移，土壤的下渗速率在逐渐减小，从起始入渗率 f_0 到时段末达到稳定入渗率 f_c，而土壤入渗总量 F 随时间为累积曲线，当土壤达到稳定入渗速率后，曲线也将变为直线。

思考

1. 土壤入渗量如何用实验的方法观测？
2. 土壤入渗对于水利工程主要有什么影响？

1.1.8　径流

径流是指江河中的水流，分别来源于流域地面和地下，相应的称为地面径流和地下径流。

1.1.16

径流的形成及表示

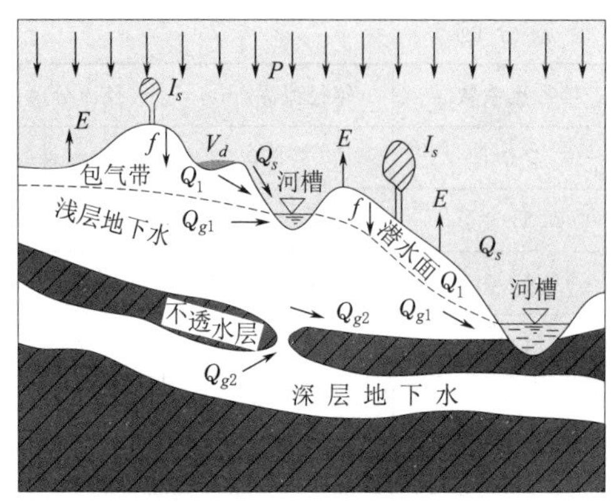

图1.1.23 降雨径流形成示意图

1. 降雨径流的形成和表示

我国大部分地区的河流是以雨水补给为主，由降雨形成的河川径流称为降雨径流。

降雨径流的形成过程是一个极其复杂的物理过程（图1.1.23），通常分为产流和汇流两个过程。

流域特征不同，其产流机制也不同，有蓄满产流和超渗产流两种方式。

对于气候湿润、植被良好、流域包气带透水性强、地下水位高的地区，由于地表下渗能力强，降雨强度常常小于下渗能力，其产流量大小主要取决于流域前期的包气带蓄水量，与雨强关系不大；如果降雨入渗的水量超过流域包气带的缺水量，流域“蓄满”，开始产流，这种产流方式称为蓄满产流，如图1.1.24所示。

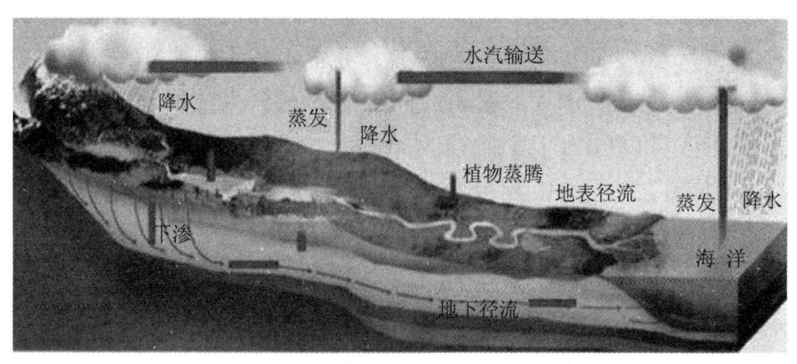

图1.1.24 蓄满产流模型

干旱地区植被差，包气带厚，表层土壤渗水性弱，流域的降雨强度和下渗能力的相对变化支配着超渗雨的形成，一旦有超渗雨形成便产生地面径流，这种产流方式称为超渗产流。

降雨产生的径流，由流域坡面汇入河网，又通过河网由支流到干流，从上游到下游，最后全部流出流域出口断面，称为流域的汇流阶段。

流域出口断面的洪水过程是全流域综合影响和相互作用的结果。

2. 径流量的表示方法

（1）流量Q。单位时间内通过河流某一过水断面的水体的体积，单位为m^3/s。

1.1.17

影响径流的因素

（2）径流总量W。一定时段内通过河流某一过水断面的总水量，单位为m^3。径流总量与平均流量的关系为

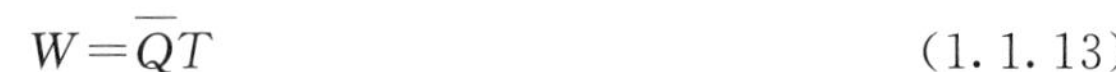

$$W=\overline{Q}T \qquad (1.1.13)$$

式中 $\overline{Q}$——时段平均流量，m^3/s；

T——计算时段，s。

（3）径流深 R。一定时段的径流量平铺在流域面积上所得到的水层深度，以 mm 计。

$$R=\frac{W}{1000F} \tag{1.1.14}$$

（4）径流模数 M。单位流域面积上所产生的流量，常用单位 $m^3/(s \cdot km^2)$ 或 $L/(s \cdot km^2)$。

$$M=\frac{Q}{F} \tag{1.1.15}$$

（5）径流系数 α。流域某时段内径流深与形成这一径流深的流域平均降水量的比值，无因次。

$$\alpha=\frac{R}{\overline{H}_F} \tag{1.1.16}$$

 **做一做**

已知某小流域集水面积 $F=130km^2$，多年平均降水量 $\overline{H}_F=915mm$，多年平均径流深 $\overline{R}=745mm$。求该流域多年平均径流总量 $\overline{W}$、多年平均流量 $\overline{Q}$、多年平均径流模数 $\overline{M}$ 及多年平均径流系数 $\overline{\alpha}$。

1.1.18

做一做答案扫描上方二维码查看答案

1.1.9 流域的水量平衡

在河流的水资源开发利用工程中主要研究流域的水量平衡问题。根据水量平衡原理，一定时段的流域水量平衡方程可表示为

$$H=E+R+\Delta V+\Delta W \tag{1.1.17}$$

式中 H——时段内流域平均降水量；

E——时段内流域总蒸散发量；

R——时段内流域径流量；

ΔV——时段内流域间的地下水交换水量，流入为负，流出为正；

ΔW——流域在研究时段内蓄水量的变化量，$\Delta W>0$ 表明时段内流域蓄水量增加，$\Delta W<0$ 表示时段内流域蓄水量减少。

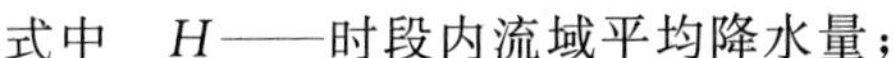

对于闭合流域，其水量平衡方程式为

$$H-(E+R)=\Delta W$$

对于多年平均情况，则水量平衡方程为

$$\overline{H}=\overline{E}+\overline{R}$$

课外技能训练

1.1.19

课外技能训练答案扫描上方二维码查看答案

一、填空题

1. 按水文循环的规模和过程不同，水文循环可分为________循环和________循环。

2. 水循环的外因是________________________，内因是____________________。

3. 水循环的重要环节有________、________、________、________。

4. 一条河流，沿水流方向，自上而下可分为________、________、________、________、________五段。

5. 自记雨量计按传感方式分为________式、________式和________式。

6. 计算流域平均降雨量的方法通常有________________、________________、________________。

7. 流域蒸发包括________________和________________。

8. 河川径流的形成过程可分为________________过程和________________过程。

二、选择题

1. 某河段上、下断面的河底高程分别为725m和425m，河段长120km，则该河段的河道纵比降为（　　）。

A. 0.25　　B. 2.5　　C. 2.5%　　D. 2.5‰

2. 山区河流的水面比降一般比平原河流的水面比降（　　）。

A. 相当　　B. 小　　C. 平缓　　D. 大

3. 某流域两次暴雨，除降雨强度前者小于后者外，其他情况均相同，则前者形成的洪峰流量比后者的（　　）。

A. 峰现时间早，洪峰流量大　　B. 峰现时间早，洪峰流量小

C. 峰现时间晚，洪峰流量小　　D. 峰现时间晚，洪峰流量大

4. 日降水量50～100mm的降水称为（　　）。

A. 小雨　　B. 中雨　　C. 大雨　　D. 暴雨

任务1.2　水文测验与资料收集

任务目标

通过本任务的学习，使学生掌握水文测站的类型和站网的布置原则，掌握河流水位和流量的测算，掌握降水和蒸发的观测及河流泥沙的测算，理解水文资料收集和整理的方法。

任务描述

● **任务内容**

根据图1.2.1所给的基本资料，计算河流此断面的断面流量；根据所选代表年河流用水的情况，计算此河流断面的年径流量，并计算河流的年输沙量。

● **实施条件**

(1)《降水量观测规范》(SL 21—2015)。

(2)《水位观测标准》(GB/T 50138—2010)。

(3)《河流流量测验规范》(GB 50179—2015)。

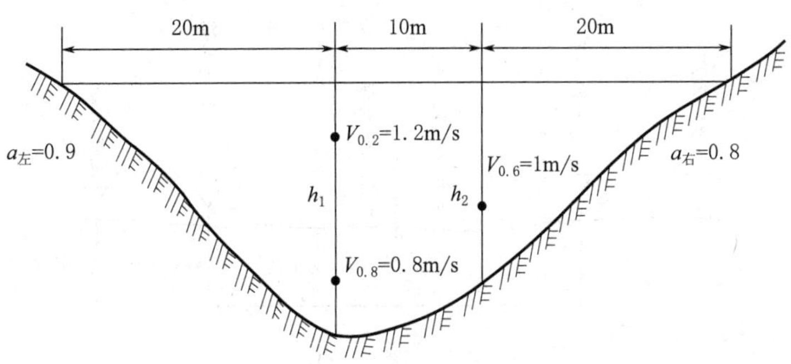

图 1.2.1　某河某站横断面及测流资料

（4）《河流悬移质泥沙测验规范》（GB/T 50159—2015）。

（5）《水文资料整编规范》（SL 247—2012）。

相关知识

1.2.1　水文测站与站网

1. 水文测站的分类

水文测站是水文信息收集与处理的基层单位。水文测站的主要任务是按照统一的标准，对水文要素进行定点、定时观测、巡回观测、水文调查等方式获取水文信息并进行处理，为水利工程建设和其他国民经济建设提供水文数据。水文测站观测的项目有水位、流量、泥沙、降水、蒸发、地下水位、冰情、水质、水温、墒情等。

根据设站的目的和作用，水文测站可以分为基本站、实验站和专用站。

（1）基本站。国家水文主管部门为掌握全国各地的水文情况经统一规划设立的，为国民经济各方面服务。

（2）实验站。对某种水文现象变化规律或对某些水体做深入实验研究而设立的。

（3）专用站。为了某种专门的目的或某项特定工程的需要由使用部门设立的水文测站。

2. 水文测站的设立

（1）测验河段的选择。测验河段应满足两个基本条件：一是满足设站的目的、要求；二是在保证成果精度的前提下有利于简化观测和资料整理工作。

（2）测验断面的布设。各个水文要素的观测都是在测验河段内的各个断面进行的，这种断面称为测验断面。一般测验断面可以分为基本水尺断面、流速仪测流断面、浮标测流断面和比降断面。各种断面布设如图 1.2.2 所示。

（3）基线与高程基点的布设。在岸边布设基线作为基本测量线段，在水文测站测流断面附近比较安全稳固的地方布设高程水准点，高程应用四等水准测量。

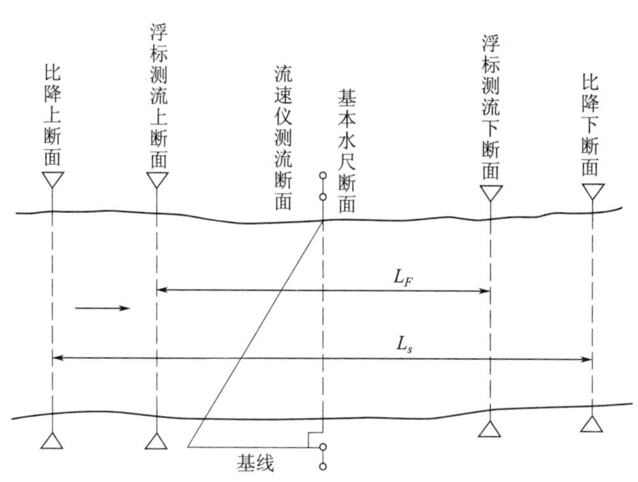

图 1.2.2　水文站各种测验断面布设图

1.2.2　水位与流量的测算

1.2.4
水位观测及资料整理

1.2.5
水位观测

1. 水位观测

水位是指河流、湖泊、水库、海洋等水体在某一地点、某一时刻的自由水面相对于某一基准面的高程，单位为 m，全国统一采用黄海基面。观测水位的设备常有水尺和自记水位计两种。

(1) 水尺。水尺的形式有直立式、倾斜式、矮桩式和悬锤式。最常用的水尺是直立式水尺，水尺测水位的基本原理如图 1.2.3 所示。水尺零点与基面的垂直距离称为水尺零点高程，水面在水尺上的读数加上水尺零点高程即为水位。图中 A、B、O 分别为测站基面、假定基面和绝对基面，图中竖条线为不同基面以上水尺零点的高程。

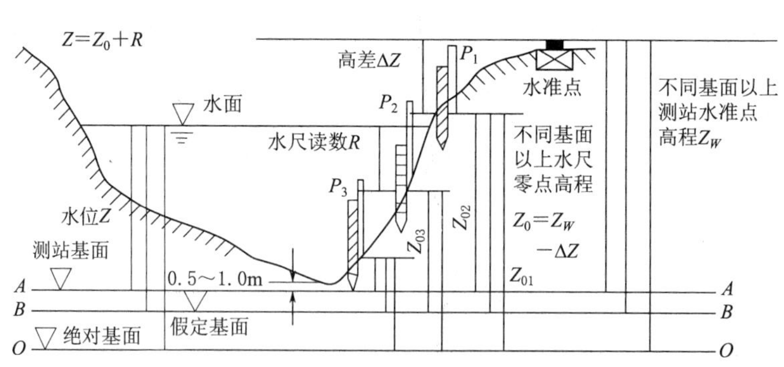

图 1.2.3　水尺测水位基本原理图

(2) 自记水位计。自记水位计能将水位变化全部过程自动记录下来。自记水位计一般由感应、传感和记录三部分组成。浮子式水位计是使用最早、目前国内外采用最多的一种水位计，如图 1.2.4 所示。其工作原理是浮筒随水位升降而升降，水位轮带动记录滚筒转动，时钟控制记录笔并在记录纸上记录水位随时间变化的过程线。

2. 水位的计算

针对观测的原始水位记录，水位资料整理的内容之一是计算逐日平均水位。通常计算方法有算术平均法和面积包围法。

图 1.2.4　FW390－1 浮子式自记水位计

1.2.6 浮子式自记水位计

(1) 算术平均法。适用于一日内水位变化缓慢，或变化虽大，但有若干次等时距观测的水位记录。

$$\overline{Z}=\frac{1}{n}\sum_{i=1}^{n}Z_i \qquad (1.2.1)$$

(2) 面积包围法。若一日内水位变幅大，观测时距又不相等，则采用面积包围法，其示意图如图 1.2.5 所示，见式(1.2.2)。

$$\overline{Z}=\frac{1}{48}[Z_0\Delta t_1+Z_1(\Delta t_1+\Delta t_2)+Z_2(\Delta t_2+\Delta t_3)+\cdots+Z_{n-1}(\Delta t_{n-1}+\Delta t_n)+Z_n\Delta t_n] \qquad (1.2.2)$$

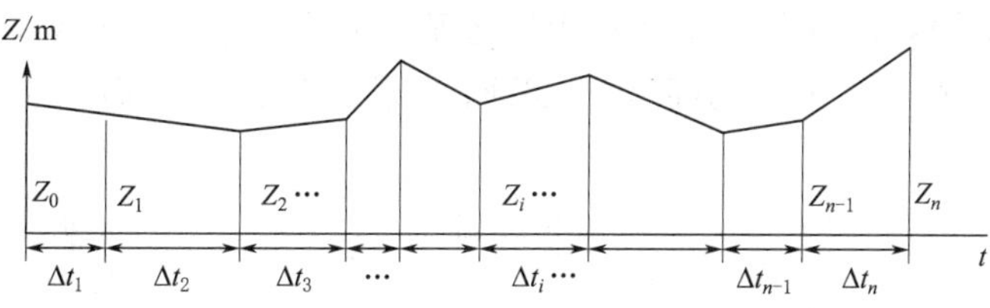

图 1.2.5　面积包围法示意图

水位资料整理的另一项内容是编制各种水位资料表，刊于《水文年鉴》供国民经济各个部门使用。常用的水位资料表有逐日平均水位表、洪水水位摘录表等，见表 1.2.1。

表 1.2.1　某站逐日平均水位计算表

日＼月	1	2	3	4	5	6	7	8	9	10	11	12
1	43.88	44.34	48.26	48.03	46.37	46.18	44.90	44.18	43.77	43.70	43.62	43.12
2	43.83	45.09	48.94	47.30	47.07	46.38	44.90	44.01	43.66	44.12	43.63	43.08
3	43.80	45.27	48.46	46.70	47.53	47.55	45.05	43.88	43.63	44.50	43.59	43.08
4	43.83	45.40	48.26	46.25	48.25	47.42	44.96	43.78	43.70	44.51	43.52	43.12
5	44.06	45.65	48.13	46.02	47.95	47.50	44.78	43.70	43.76	44.30	43.45	43.11
…	…	…	…	…	…	…	…	…	…	…	…	…
30	44.15		50.92	46.47	46.75	45.03	44.80	44.08	43.69	43.65	43.17	43.14
31	44.15		49.48		46.33		44.40	43.90		43.64		43.23
平均	月统计											
	44.73	45.70	48.08	47.12	47.29	46.61	44.48	44.11	44.06	43.84	43.39	43.05

续表

最高	46.88	49.21	51.08	49.04	49.27	50.14	45.43	45.38	44.75	44.58	43.63	43.28
日期	10	26	30	19	13	21	29	26	21	4	1	31
最低	43.80	44.19	46.16	45.82	45.98	44.97	43.81	43.66	43.62	43.60	43.16	42.93
日期	3	1	10	6	21	30	26	8	3	27	30	17
	年统计											
	最高水位 51.08　3月30日				最高水位 42.93　12月17日				平均水位 45.20			
各种保证率的水位	最高 50.92		15天 48.71		30天 48.18		90天 46.53		180天 44.58	270天 43.82		最低 42.93
附注												

3. 流量测算

1.2.7

流量测算

流量等于断面平均流速和过水断面面积的乘积。流速面积法测量流量是目前国内外使用最为广泛的方法，包括断面测量和流速测量两部分。

(1) 断面测量。断面测量是在测流断面（图 1.2.6）上布置若干条测深垂线，施测各垂线的水深，以及各垂线相对于岸边某一固定点的水平距离，即起点距。起点距的观测方法很多，在中小河流上以断面索法最简便，而大河上常用测角交会法。

1.2.8

声学多普勒流速剖面仪

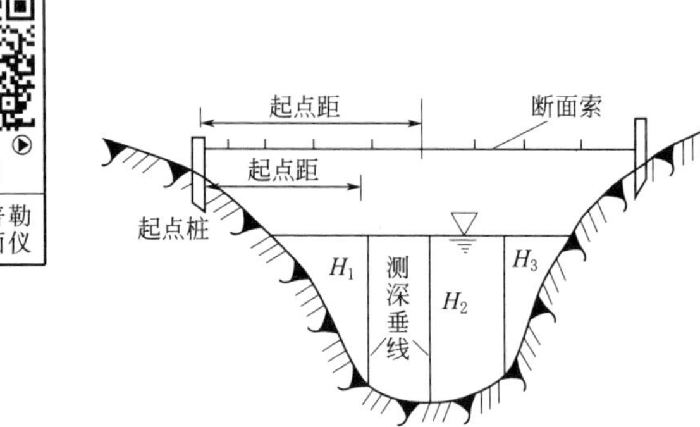

图 1.2.6　测流断面示意图

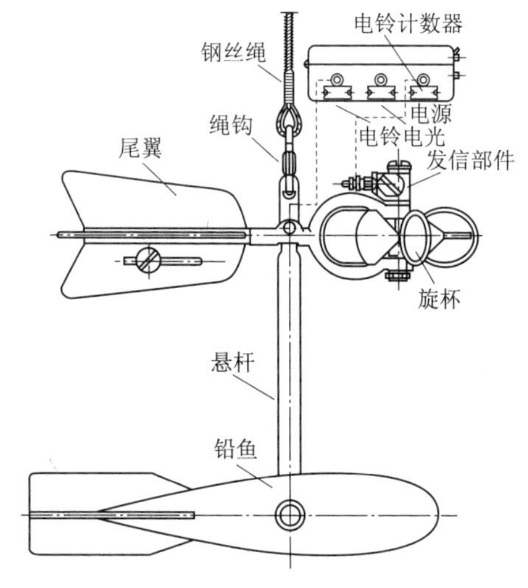

图 1.2.7　旋杯式流速仪示意图

各测深垂线水深和起点距测量后，可用梯形法计算垂线间面积，各垂线间面积相加即得断面面积。

(2) 流速测量。国内外在天然河道中流速测量最常用的是流速仪法。

流速仪可分为转子流速仪和非转子流速仪。我国常用转子流速仪，按旋转器的不同分为旋杯式流速仪和旋桨式流速仪，如图 1.2.7 和图 1.2.8 所示。

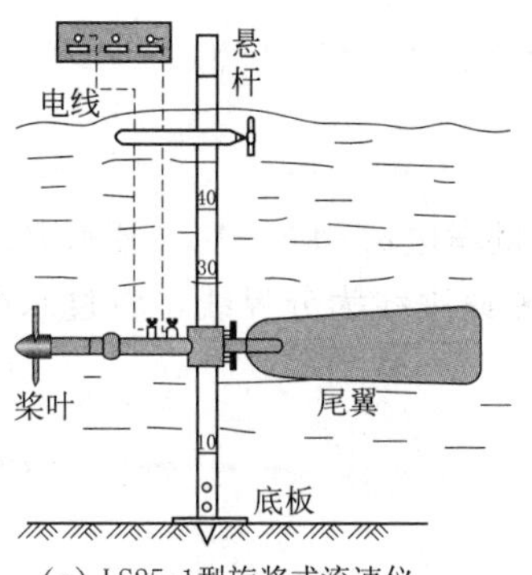

(a) LS25-1型旋桨式流速仪

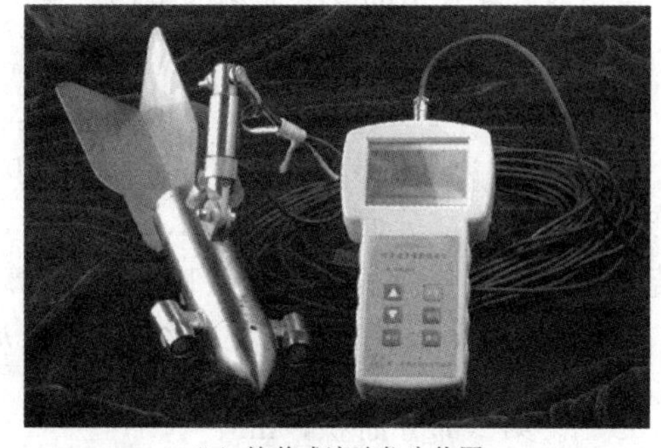

(b) 旋桨式流速仪实物图

图 1.2.8　旋桨式流速仪示意图

1.2.9

流速仪工作原理

一般测速垂线越多，精度越高，多垂线和测点（5 点、6 点、11 点）的测流资料一般只在分析研究时使用。测速点位置布置方式见表 1.2.2。

表 1.2.2　　垂线的流速测点分布位置

测点数	相对水深位置 H/m	
	畅　流　期	冰　期
1 点	0.6 或 0.5、0.0、0.2	0.5
2 点	0.2、0.8	0.2、0.8
3 点	0.2、0.6、0.8	0.15、0.5、0.85
5 点	0、0、0.2、0.6、0.8、1.0	
6 点	0.0、0.2、0.4、0.6、0.8、1.0	
11 点	0.0、0.1、0.2、0.3、0.4、0.5、0.6、0.7、0.8、0.9、1.0	

注　1. 相对水深为仪器入水深与垂线水深之比。在冰期，相对水深应为有效相对水深。
2. 表中所列 5 点、6 点、11 点法供特殊要求时选用。

（3）流量计算。断面流量的计算步骤如下：

第一步：计算垂线平均流速。可以采用 1 点法、2 点法、3 点法和 5 点法。

1 点法：
$$v_m = v_{0.6}$$

2 点法：
$$v_m = \frac{1}{2}(v_{0.2} + v_{0.8})$$

3 点法：
$$v_m = \frac{1}{3}(v_{0.2} + v_{0.6} + v_{0.8})$$

5 点法：
$$v_m = \frac{1}{10}(v_{0.0} + 3v_{0.2} + 3v_{0.6} + 2v_{0.8} + v_{1.0})$$

式中　v_m——垂线平均流速，m/s；

$v_{0.0}$、$v_{0.2}$、$v_{0.6}$、$v_{0.8}$、$v_{1.0}$——相对水深 0.0m、0.2m、0.6m、0.8m、1.0m 处的测点流速，m/s。

第二步：计算部分平均流速。两测速垂线中间部分的平均流速按式（1.2.3）计算：

$$\overline{v}_i = \frac{v_{m(i-1)} + v_{mi}}{2} \tag{1.2.3}$$

式中　$\overline{v}_i$——第 i 部分面积的平均流速，m/s；

v_{mi}——第 i 条垂线平均流速，m/s，i=2、3、…、$n-1$。

靠岸边或者死水边的部分面积的平均流速，按照式（1.2.4）和式（1.2.5）计算：

$$\bar{v}_1=\alpha v_{m1} \tag{1.2.4}$$

$$\bar{v}_n=\alpha v_{m(n-1)} \tag{1.2.5}$$

式中　α——岸边流速系数，斜坡岸边 $\alpha=0.67\sim0.75$，陡岸边 $\alpha=0.8\sim0.9$，死水边 $\alpha=0.6$。

第三步：计算部分面积。如图1.2.9所示，以测速垂线为分界线，将过水断面划分为若干部分，部分面积按照式（1.2.6）计算：

$$a_i=\frac{d_{i-1}+h_i}{2}b_i \tag{1.2.6}$$

式中　a_i——第 i 部分面积，m^2；

i——测深垂线序号，$i=1、2、\cdots、n$；

h_i——第 i 条垂线的水深，m；

b_i——第 i 部分断面宽，m。

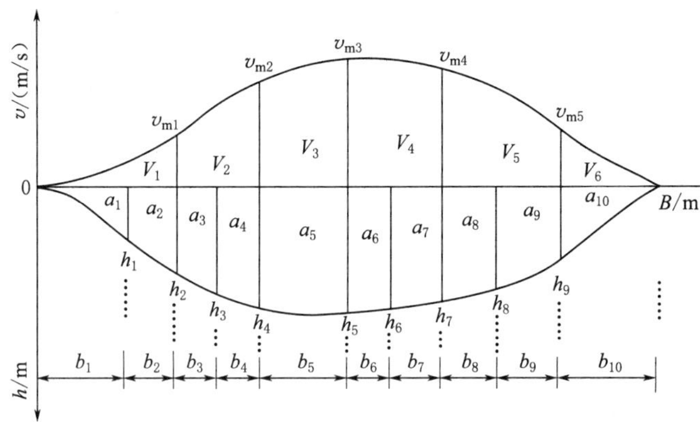

图1.2.9　部分面积计算划分示意图（B 为起点距；h 为断面深）

第四步：计算部分流量。部分流量为部分面积平均流速与部分面积的乘积，用下列公式计算：

$$q_i=\bar{v}_i a_i \tag{1.2.7}$$

式中　q_i——第 i 部分流量，m^3/s。

第五步：计算断面流量，断面流量为各部分流量之和，即

$$Q=\sum_{i=1}^{n}q_i \tag{1.2.8}$$

第六步：计算断面平均流速和平均水深。断面平均流速为断面流量除以过水断面面积；平均水深为过水断面面积除以水面宽，水面宽为右水边起点距与左水边起点距之差。

第七步：计算相应水位。相应水位是指与本次实测流量值相对应的水位。

1.2.10
做一做答案
扫描上方
二维码查
看答案

做一做

某一水文站施测流量，岸边系数 α 取0.7，按照上述方法计算流量。

1.2.11
水位流量
关系曲线

1.2.3　水位流量关系曲线

建立水位流量关系曲线是流量资料整编的关键环节，它直接影响流量资料的精度。水位流量关系曲线按其影响因素可以分为稳定的和不稳定的两种。

1. 稳定的水位流量关系曲线

在河床稳定、控制良好的情况下，水位流量关系曲线是稳定的单一曲线，如图 1.2.10 所示。

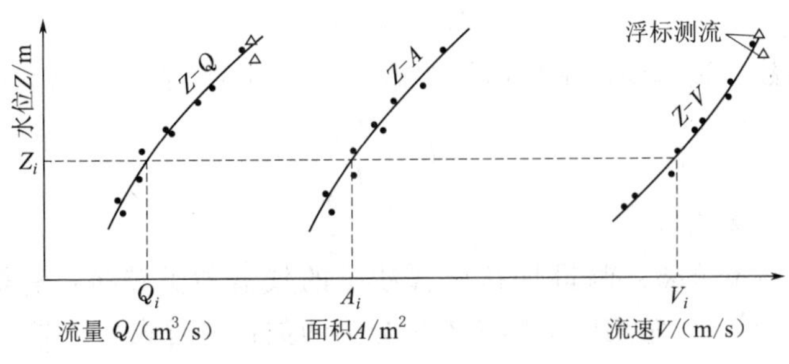

图 1.2.10　稳定的水位流量关系曲线

为了提高定线精度，通常在水位流量关系图上同时绘出水位面积、水位流速关系曲线。由于同一水位条件下，流量应为断面面积与断面平均流速的乘积，因此借助水位面积、水位流速关系曲线可以使水位流量关系曲线定线更精确。

2. 不稳定的水位流量关系曲线

天然河道中，洪水涨落、断面冲淤、回水以及结冰和生长水草等，都会影响水位流量关系的稳定性。通常表现为同一水位在不同的时候对应不同的流量，点绘成水位流量关系图后，点群分布散乱，无法定出单一直线，如图 1.2.11 和图 1.2.12 所示。

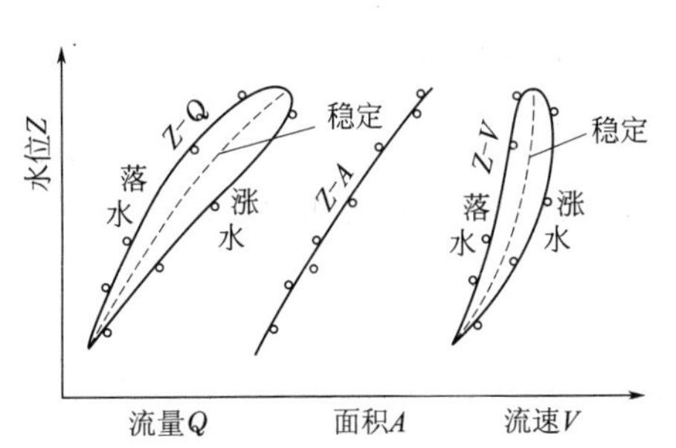

图 1.2.11　洪水涨落对水位流量、水位面积、水位流速关系曲线的影响

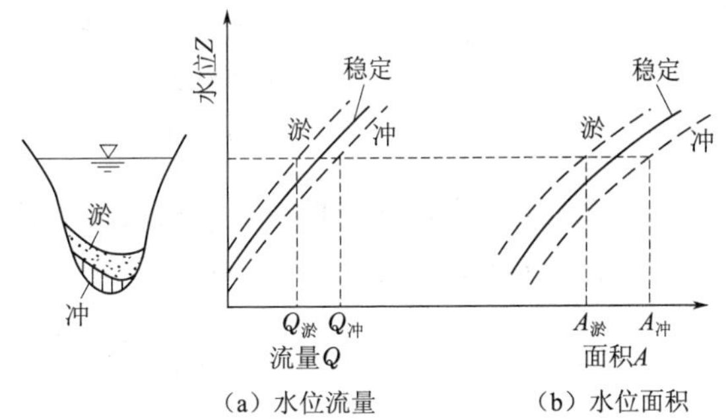

图 1.2.12　断面冲刷或淤积对水位流量（水位面积）关系曲线的影响

思考

1. 水位流量关系曲线在水文中如何应用？
2. 当用水位查流量时，遇到曲线不够长时应该怎么办？

1.2.4　泥沙测算

河流中的泥沙，按照其运动方式可分为悬移质、推移质和河床质三种。

通常河流泥沙计量方法如下：

(1) 含沙量。单位体积浑水中所含干沙的质量，用 ρ 表示，以 kg/m³ 计。

(2) 输沙率。单位时间内通过河流某一过水断面的干沙质量，用 Q_s 表示，以

kg/s 或 t/s 计。

$$Q_s = \rho Q \tag{1.2.9}$$

（3）输沙量。某一时段内通过某一过水断面的干沙质量，用 W_s 表示，以 kg 或 t 计。

$$W_s = Q_s T \tag{1.2.10}$$

（4）侵蚀模数。过水断面单位面积的输沙量，用 M_s 表示，以 t/km^2 计。

$$M_s = \frac{W_s}{F} \tag{1.2.11}$$

1．悬移质泥沙测算

（1）测点含沙量测验。测量悬移质含沙量的仪器种类较多，有横式、瓶式采样器，如图 1.2.13 所示。常用的采样仪器可分为两类：瞬时式采样器和积时式采样器。各测点含沙量采用式（1.2.12）计算。

$$\rho = \frac{W_s}{V} \tag{1.2.12}$$

1.2.13

悬移质泥沙采样器的工作原理

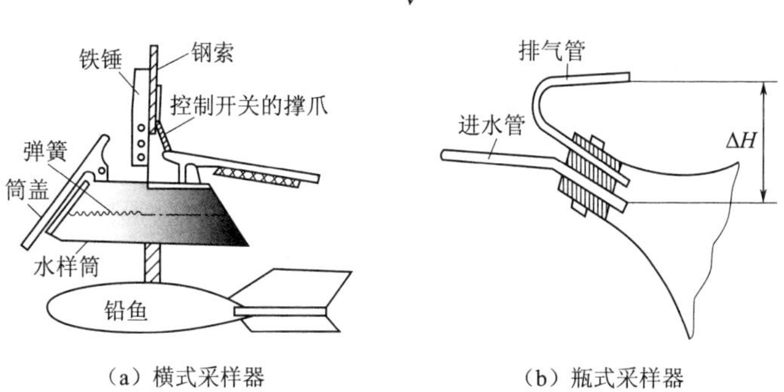

（a）横式采样器　　（b）瓶式采样器

图 1.2.13　悬移质泥沙常用采样仪器

（2）垂线平均含沙量计算。根据垂线各测点含沙量 ρ，用流速加权计算垂线平均含沙量。常用方法有 2 点法、3 点法和 5 点法。

2 点法：

$$\rho_m = \frac{\rho_{0.2} v_{0.2} + \rho_{0.8} v_{0.8}}{v_{0.2} + v_{0.8}} \tag{1.2.13}$$

3 点法：

$$\rho_m = \frac{\rho_{0.2} v_{0.2} + \rho_{0.6} v_{0.6} + \rho_{0.8} v_{0.8}}{v_{0.2} + v_{0.6} + v_{0.8}} \tag{1.2.14}$$

5 点法：

$$\rho_m = \frac{\rho_{0.0} v_{0.0} + 3\rho_{0.2} v_{0.2} + 3\rho_{0.6} v_{0.6} + 2\rho_{0.8} v_{0.8} + \rho_{1.0} v_{1.0}}{10 v_m} \tag{1.2.15}$$

1.2.14

河流沙的秘密

式中　ρ_m——垂线平均含沙量，kg/m^3；

$\rho_{0.0}$，$\rho_{0.2}$，$\rho_{0.6}$，$\rho_{0.8}$，$\rho_{1.0}$——各相对水深处的含沙量，kg/m^3；

v_m——垂线平均流速，m/s；

$v_{0.0}$，$v_{0.2}$，$v_{0.6}$，$v_{0.8}$，$v_{1.0}$——各相对水深处的测点流速，m/s。

（3）断面输沙率计算。断面输沙率的计算方法与流速仪测流时计算流量的方法类似，见式（1.2.16）。

$$Q_s = \rho_{m1} q_0 + \frac{\rho_{m1} + \rho_{m2}}{2} q_1 + \cdots + \frac{\rho_{mn-1} + \rho_{mn}}{2} q_{n-1} + \rho_{mn} q_n \tag{1.2.16}$$

（4）断面平均含沙量计算。断面平均含沙量为断面输沙率除以断面流量，即

$$\overline{\rho}=\frac{Q_s}{Q} \tag{1.2.17}$$

2. 推移质泥沙测算

推移质泥沙测验主要观测推移质输沙率 Q_b，单位为 kg/s。采样仪器有压差式和网式采样器，如图 1.2.14 所示。压差式采样器适合采集沙质、小砾石推移质，网式采样器通常用来采集卵石、砾石推移质。

$$q_b=\frac{100W_b}{tb_k} \tag{1.2.18}$$

式中　q_b——垂线基本输沙率，kg/(s·m)；

W_b——采样器取得的干沙质量，kg；

t——取样历时，即在河底停放采样器的时间，s；

b_k——采样器的进口宽度，cm。

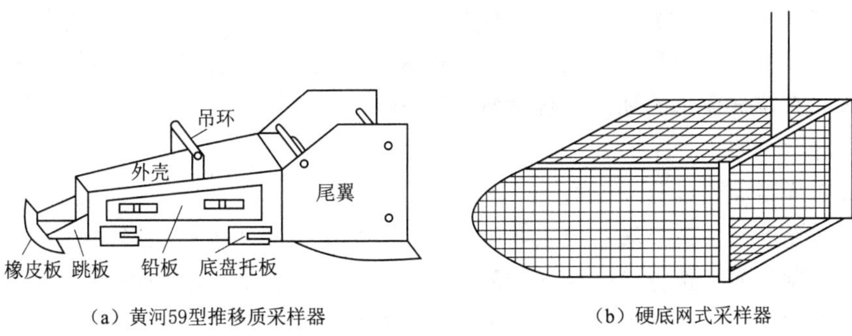

（a）黄河59型推移质采样器　（b）硬底网式采样器

图 1.2.14　推移质泥沙采样器

1.2.15
推移质泥沙采样器工作原理

思考

1. 泥沙测算对于水库设计库容的确定有何重要意义？

2. 根据悬移质泥沙和推移质泥沙的测算方法，想一想河床质泥沙应该如何测算？

1.2.5　水质监测

1. 水质监测的内容

（1）水体中的主要污染物。对水体质量有较大影响的主要污染物如下：

1）需氧污染物，主要来自生活污水及部分轻工业废水，连同一般的腐殖质、人体排泄物和垃圾废弃物。

2）植物营养物，如从施肥的农田中所排出的氮、磷和初级污水处理厂排出的污水。

3）有机有毒污染物和无机有毒污染物，主要是酚类化合物和难以降解又蓄积性极强的有机农药和多氯联苯。

4）无机污染物质，包括酸、碱和无机盐类。

5）病原微生物，主要来自生活污水、医院污水和制革、屠宰洗毛等工业废水。

（2）水质监测的基本任务。水质监测是水资源保护的基础工作，其基本任务如下：

1）定期或连续监测水体质量，及时提出监测数据，适时提出评价报告。

2）结合水资源保护要求，对污染源进行调查，提出防治要求、评价防治措施及效果。

3）研究污染物在水体中迁移转化的规律，确定水体自净能力，为制定和修订水质指标标准及水质规划提供依据。

4）积累资料，开展水质服务工作。

2. 水质监测站网

水质监测站按照目的与作用可分为基本站和专用站；按照监测水体的不同，可分为地表水水质站、地下水水质站和大气降水水质站。

水质监测站网是按照一定的目的和要求，由适量的各类水质站组成的水质监测网络。监测网络可以按照水系和污染源分布特征来设立，也可以对一些拟建大中型工矿企业、重点城市、大型灌区、主要风景游览区、河道水文特征及自然环境因素显著变化的地区和有特殊要求的地区进行设站。

3. 地表水采样

一般采样断面可以分为三类：

（1）对照断面。选择城市或工业排污区河流的上游等不受污染影响的地段。

（2）控制断面。选择排污区下游最能反映本污染区污染状态的地段。

（3）削减断面。选择控制断面下游，水质被稀释的河段。

采样器一般采用无色硬质玻璃瓶或聚乙烯塑料瓶及其他采样器，具体采集方法和采样数按照《水环境监测规范》（SL 219—2013）执行。

水质监测项目要能反映本地区水体中主要污染物，可分为必测和选测两类。河流必测项目一般有23类，包括水温、pH值、悬浮物、总硬度、导电率、溶解氧、高锰酸盐指数、五日生化需氧量、氨氮、硝酸盐氮、亚硝酸盐氮、挥发酚、氰化物、氟化物、硝酸盐、氯化物、六价铬、总汞、总砷、镉、铅、铜和大肠杆菌。选测项目有17项，具体可参考《水环境监测规范》（SL 219—2013）。

4. 水体污染源调查

水体污染源分为人为污染源和自然污染源两大类。水体污染源调查主要是查找人为污染源，具体调查内容包括：

（1）工业污染源。

1）企业名称、厂址、性质、生产规模、产品、产量、生产水平等。

2）工艺流程、工艺原理、工艺水平、原材料种类、成分和消耗量。

3）供水类型、水源、供水量、水的重复利用率。

4）生产布局、污水排放系统、排放规律、主要污染物种类、浓度和排放量、排污口位置、污水处理工艺和设施运行情况。

(2) 生活污染源调查。

1) 城镇人口、居民区布局、用水量。

2) 医院分布情况和医疗用水量。

3) 城市污水处理厂的设施、日处理能力和运行情况。

4) 生活垃圾处置情况。

(3) 农业污染源调查。

1) 农药品种、品名、有效成分、含量、使用方法、使用量、使用年限、农作物品种。

2) 化肥的使用品种、数量和方式。

3) 其他农业废弃物。

课外拓展阅读

水文资料的收集

水文资料是水文计算的基础。水文资料的主要来源有水文年鉴、水文数据库、水文手册、水文图集和各种水文调查资料。

水文年鉴是以年为单位刊印水文资料的专用文献。全国水文年鉴的卷、册情况见表1.2.3。

表1.2.3　　全国各流域（区域）水文年鉴卷、册表

卷号	流域（区域）	分册数	卷号	流域（区域）	分册数
1	黑龙江	5	6	长江	20
2	辽河	4	7	浙闽台	6
3	海河	6	8	珠江	10
4	黄河	9	9	藏滇国际河流	2
5	淮河	6	10	内陆河湖	6

水文数据库是用电子计算机存储、编目和检索水文资料的系统。我国水文数据库由基本数据库和若干专用数据库组成。

水文手册和水文图集是在分析综合各地区历年实测水文资料的基础上编制的地区综合资料。主要内容包括本地区自然地理和气候资料、降水、蒸发、径流、暴雨、泥沙、水化学、地下水、水情等水文要素统计表、等值线图、分区图，是基层水利工作者最常用的水文资料。

课 外 技 能 训 练

一、填空题

1. 水文测站是进行水文观测、获取基本水文资料的基层单位。根据其性质和作用可以分为__________、__________、__________。

2. 降水观测的仪器分为人工观测雨量筒和自记雨量计，其口径为__________。

课外技能训练答案扫描上方二维码查看答案

3. 水尺观测水位：水位＝零点高程＋________________。

4. 河流泥沙按照运动方式分为____________、____________。

5. 流量资料整理中最常用的方法是________________。

6. 基层水利工作中最常用的地区综合水文资料是____________。

二、简单计算

1. 按照图1.2.15所示资料计算断面流量和断面平均流速。

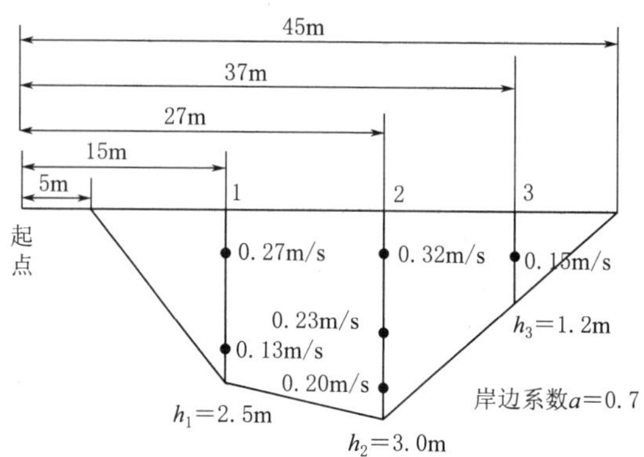

图1.2.15　某河某站横断面及测流资料

2. 某河断面如图1.2.16所示，根据测验及计算得垂线平均含沙量$\rho_{m1}=1kg/m^3$，$\rho_{m2}=1.2kg/m^3$，部分面积流量q_1、q_2、q_3分别为$1.5m^3/s$、$2.0m^3/s$、$1.5m^3/s$，试计算断面平均含沙量$\overline{\rho}$。

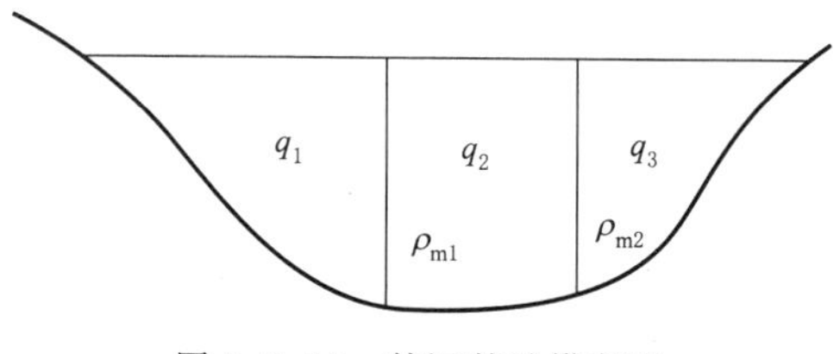

图1.2.16　某河某站横断面

任务1.3　水文统计的基本方法

任务目标

通过本任务的学习，使学生掌握概率和频率的基本概念，会进行水文要素的频率计算；掌握矩法公式计算水文要素参数的方法；掌握水文频率适线法的基本原理及适线法的基本步骤，能为水文要素选配合适的频率曲线；掌握两变量相关分析的方法。

任务描述

● **任务内容**

根据表1.3.1中某水文站31年的年平均流量资料，完成水文频率的计算，选配合适的频率曲线类型，用适线软件进行适线，并求出$P=0.1\%$的设计流量。

表 1.3.1 某水文站历年年平均流量资料

年份	流量 Q_i/(m³/s)	年份	流量 Q_i/(m³/s)	年份	流量 Q_i/(m³/s)	年份	流量 Q_i/(m³/s)
1965	1676	1973	614	1981	343	1989	1029
1966	601	1974	490	1982	413	1990	1463
1967	562	1975	990	1983	493	1991	540
1968	697	1976	597	1984	372	1992	1077
1969	407	1977	214	1985	214	1993	571
1970	2259	1978	196	1986	1117	1994	1995
1971	402	1979	929	1987	761	1995	1840
1972	777	1980	1828	1988	980		

● **实施条件**

（1）学习相关课程视频和微课。

（2）适线软件 CURVE FITTING。

相关知识

1.3.1 概率与频率

1. 概率

1.3.1 探索水文现象的秘密

在一定条件下，随机试验中各事件发生的可能性不同，描述事件发生的可能性大小的数量指标，称为事件的概率。当随机试验的每种可能结果都是等可能，并且试验所有结果总数是有限的，这种条件下的概率模型就称为古典概型。

古典概型中，事件的概率计算公式为

$$P(\mathrm{A})=\frac{K}{n} \tag{1.3.1}$$

式中 $P(\mathrm{A})$——在一定条件下，事件 A 发生的概率；

K——事件 A 所包含的可能结果数；

n——试验的所有可能结果总数。

2. 频率

1.3.2 概率与频率

水文事件不能归结为古典概型事件。设事件 A 在 n 次试验中出现了 m 次，则称为事件 A 在 n 次试验中出现的频率，表示为

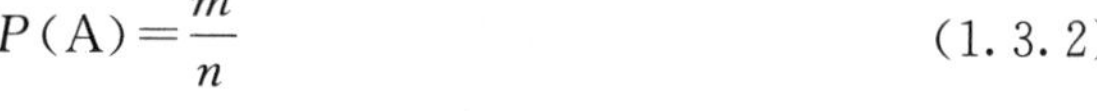

$$P(\mathrm{A})=\frac{m}{n} \tag{1.3.2}$$

3. 概率的加法和乘法定理

（1）加法定理。

$$P(\mathrm{A}+\mathrm{B})=P(\mathrm{A})+P(\mathrm{B})-P(\mathrm{AB}) \tag{1.3.3}$$

当 A、B 互斥时：
$$P(\mathrm{A}+\mathrm{B})=P(\mathrm{A})+P(\mathrm{B}) \tag{1.3.4}$$

（2）乘法定理。

$$P(AB)=P(A)P(B|A),P(A)\neq 0 \tag{1.3.5}$$

$$P(AB)=P(B)P(A|B),P(B)\neq 0 \tag{1.3.6}$$

式中　$P(A+B)$——事件A与B的和事件发生的概率；

$P(A)$、$P(B)$——事件A、B发生的概率；

$P(AB)$——事件A与B同时发生的概率。

$P(B|A)$——在事件A发生的条件下，事件B发生的概率；

$P(A|B)$——在事件B发生的条件下，事件A发生的概率；

1.3.3

做一做答案扫描上方二维码查看答案

做一做

设某河流某断面年最高洪水为 Z_m，每年 $P(Z_m>20.0m)=0.01$。当 $Z_m>20.0m$ 时，两岸被淹。假设每年发生 $Z_m>20.0m$ 与否相互独立，试求今后两年内两岸至少被淹没一次的概率。

1.3.2　随机变量及其概率分布

1.3.4

随机变量及其概率分布

1. 随机变量

水文现象中的随机变量一般指某种水文特征值，如年径流量、年降水量、年最大洪峰流量等。

随机变量可以分为两大类型：离散型随机变量和连续型随机变量。

2. 随机变量的概率分布

离散型的随机变量的统计规律，可以用随机变量的一切可能取值与其概率之间的对应关系来描述：

$$P(X=x_i)=P_i(i=1,2,\cdots) \tag{1.3.7}$$

称为离散型随机变量的分布律。

或表示为

$$X\sim\begin{bmatrix} x_1 & x_2 & \cdots & x_i & \cdots \\ P_1 & P_2 & \cdots & P_i & \cdots \end{bmatrix}$$

对于连续型随机变量，由于其可能取值无法一一列出，而且可以证明取个别值的概率等于零，因此连续型随机变量不存在分布律。

图1.3.1为某站年降水量频率密度图和频率分布图，图1.3.1（a）中，概率密度

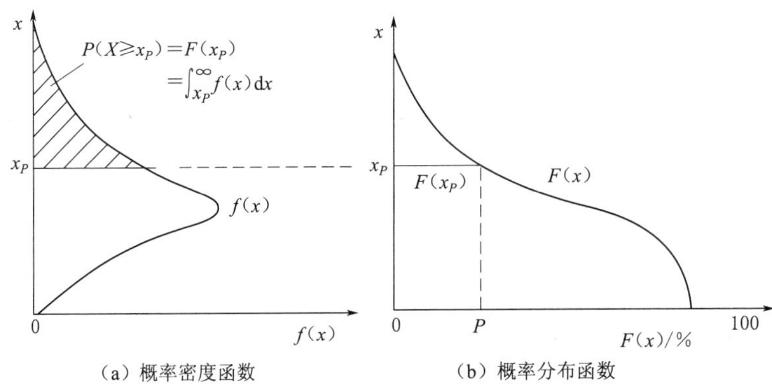

图1.3.1　某站年降水量频率密度图和频率分布图

曲线与纵轴包围的面积表示概率，若密度曲线相应的函数记为 $f(x)$，某点 x 相应的 $f(x)$ 值的大小，反映了随机变量 X 在 x 附近取值的密集程度，称 $f(x)$ 为密度函数。

由图 1.3.1（b）可知，$P(X \geqslant x)$ 随 x 不同而不同，是 x 的函数，此函数称为随机变量 X 的分布函数，记为 $F(x)$：

$$F(x)=P(X \geqslant x) \tag{1.3.8}$$

可得

$$F(x)=P(X \geqslant x)=\int_{x}^{+\infty} f(x)\mathrm{d}x \tag{1.3.9}$$

3. 随机变量的统计参数

（1）样本均值。

$$\overline{x}=\frac{x_1+x_2+\cdots+x_n}{n}=\frac{1}{n}\sum_{i=1}^{n}x_i \tag{1.3.10}$$

（2）均方差和变差系数。

均方差：

$$\sigma=\sqrt{\frac{\sum_{i=1}^{n}(x_i-\overline{x})^2}{n-1}} \tag{1.3.11}$$

变差系数：

$$C_v=\frac{s}{\overline{x}}=\sqrt{\frac{\sum_{i=1}^{n}(k_i-1)^2}{n-1}} \tag{1.3.12}$$

其中

$$k_i=x_i\sqrt{x}$$

式中　k_i——模比系数。

（3）偏态系数。

$$C_s=\frac{n\sum_{i=1}^{n}(x-\overline{x})^3}{(n-1)(n-2)\overline{x}^3C_v^3} \tag{1.3.13}$$

1.3.3　经验频率

1. 经验频率曲线

样本分布曲线也称为频率曲线，是指由实测样本资料绘制的频率曲线。设某水文变量 X 的样本系列共 n 项，由大到小递减排列为 x_1，x_2，…，x_n，则 n 次观测中水文变量 x_i 出现大于或等于 x_m 的频率，即

$$p=\frac{m}{n}\times 100\% \tag{1.3.14}$$

当 $m=n$ 时，最末项的 x_n 的频率 $p=100\%$，这就意味着样本之外不会出现比 x_n 更小的值，与实际不符。我国常用下面的修正公式计算经验频率：

$$p=\frac{m}{n+1}\times 100\% \tag{1.3.15}$$

对于实测样本，先从大到小排列，用式（1.3.15）计算出各项经验频率，取 x 为纵坐标，经验频率为横坐标（横坐标采用对数坐标），点绘经验频率点（p_i，x_i），$i=1$，2，…，n，并通过点群中心连成一条光滑的曲线，即为水文变量的经验频率曲线。为避免频率曲线绘在普通格纸上两端特别陡峭，通常将其绘在频率格纸上（也称海森频率格纸），如图 1.3.2 所示。

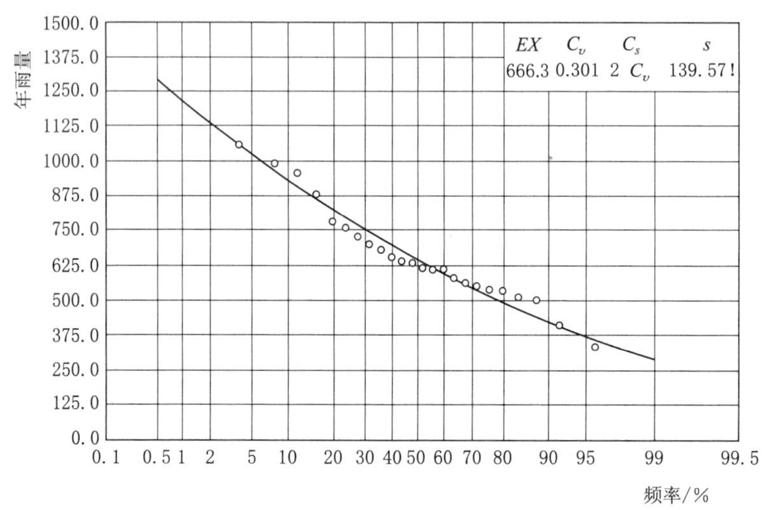

图 1.3.2　某站年降水量经验频率曲线

2. 经验频率曲线应用中存在的问题

（1）实测水文系列一般较长，经验频率曲线的范围不能满足设计要求，目估外延缺乏准则，任意性太大，直接影响设计成果的正确性。

（2）统计参数未知，不便于对不同水文变量的统计特征进行比较和成果的地区综合。

1.3.4　水文频率曲线线型

1. 正态分布

正态分布的概率密度函数为

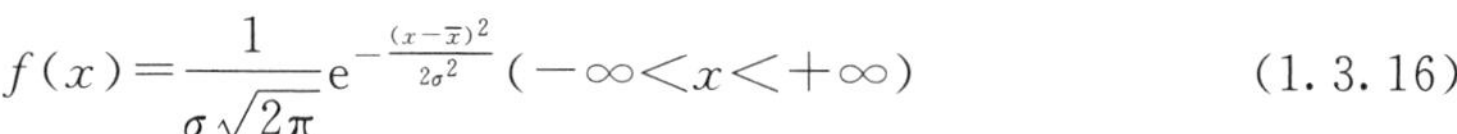

$$f(x)=\frac{1}{\sigma\sqrt{2\pi}}e^{-\frac{(x-\overline{x})^2}{2\sigma^2}}\quad(-\infty<x<+\infty) \tag{1.3.16}$$

式中　$\overline{x}$——随机变量 X 的平均值；

σ——均方差；

e——自然对数的底。

正态分布曲线的密度函数如图 1.3.3 所示。

2. 皮尔逊Ⅲ型曲线

皮尔逊Ⅲ型分布的密度函数为

$$f(x)=\frac{\beta^{\alpha}}{\Gamma(\alpha)}(x-a_0)^{(\alpha-1)}e^{-\beta(x-a_0)} \tag{1.3.17}$$

式中　$\Gamma(\alpha)$——α 的伽玛函数；

α、β、a_0——三个参数。

皮尔逊Ⅲ型分布密度曲线如图 1.3.4 所示。

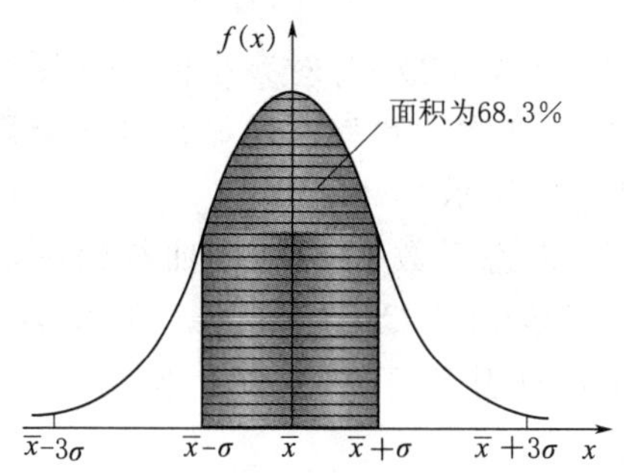

图 1.3.3　正态分布的密度函数曲线

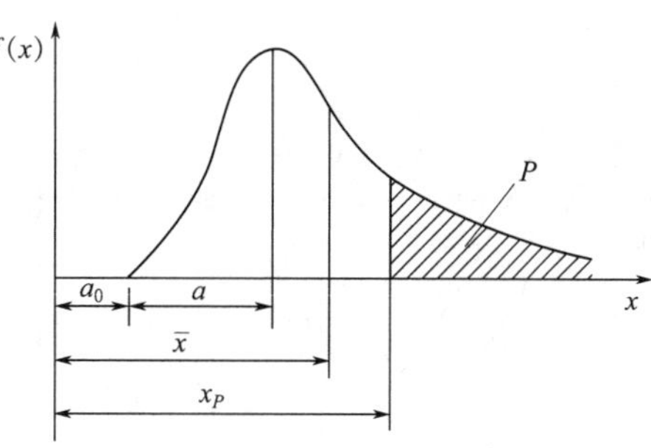

图 1.3.4　皮尔逊Ⅲ型分布密度曲线

3. 皮尔逊Ⅲ型曲线-理论频率曲线的计算

由分布函数与密度函数的关系得

$$P=P(X \geqslant x_P)=\frac{\beta^{\alpha}}{\Gamma(\alpha)}\int_{x_P}^{\infty}(x-a_0)^{(\alpha-1)}\mathrm{e}^{-\beta(x-a_0)}\mathrm{d}x \tag{1.3.18}$$

用式（1.3.18）计算频率过程复杂，可引入参数进行变量代换计算，并制成表以供实际查用。

（1）离均系数 Φ_P 表。

$$\Phi=\frac{x-\overline{x}}{\overline{x}C_v} \tag{1.3.19}$$

则

$$P(\Phi \geqslant \Phi_P)=\int_{\Phi_P}^{\infty}f(\Phi,C_s)\mathrm{d}\Phi \tag{1.3.20}$$

只要给定一个 C_s 值，便可求出 Φ_P 与 P 的一一对应值。美国工程师福斯特和苏联工程师雷布京将 Φ_P 与 P 的一一对应值制成了表，见附录 1。在频率计算时，当 $\overline{x}$、C_v、C_s 三个参数一定时，利用附录 1，由 C_s 值可查出不同 P 对应的 Φ_P 值，进而可求得 x_P，见式（1.3.21）。

$$x_P=(\Phi_P C_v+1)\overline{x} \tag{1.3.21}$$

（2）模比系数 k_P 表。

$$k_P=x_P/\overline{x}=\Phi_P C_v+1$$

针对 C_s 等于 C_v 的一定倍数，制成模比系数 k_P 表，见附录 2。

做一做

已知某地多年年平均降水量 $\overline{x}=1000$mm，$C_v=0.5$，$C_s=2C_v=1.0$。若年降水量的分布符合皮尔逊Ⅲ型，试求 $P=1\%$的年降水量。

1.3.7

何老师教你绘曲线

1.3.8

适线法

4. 统计参数对皮尔逊Ⅲ型频率曲线的影响

(1) 均值 $\overline{x}$ 对频率曲线的影响。$\overline{x}$ 越大，频率曲线的位置越高，且均值大的频率曲线比均值小的频率曲线要陡，如图 1.3.5 所示。

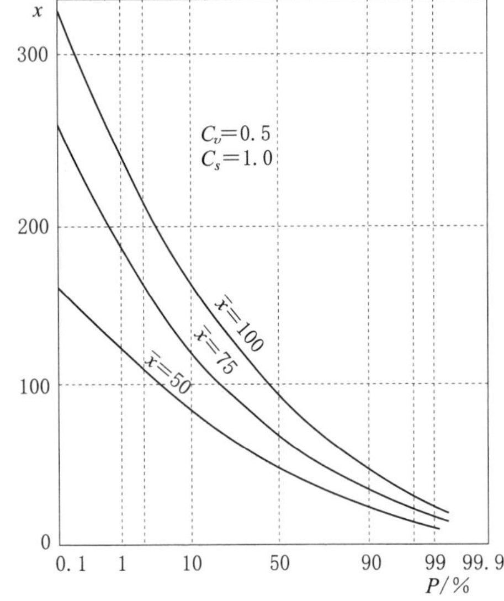

图 1.3.5　$\overline{x}$ 对于频率曲线的影响

(2) 变差系数 C_v 对频率曲线的影响。随着 C_v 的增大，频率曲线显得越来越陡，如图 1.3.6 所示。

(3) 偏态系数 C_s 对频率曲线的影响。当 C_v 一定时，C_s 值越大，曲线越弯曲，上部变陡而下部变平，如图 1.3.7 所示。

1.3.5　水文频率计算适线法

1. 目估适线法

(1) 频率曲线线型一般选用皮尔逊Ⅲ型。

(2) 统计参数的初适值，可用矩法公式计算 $\overline{x}$ 和 C_v，并假定 C_s/C_v 比值。

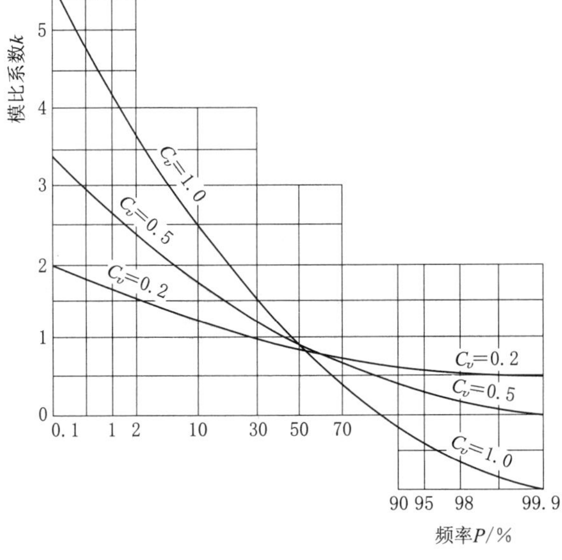

图 1.3.6　C_v 变化对频率曲线的影响（模比系数 k_p 简写为 k）

(3) 调整参数。

1.3.9

适线软件使用

1.3.10

做一做答案扫描上方二维码查看答案

做一做

某站年降水量资料见表 1.3.2。试用适线法推求该站年降水量的频率曲线，并确定相应于频率为 10%、50%、90% 的年降水量。

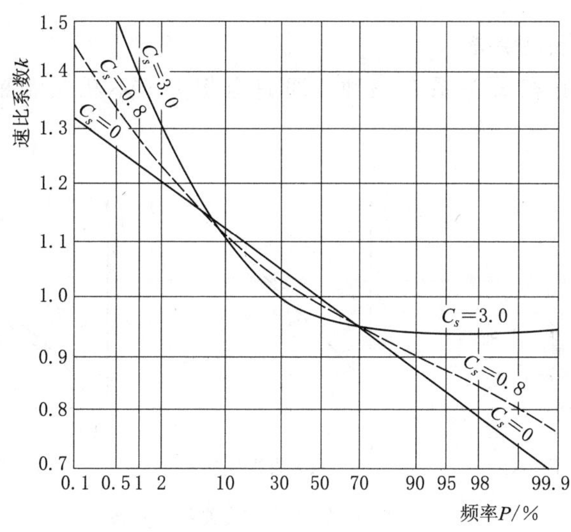

图 1.3.7　C_s变化对频率曲线的影响（模比系数 k_P 简写为 k）

表 1.3.2　　某站年降水量资料

年　份	1956	1957	1958	1959	1960	1961	1962	1963	1964	1965
年降水量/mm	766.9	346.4	459.0	627.9	646.5	516.5	345.1	581.3	936.5	289.6
年　份	1966	1967	1968	1969	1970	1971	1972	1973	1974	1975
年降水量/mm	621.5	581.8	387.7	660.3	502.9	497.1	450.1	682.3	497.5	365.1
年　份	1976	1977	1978	1979	1980	1981	1982	1983	1984	
年降水量/mm	582.0	822.0	500.6	670.2	466.1	429.8	406.8	374.7	413.2	

2. 优化适线法

优化适线法是在一定的适线准则下，求解与经验点距拟合最优的频率曲线及其统计参数的一种方法。按照不同的适线准则可分为离差平方和准则、离差绝对值和准则和相对离差平方和准则三种。

1.3.11
重现期与频率

3. 重现期与频率

（1）当研究洪水、暴雨等丰水问题时，设计频率 $P<50\%$，则其重现期为

$$T=\frac{1}{P} \tag{1.3.22}$$

（2）当研究枯水问题时，设计频率 $P\geqslant 50\%$，则其重现期为

$$T=\frac{1}{1-P} \tag{1.3.23}$$

思考

1. 工程水文中，哪些指标代表洪水、丰水？哪些指标代表枯水？

2. 如何确定水工建筑物的重现期？

1.3.6　相关分析

1.3.12
相关分析

1. 随机变量的相关关系

两个变量之间的相关关系有三种，即完全相关、不相关和不完全相关，如图1.3.8所示。

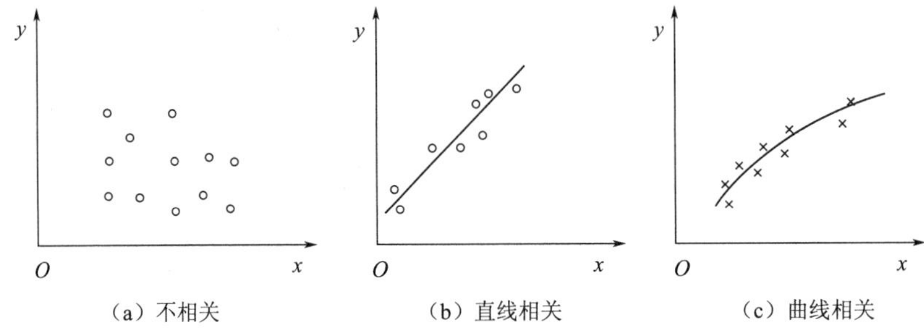

(a) 不相关　(b) 直线相关　(c) 曲线相关

图1.3.8　两个变量相关关系示意图

2. 简单直线相关关系

(1) 相关图解法。根据散点图，通过点群中心，目估出相关直线，如图1.3.8所示。相关图解法简便实用，一般精度尚可，但是目估定线具有一定的随意性，而且不能定量描述两个变量相关的密切程度。

(2) 相关计算法。根据以下公式可以直接求得两变量的回归方程。

$$y-\overline{y}=r\frac{\sigma_y}{\sigma_x}(x-\overline{x}) \tag{1.3.24}$$

$$x-\overline{x}=r\frac{\sigma_x}{\sigma_y}(y-\overline{y}) \tag{1.3.25}$$

$$r=\frac{\sum_{i=1}^{n}(x_i-\overline{x})(y_i-\overline{y})}{\sqrt{\sum_{i=1}^{n}(x_i-\overline{x})^2\sum_{i=1}^{n}(y_i-\overline{y})^2}}=\frac{\sum_{i=1}^{n}(k_{xi}-1)(k_{yi}-1)}{\sqrt{\sum_{i=1}^{n}(k_{xi}-1)^2\sum_{i=1}^{n}(k_{yi}-1)^2}} \tag{1.3.26}$$

式中　$\overline{x}$、$\overline{y}$——x、y 系列的均值；

σ_x、σ_y——x、y 系列的均方差；

k_{xi}、k_{yi}——x、y 系列的模比系数；

r——相关系数，表示 x、y 之间线性相关的密切程度。

1.3.13
做一做答案扫描上方二维码查看答案

做一做

湿润地区某流域具有1966—1978年的年径流深和1958—1978的年降水量资料，见表1.3.3。试用相关计算的方法进行相关分析，并根据计算结果插补流域的年径流深资料。

表 1.3.3　　某流域年降水量与年径流深资料

年　份	1958	1959	1960	1961	1962	1963	1964
年降水量/mm	1345.7	1396.2	1594.4	1559.9	1712.4	1854.2	1547.1
年径流深/mm	—	—	—	—	—	—	—
年　份	1965	1966	1967	1968	1969	1970	1971
年降水量/mm	1475.3	1464.1	1618.6	1643.2	1532.3	1562.6	1372.5
年径流深/mm	—	820.0	789.2	826.8	700.4	676.5	587.6
年　份	1972	1973	1974	1975	1976	1977	1978
年降水量/mm	1383.9	1380.1	1538.2	1541.0	1195.3	1680.5	1587.0
年径流深/mm	536.4	533.0	710.6	717.5	389.5	905.4	847.3

3. 可线性化的曲线相关

可将曲线相关通过变换变为直线相关。

$$y=ae^{bx} \tag{1.3.27}$$

两边取对数，并令 $\ln y=Y$，$\ln a=A$，则

$$Y=A+bx \tag{1.3.28}$$

课外拓展阅读

复　相　关

研究 3 个及 3 个以上变量的相关，称为复相关，也称多元相关，如图 1.3.9 所示。

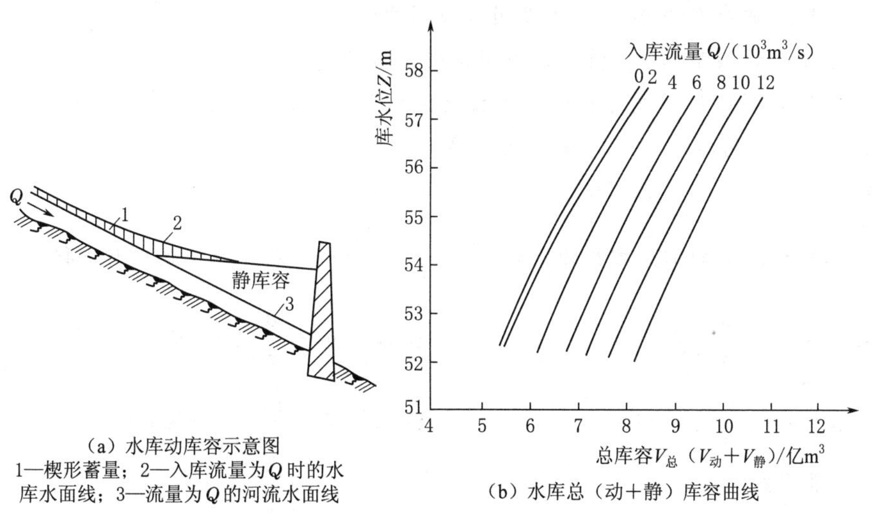

(a) 水库动库容示意图
1—楔形蓄量；2—入库流量为 Q 时的水库水面线；3—流量为 Q 的河流水面线

(b) 水库总（动+静）库容曲线

图 1.3.9　复相关示意图

它与简单相关图的区别在于多了一个自变量。

复相关图可以是直线的，也可以是曲线的，其在水文计算中是常用的。

复相关计算除了采用图解法，也可以采用多元回归分析，在此不再赘述，可查阅相关文献。

课外技能训练

一、填空题

1. 水文统计中的三个统计参数是________、________和________。

2. 要用实测水文要素的样本资料系列进行频率分析计算，首先必须对样本系列的________、________和________进行分析。

1.3.14

课外技能训练答案扫描上方二维码查看答案

3. 用相关分析法对水文样本资料系列进行________或________，用以提高所选系列的代表性。

4. 随机变量的三个统计参数初值计算方法通常有________和________。

5. 在相关分析中用________来反映两个变量之间的相关关系密切程度。

二、选择题

1. 水文现象中，大洪水出现机会比中、小洪水出现机会小，其频率密度曲线为（　　）。

A. 负偏　　B. 对称　　C. 正偏　　D. 双曲函数曲线

2. 变量 x 的系列用模比系数 k 的系列表示时，其均值 $\overline{k}$ 等于（　　）。

A. $\overline{x}$　　B. 1　　C. σ　　D. 0

3. 在水文频率计算中，我国一般选配皮尔逊Ⅲ型曲线，这是因为（　　）。

A. 已从理论上证明它符合水文统计规律

B. 已制成该线型的 Φ 值表供查用，使用方便

C. 已制成该线型的 k_P 值表供查用，使用方便

D. 经验表明该线型能与我国大多数地区水文变量的频率分布配合良好

4. $P=95\%$的枯水年，其重现期 T 等于（　　）年。

A. 95　　B. 50　　C. 5　　D. 20

5. 已知 y 倚 x 的回归方程为：$y=\overline{y}+r\dfrac{\sigma_y}{\sigma_x}(x-\overline{x})$，则 x 倚 y 的回归方程为（　　）。

A. $x=\overline{y}+r\dfrac{\sigma_y}{\sigma_x}(y-\overline{x})$　　B. $x=\overline{y}+r\dfrac{\sigma_y}{\sigma_x}(y-\overline{y})$

C. $x=\overline{x}+r\dfrac{\sigma_x}{\sigma_y}(y-\overline{y})$　　D. $x=\overline{x}+\dfrac{1}{r}\dfrac{\sigma_x}{\sigma_y}(y-\overline{y})$

三、简答题

1. 简述概率和频率的区别与联系。

2. 适线法的实质是什么？简述适线法的步骤。

四、计算题

1. 某站年雨量系列符合皮尔逊Ⅲ型分布，经频率计算已求得该系列的统计参数：$\overline{x}=900$mm，$C_v=0.20$，$C_s=0.60$。试结合表1.3.4推求百年一遇年雨量？

表 1.3.4　　皮尔逊Ⅲ型曲线 **Φ** 值表

C_s \ $P/\%$	1	10	50	90	95
0.30	2.54	1.31	−0.05	−1.24	−1.55
0.60	2.75	1.33	−0.10	−1.20	−1.45

2. 某山区年平均径流深 R（mm）及流域平均高度 H（m）的观测数据见表 1.3.5，试推求 R 和 H 系列的均值、均方差及它们之间的相关系数？

表 1.3.5　　年平均径流深 **R** 及流域平均高度 **H** 的观测数据表

R/mm	405	510	600	610	710	930	1120
H/m	150	160	220	290	400	490	590

模块2　工程水文分析计算

知识导入

工程水文分析计算的目的

思考

1. 工程水文分析计算和水工建筑物的设计有何关系？
2. 工程水文分析计算经常用到的方法有哪些？

导入语

要在河流上建设一项水利工程，必须对河流未来的水文情势（如径流、洪水、泥沙等）作出合理的预估，用以确定工程规模、防洪措施及工程调度运行方式等。工程水文分析一般在项目的可行性研究阶段实行，其最终的成果为工程的水文分析报告，是工程设计文件的重要组成部分。由于水利水电工程建设的复杂性和多样性，不同水利工程的工程水文分析计算的方法和途径也不尽相同，以中小型水利水电工程为例，学习几种常见资料条件下的水文分析计算方法，不仅是小型水利工程设计的需要，也是水利工程施工与管理运用的知识能力准备。

学习目标与要求

1. 能阐述工程水文计算的主要内容和现行相关计算规范、规程。
2. 能进行具有长期实测资料条件下的年径流分析计算。
3. 能进行缺乏实测资料条件下的年径流分析计算。
4. 能进行水利工程枯水径流分析计算。
5. 能进行水利工程泥沙分析计算。
6. 会进行水利水电工程等级划分和设计洪水标准的确定。
7. 能由流量资料推求设计洪水。
8. 能由暴雨资料推求设计洪水。
9. 能进行小流域设计洪水分析计算。
10. 培养工程分析计算所必需的一丝不苟和逻辑性强的专业素质。

练习

回顾流域水量平衡的相关概念，进行年径流的相关参数计算和相互转换。

任务 2.1　年径流与枯水径流分析计算

任务目标

通过本任务的学习，使学生掌握年径流的不同表示方法，掌握设计代表年法推求年径流的方法，掌握相关分析法展延径流系列的具体方法，了解等值线图法估算年径流，了解水文比拟法估算设计年径流。

任务描述

● **任务内容**

某水库多年平均流量 $\overline{Q}=15\text{m}^3/\text{s}$，$C_v=0.25$，$C_s=2C_v$，年径流理论频率曲线为皮尔逊Ⅲ型。

(1) 按表 2.1.1 求该水库设计频率为 90%的年径流量？

(2) 按表 2.1.2 径流年内分配典型，求设计年径流的年内分配？

表 2.1.1　　P－Ⅲ型频率曲线模比系数 k_P 值表 ($C_s=2C_v$)

C_v \ P/%	20	50	75	90	95	99
0.20	1.16	0.99	0.86	0.75	0.70	0.89
0.25	1.20	0.98	0.82	0.70	0.63	0.52
0.30	1.24	0.97	0.78	0.64	0.56	0.44

表 2.1.2　　枯水代表年年内分配典型

月　份	1	2	3	4	5	6	7	8	9	10	11	12	年
年内分配/%	1.0	3.3	10.5	13.2	13.7	36.6	7.3	5.9	2.1	3.5	1.7	1.2	100

● **实施条件**

(1)《水利水电工程水文计算规范》(SL 278—2002)。

(2)《水利水电工程可行性研究报告编制规程》(SL 618—2013)。

(3)《水利水电工程初步设计报告编制规程》(SL 619—2013)。

(4)《小型水电站水文计算规范》(SL 77—2013)。

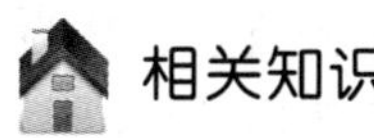

相关知识

2.1.1　年径流及其影响因素

1. 年径流

2.1.1
年径流

在一个年度内，通过河流某一断面的水量，称为该断面以上流域的年径流量，可以用平均流量 $\overline{Q}$ (m^3/s)、年径流深 R (mm)、年径流总量 W (m^3) 及年径流模数 [$\text{m}^3/(\text{s}\cdot\text{km}^2)$] 来表示。

水文水利计算中，年径流量通常是按照水文年度或者水利年度统计的。

水文年度以水文现象的循环规律来划分，从每年汛期开始时起至下一年汛期开始前止。

水利年度以水库蓄泄循环的周期作为一年，也就是从水库蓄水开始到第二年水库供水结束为一年。

思考

1. 年径流不同表示方式是如何相互转化的？
2. 影响年径流的因素都有哪些？其中哪些是主要因素？

2. 设计年径流计算的意义

设计年径流分析计算的目的是为水利工程规划设计和运行管理及水资源供需分析等提供基本依据——来水资料。径流分析计算内容应包括：①径流特性分析；②人类活动对径流的影响分析与径流还原计算；③径流资料的插补延长；④径流系列代表性分析；⑤年、月径流及其时程分配的分析计算；⑥计算成果的合理性检查。

2.1.2　具有长期实测径流资料的设计年径流分析计算

2.1.2
长系列设计年径流计算

1. 径流资料的审查

（1）资料的可靠性审查。

1）水位资料。主要审查基准面和水准点，以及水尺零点高程的变化情况。

2）流量资料。主要审查水位-流量关系曲线定得是否合理，是否符合测站特性。

3）水量平衡原则。根据水量平衡原理上下游站的水量应该平衡，下游站的径流量应该等于上游站径流量加上区间径流量。

（2）资料的一致性审查。对资料进行一致性修正常用的做法是将人类活动影响后的系列还原到流域大规模治理以前的天然状况下，常用分项调查法，见式（2.1.1）。

$$W_{天然}=W_{实测}+W_{还原} \tag{2.1.1}$$

$$W_{还原}=W_{农业}+W_{工业}+W_{生活}\pm W_{调蓄}\pm W_{水保}+W_{蒸发}\pm W_{引水}\pm W_{分洪}+W_{渗漏}\pm W_{其他}$$

（3）资料的代表性审查。资料的代表性审查通常可通过其他更长系列的参证资料的多年变化特性来分析评价实测年径流量系列的丰、枯状况和年际变化规律，常用统计参数进行对比分析。

2.1.3
同倍比法推求设计年径流

2. 设计代表年法推求设计径流量

设计代表年的降水情况按丰水（$P\leqslant 25\%$）、平水（中水 $P=50\%$）、枯水年（$P\geqslant 75\%$）三种情况进行组合。这些设计频率（指定频率）相应的年径流量，称为设计年径流量，设计年径流量在年内各月（或旬）的分配称为设计径流年内分配。

设计年径流量及设计时段径流量的计算步骤为：①计算时段的确定；②频率计算；③成果的合理性检查。

2.1.4
同频率法推求设计年径流

设计年内分配的计算步骤一般为：①选择代表年；②设计年径流年内分配计算。设计代表年的选择应该遵循以下3个原则：水量相近，对工程不利，水电工程一般选择丰、平、枯三个年份，而灌溉工程只选择枯水年1个年份。选择好代表年径流过程线后，求出设计年径流量与代表年之间的比值 $K_{年}$，或者求出设计供水期水量与代表年供水期水量的比值 $K_{供}$，然后利用所求比值乘以代表年逐月平均流量，得到设计年径流的年内分配过程，见式（2.1.2）。

$$K_{年}=\frac{Q_{年,P}}{Q_{年,代}} \quad 或 \quad K_{供}=\frac{Q_{供,P}}{Q_{供,代}} \tag{2.1.2}$$

2.1.5

做一做答案扫描上方二维码查看答案

 **做一做**

拟兴建一水利水电工程，某河某断面有 18 年（1958—1976 年）的流量资料，见表 2.1.3，试求 $P=10\%$、$P=50\%$和 $P=90\%$的丰水、平水、枯水三个年份的设计年径流量，并推求枯水年 $P=90\%$的设计年径流年内分配。

表 2.1.3　　某河某断面历年逐月平均流量

时　间	月平均流量/(m^3/s)												年平均流量/(m^3/s)
	6	7	8	9	10	11	12	1	2	3	4	5	
1958—1959	16.5	22.0	43.0	17.0	4.63	2.46	4.02	4.84	1.98	2.47	1.87	21.6	11.9
1959—1960	7.25	8.69	16.3	26.1	7.15	7.50	6.81	1.86	2.67	2.73	4.20	2.03	7.78
1960—1961	8.21	19.5	26.4	26.4	7.35	9.62	3.20	2.07	1.98	1.90	2.35	13.2	10.0
1961—1962	14.7	17.7	19.8	30.4	5.20	4.87	9.10	3.46	3.42	2.92	2.48	1.62	9.64
1962—1963	12.9	15.7	41.6	50.7	19.4	10.4	7.48	2.79	5.30	2.67	1.79	1.80	14.4
1963—1964	3.20	4.98	7.15	16.2	5.55	2.28	2.13	1.27	2.18	1.54	6.45	3.87	4.73
1964—1965	9.91	12.5	12.9	34.6	6.90	5.55	2.00	3.27	1.62	1.17	0.99	3.06	7.87
1965—1966	3.90	26.6	15.2	13.6	6.12	13.4	4.27	10.5	8.21	9.03	8.35	8.48	10.4
1966—1967	9.52	29.0	13.5	25.4	25.4	3.58	2.67	2.23	1.93	2.76	1.41	5.30	10.2
1967—1968	13.0	17.9	33.2	43.0	10.5	3.58	1.67	1.57	1.82	1.42	1.21	2.36	10.9
1968—1969	9.45	15.6	15.5	37.8	42.7	6.55	3.52	2.54	1.84	2.68	4.25	9.00	12.6
1969—1970	12.2	11.5	33.9	25.0	12.7	7.30	3.65	4.96	3.18	2.35	3.88	3.57	10.3
1970—1971	16.3	24.8	41.0	30.7	24.2	8.30	6.50	8.75	4.25	7.96	4.10	3.80	15.1
1971—1972	5.08	6.10	24.3	22.8	3.40	3.45	4.92	2.79	1.76	1.30	2.23	8.76	7.24
1972—1973	3.28	11.7	37.1	16.4	10.2	19.2	5.75	4.41	5.53	5.59	8.47	8.89	11.3
1973—1974	15.4	38.5	41.6	57.4	31.7	5.86	6.56	4.55	2.59	1.63	1.76	5.21	17.7
1974—1975	3.28	5.48	11.8	17.1	14.4	14.3	3.84	3.69	4.67	5.16	6.26	11.1	8.42
1975—1976	22.4	37.1	58.0	23.9	10.6	12.4	6.26	8.51	7.30	7.54	3.12	5.56	16.9

2.1.3　具有短期实测径流资料的设计年径流分析计算

1. 参证变量的选择

参证变量应符合以下条件：

（1）参证变量与设计站的径流资料必须有内在的成因联系，而且关系密切。

（2）参证变量与设计变量要有足够的同步资料系列，以满足建立相关关系的需要。

（3）参证变量要有足够长的实测资料系列，除了用于建立相关关系外，还要满足展延设计站径流资料的需要。

2. 相关法展延年、月径流量系列

（1）利用相邻站径流量的资料来展延设计站径流量系列。当设计站上游或下游站有充分实测年径流量时，可以利用上、下游站的年径流量资料来展延设计站的年径流量系列。

2.1.6

短系列展延

（2）利用降水量资料来展延径流量系列。当不能利用径流量资料来展延系列时，可以利用流域内或者邻近地区的降水量资料来展延系列。然而干旱地区的年径流量和年降水量之间的关系不太密切，难以利用这个关系来展延年径流系列。

（3）利用其他水文要素来展延系列。若本站水位资料系列较长，且有一定长度的流量资料时，可以利用本站的水位流量关系来插补展延径流系列。

在插补展延径流系列时应当注意：①插补的项数不应超过实测值的项数，最好不超过后者的一半；②注意辗转相关和假相关问题；③外延幅度一般不超过10%。

做一做

2.1.7

短系列展延实例

已知某水利工程的设计代表站有1954—1971年的实测径流资料，其下游有一参证站，有1934—1971年的年径流系列资料，见表2.1.4，其中1953—1954年、1957—1958年、1959—1960年分别被选定为$P=50\%$、$P=75\%$、$P=95\%$的代表年，其年内的逐月分配见表2.1.5，试求：

（1）根据参证站资料，将设计站的年径流系列延长至1934—1971年。

（2）根据延长后的设计年径流系列，绘制年径流频率曲线。

（3）根据设计站代表年的逐月径流分配，计算设计站$P=50\%$、$P=75\%$、$P=95\%$年份的逐月径流分配过程。

表2.1.4　**参证站和设计站年径流系列**　单位：mm

年份	参证站	设计站	年份	参证站	设计站	年份	参证站	设计站
1934	920	—	1947	933	—	1960	859	643
1935	1075	—	1948	847	—	1961	1050	752
1936	887	—	1949	1177	—	1962	782	569
1937	922	—	1950	878	—	1963	1130	813
1938	1080	—	1951	996	—	1964	1160	775
1939	778	—	1952	703	—	1965	676	547
1940	1060	—	1953	788	—	1966	1230	878
1941	644	—	1954	945	761	1967	1510	1040
1942	780	—	1955	1032	800	1968	1080	735
1943	1029	—	1956	587	424	1969	727	519
1944	872	—	1957	664	552	1970	649	473
1945	932	—	1958	947	714	1971	870	715
1946	1246	—	1959	702	444			

表 2.1.5　　设计站代表年、月径流分配　　单位：mm

年　份	月　份												全年
	7	8	9	10	11	12	1	2	3	4	5	6	
1953—1954	827	920	1780	1030	547	275	213	207	243	303	363	714	619
1957—1958	1110	1010	919	742	394	200	162	152	198	260	489	965	550
1959—1960	1110	1010	787	399	282	180	124	135	195	232	265	594	443

2.1.4　缺乏实测径流资料时设计年径流量分析计算

2.1.8

无实测资料设计年径流量推求

1. 等值线图法

缺乏实测径流资料时，可用水文手册或者水文图集上的多年平均径流深、年径流量变差系数的等值线图来推求设计年径流量。

（1）多年平均年径流深的估算。

1）形心法。首先在图上勾绘出研究流域的分水线，再找出流域的形心，而后根据等值线内插读出形心处的多年平均年径流深值。

2）加权平均法。如流域面积较大，或者等值线分布不均匀时，则采用各等值线间部分面积为权重的加权法，来求出全流域多年平均年径流深，见式（2.1.3）。

$$\overline{R}_0=\frac{r_1f_1+r_2f_2+\cdots+r_nf_n}{F} \tag{2.1.3}$$

（2）年径流量变差系数 C_v 及偏态系数 C_s 的估算。C_v 可以直接查等值线图得到，C_s 一般可用水文手册所给的各地 C_s 与 C_v 比值确定。

（3）设计年径流的估算。根据指定设计频率，查得皮尔逊Ⅲ型曲线相关系数，就可求得设计年径流 Q_p。

2. 水文比拟法

（1）多年平均年径流量的估算。

1）直接移用径流深。

$$\overline{R}_{设}=\overline{R}_{参} \tag{2.1.4}$$

2）用流域面积修正。

$$\overline{Q}_{设}=(F_{设}/F_{参})\overline{Q}_{参} \tag{2.1.5}$$

3）用降水量修正。

$$\overline{R}_{设}=(\overline{H}_{设}/\overline{H}_{参})\overline{R}_{参} \tag{2.1.6}$$

（2）年径流量变差系数 C_v 及偏态系数 C_s 的估算。

C_v 可以直接移用，C_s 一般取（2～3）C_v。

（3）设计年径流量的估算。

（4）设计年内分配的计算。将参证流域代表年的年内分配直接或间接移用到设计流域。

2.1.9

做一做答案扫描上方二维码查看答案

做一做

拟在图 2.1.1 中某河流断面 A 处修建一座水库，流域面积 $F=176\text{km}^2$，试用参数等值线法推求坝址断面 A 处 $P=90\%$ 的设计年径流及其年内分配，所选设计代表年径流年内分配见表2.1.6。

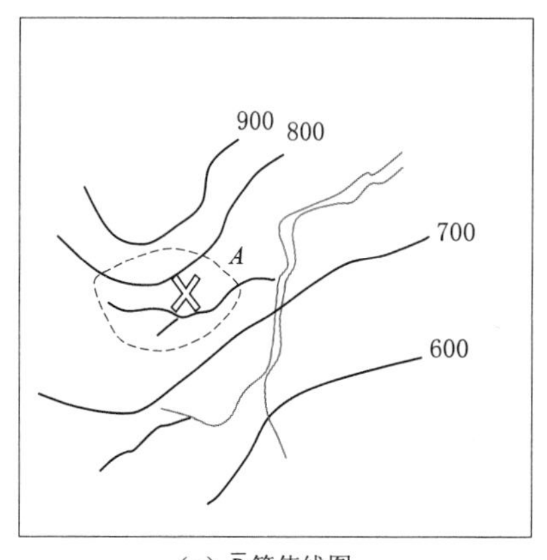

(a) $\overline{R}$ 等值线图

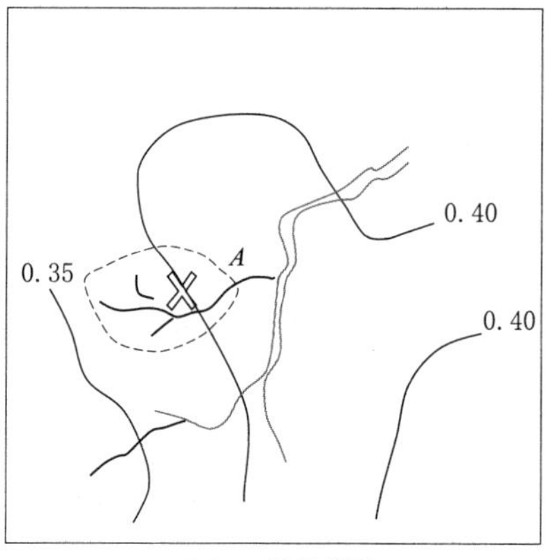

(b) C_v 等值线图

图2.1.1　某地区多年平均年径流深 $\overline{R}$ 及年径流量 C_v 等值线图

表2.1.6　设计代表年的年径流年内分配

月份	3	4	5	6	7	8	9	10	11	12	1	2	合计
$Q_月/Q_年$	2.24	1.88	3.44	3.71	0.46	0.03	0.00	0.00	0.01	0.04	0.03	0.16	12

2.1.5　设计枯水径流的分析计算

河流枯水径流是指当地面径流减少时主要靠地下水补给的河川径流。枯水的研究困难较大，主要表现在枯水期流量测验资料和整编资料的精确度较低，受流域水文地质条件等下垫面因素影响和人类活动影响十分明显。

对于枯水径流的分析计算，通常采用以下几种方法：

(1) 年或供水期的最小流量频率计算。

(2) 用等值线图法或水文比拟法估算。

(3) 绘制日平均流量历时曲线。

1. 有实测资料时设计枯水径流量计算

(1) 枯水流量频率计算。枯水流量频率计算的关键是选择枯水流量时段，一般由工程设计要求和设计流域的径流特性来确定，常取全年的最小连续几天平均流量作为分析对象。

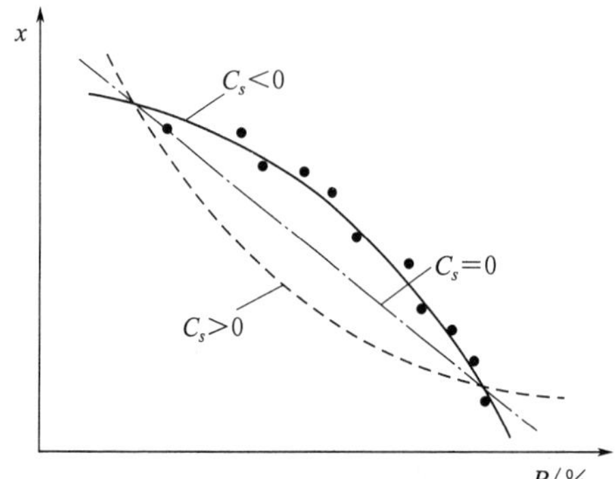

图2.1.2　负偏频率曲线

计算过程中，如出现 $C_s<2C_v$，则设计频率较大时，所求设计枯水流量有可能小于零，此时以零代替即可。

枯水流量与频率有时会出现图2.1.2所示的情况，由式(2.1.7)计算可得

$$\Phi(-C_s,P)=-\Phi(C_s,1-P) \quad (2.1.7)$$

因此，当 $C_s<0$ 时，频率 P 对应的值与 $C_s>0$ 的频率 $1-P$ 对应的 Φ 值绝对值

相等，符号相反。

做一做

某站年最小流量系列的均值 $\overline{Q}=4.96\mathrm{m}^3/\mathrm{s}$，$C_v=0.10$，$C_s=-1.50$，求 $P=95\%$的枯水流量。

(2) 设计枯水位频率计算。河道变化不大，未受水工建筑物影响的天然河道，可以直接用其水位资料推求设计枯水位；河道变化较大的地方，先用流量资料推求设计枯水流量，再用水位流量关系曲线转换成设计枯水位。

2. 缺乏实测资料时设计枯水径流的计算

(1) 设计枯水流量推求。常采用等值线图法或水文比拟法估算，具体方法和缺乏实测资料时设计年径流推求方法相同，在此不再赘述。

(2) 设计枯水位推求。当缺乏历年实测水位系列资料时，设计断面的枯水位常常移用上下游参证站的设计枯水位，但要加以修正。有以下三种推求方法。

1) 比降法。

$$Z_{设}=Z_{参}\pm LI \tag{2.1.8}$$

式中　$Z_{设}$，$Z_{参}$——设计断面和参证站的设计枯水位，m；

L——设计断面至参证断面的距离，m；

I——设计断面至参证站的平均枯水水面比降。

此法适用于参证站离设计站较近，河段顺直、断面形状变化不大、区间水面比降变化不大的情况。

2) 水位相关法。当参证站距离设计站较远时，可在设计断面布置临时水尺与参证站进行对比观测，进而建立两站的水位相关关系，利用参证站设计水位来推求设计站的设计水位。

3) 瞬时水位法。沼泽枯水期水位稳定时，设计站与参证站若干次同时观测的瞬时水位资料，然后计算设计站与参证站各次水位差，求平均值 $\Delta\overline{Z}$，按式 (2.1.9) 计算设计枯水位：

$$Z_{设}=Z_{参}+\Delta\overline{Z} \tag{2.1.9}$$

此法适用于设计断面水位资料不多，难以与参证站建立相关关系的情况。

3. 日平均流量（水位）历时曲线

实际中，径流式电站、引水工程和水库下游有航运要求时，往往需要知道河流来水量一年内出现大于设计值的流量有多少天，此时就需要绘制日平均流量（水位）历时曲线。

日平均流量历时曲线是反映流量年内分配的一种统计特征曲线，只表示年内大于或小于某一流量出现的持续历时，不反映各流量出现的具体时间。

该曲线的绘制方法是：将研究年份的全部日平均流量资料划分为若干组，组距不一定相等，然后按照递减次序排列，统计每组流量出现的天数及累积天数，再将累积天数换算成相对历时 P_i（%），以 P_i 为横坐标、Q_i 为纵坐标绘制曲线，见表 2.1.7 和图 2.1.3。

表 2.1.7　　　　日平均流量历时曲线统计表

流量分组 /(m^3/s)	历时/d		相对历时 P_i /%
	分组	累积	
300(最大值)	2	2	0.55
250～299.9	11	13	3.56
200～249.9	13	26	7.12
150～199.9	15	41	11.2
…	…	…	…
10～14.9	3	364	99.7
4～9.9(最小值区间)	1	365	100

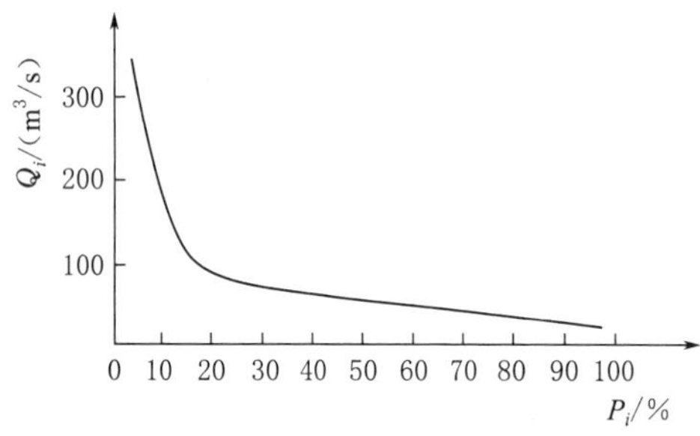

图 2.1.3　日平均流量相对历时曲线

利用日平均流量历时曲线，就可求出超过某一流量的持续天数。日平均流量历时曲线也可以不取年为时段，而取某一时期绘制，如枯水期、灌溉期等，此时总历时为所指定时期的总天数。

课外拓展阅读

年际连续枯水段径流分析

有些大型蓄水工程，特别是具有多年调节性能的大型水库工程，在规划、设计和运行中，不仅要考虑年径流设计值，而且还要考虑年际连续枯水段出现的情况。

年际连续枯水段是设计断面连续多年发生年径流偏枯的现象，为河川径流的一种特性，在我国许多河流上均有出现。

水资源利用工程中需要考虑以下问题：

(1) 对已出现的某一连续枯水段的重现期如何确定？

(2) 连续枯水段的频率曲线如何分析计算？

凡低于年径流均值的年份，均作为枯水年份；连续发生几个枯水年份，称枯水段。国际上在进行水文干旱持续性分析时，也常采用这一指标。

全部年径流系列 N 年中长度为 n（$n=2，3，4，\cdots$，根据工程设计需要而定）的连续枯水段一一选出组成一个新的系列（注意各年的径流资料，只能统计到一个枯水段中，不要重复使用）。其中径流变量可采用 n 年中的平均年径流量：

$$\overline{Q}_n = \sum_{i}^{n} Q_i / n \tag{2.1.10}$$

当选出的连续枯水段系列的最小项在量级上比较突出，为连续特枯段时，就需对其出现的重现期进行考证。下面介绍一些可以试用的方法。

1. 历史资料考证法

在我国的历史文献中，关于旱情的记载很多，特别是对连续数年大旱记载尤详。目前我国已出版或正在出版全国、各大流域和各省（自治区）的历史水旱灾害专著，其中有系统整理的大量历史旱情资料，是考证历史连续枯水段重现期的重要文献，可资参考。

2. 树木年轮法

树木年轮的疏密，与年降水的丰枯往往有较好的对应性，在干旱、半干旱地区尤为明显。国内外均有利用树木年轮的变化重建降雨系列的经验，有的可将系列延长至 200～300 年，从而可进一步对连续枯水段的重现期作出判断，如图 2.1.4 所示。其中宽轮代表湿季，窄轮则代表干旱。

图 2.1.4　树木年轮图

3. 随机模拟法

利用随机模拟技术，生成超长年径流系列，是另一种新的尝试，有的已初步应用于实践。此法弥补了年径流系列一般较短的缺陷，为连续枯水段的分析研究提供了另一种有用途径。

当连续枯水段径流系列组成以后，也可模仿年径流频率分析方法进行，但系列的排序在习惯上由小到大。经验点据的绘点位置仍按数学期望公式计算：$P_n = M/(N+1)$ 确定。

课外技能训练

一、填空题

1. 年径流通常可以用________、________、________和________表示。

2. 年径流的影响因素主要有________、________和________三个方面。

3. 河流的径流特性主要表现为年内变化和年际变化两个方面，其中在水文年内主要表现为________和________交替出现，多年期间则表现为________和________交替出现。

4. 闭合流域年水量平衡方程为__________。

2.1.11

课外技能训练答案扫描上方二维码查看答案

二、解释概念

1. 年径流

2. 同倍比法

3. 同频率法

4. 水文比拟法

5. 参证站

6. 设计代表年法

7. 日平均流量历时曲线

三、简答题

1. 资料情况及测站分布如表 2.1.8 和图 2.1.5 所示，现拟在 C 处建一水库，试简要说明展延 C 处年径流系列的计算方案。

表 2.1.8　　测站资料情况表

测　站	集水面积/km^2	实测资料年限
A	3600	流量 1952—1985
B	1000	流量 1958—1985
C	2400	流量 1976—1985
D	72500	流量 1910—1985

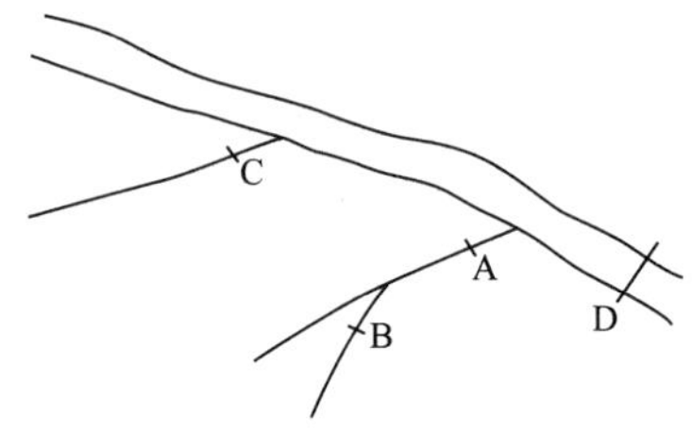

图 2.1.5　测站分布图

2. 资料情况及测站分布如表 2.1.9 和图 2.1.6 所示，已知甲、乙、丙三站的流域自然地理条件近似，试简要说明插补丙站流量资料的可能方案有哪些？

表 2.1.9　　测站资料情况表

测站	流域面积/km^2	实测资料年限
甲	5100	流量 1964—1985
乙	2000	流量 1965—1985
丙	2500	流量 1966—1968,1971—1983;水位 1966—1968,1971—1985;雨量 1966—1985
丁		雨量 1966—1985

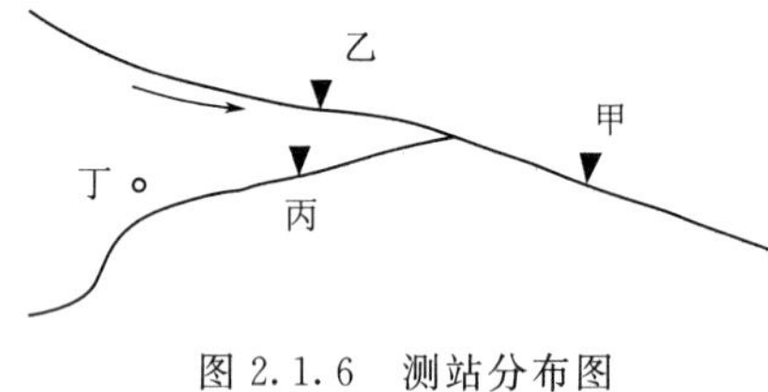

图 2.1.6　测站分布图

四、简单计算

某水库多年平均流量 $\overline{Q}=15m^3/s$，$C_v=0.25$，$C_s=2C_v$，年径流理论频率曲线为皮尔逊Ⅲ型。

(1) 按表 2.1.10 求该水库设计频率为 90%的年径流量。

(2) 按表 2.1.11 径流年内分配典型，求设计年径流的年内分配。

表 2.1.10　　皮尔逊Ⅲ型频率曲线模比系数 k_P 值表（$C_s=2C_v$）

C_v \ P/%	20	50	75	90	95	99
0.20	1.16	0.99	0.86	0.75	0.70	0.89
0.25	1.20	0.98	0.82	0.70	0.63	0.52
0.30	1.24	0.97	0.78	0.64	0.56	0.44

表 2.1.11　　枯水代表年设计年径流的年内分配典型

月　份	1	2	3	4	5	6	7	8	9	10	11	12	全年
年内分配/%	1.0	3.3	10.5	13.2	13.7	36.6	7.3	5.9	2.1	3.5	1.7	1.2	100

任务 2.2　设计洪水分析计算

任务目标

通过本任务的学习，使学生了解水利工程防洪标准及确定方法，掌握同频率法和同倍比法推求设计洪水，掌握由流量资料推求设计洪水的方法，掌握由暴雨资料推求设计洪水的方法，掌握由暴雨径流相关图法推求设计洪水，掌握初损后损法推求设计洪水的方法。

任务描述

● 任务内容

已知某流域面积为 3750km^2，1996 年 5 月该流域发生一场洪水，起涨流量 75m^3/s。通过产流计算求得该次暴雨产生的净雨过程及该流域瞬时单位线，见表 2.2.1，由多次退水过程分析得 $k_g=235$h。试计算该次洪水流量过程。

表 2.2.1　　某流域一次暴雨产生的净雨过程

时　间	5月7日 8时	5月7日 14时	5月7日 20时	5月8日 2时	5月8日 14时	5月8日 20时	5月9日 2时	5月9日 8时	…
地下净雨 R_g/mm		7.5	6.8	3.4	0				
地面净雨 R_s/mm		21	18	0	0				
起涨流量/(m^3/s)	75								
瞬时单位线/(m^3/s)	0	7	85	229	323	328	269	194	…

● 实施条件

(1)《水利水电工程设计洪水计算规范》(SL 44—2006)。

(2)《水利水电工程等级划分及洪水标准》(SL 252—2017)。

(3)《防洪标准》(GB 50201—2014)。

 相关知识

2.2.1　防洪设计标准与确定

1. 防洪设计标准

防洪设计标准是指担任防洪任务的水工建筑物应具备的防御洪水的量级大小，一般用洪水相应的重现期或出现的频率来表示。防洪设计标准有两类，即水工建筑物本身的防洪标准和防护对象的防洪标准。城市的防洪标准见表 2.2.2；水利水电枢纽根据工程规模、效益和在国民经济中的重要性分为五等，见表 2.2.3；水利水电枢纽的水工建筑物根据其所属的枢纽等别、作用和重要性分为五级，见表 2.2.4；水库工程水工建筑物的防洪标准见表 2.2.5。

2.2.1
防洪设计标准

表 2.2.2 城市防护区的防护等级和防洪标准

防护等级	重要性	常住人口/万人	当量经济规模/万人	防洪标准[重现期/年]
Ⅰ	特别重要	≥150	≥300	≥200
Ⅱ	重要	150～50	300～100	200～100
Ⅲ	比较重要	50～20	100～40	100～50
Ⅳ	一般	<20	<40	50～20

注 当量经济规模为城市防护区人均 GDP 指数与人口的乘积，人均 GDP 指数为城市防护区人均 GDP 与同期全国人均 GDP 的比值。

表 2.2.3 水利水电工程分等指标

工程等别	工程规模	水库总库容/亿 m^3	防洪			治涝	灌溉	供水		发电
			保护人口/万人	保护农田面积/万亩	保护区当量经济规模/万人	治涝面积/万亩	灌溉面积/万亩	供水对象重要性	年引水量/亿 m^3	发电装机容量/MW
Ⅰ	大(1)型	≥10	≥150	≥500	≥300	≥200	≥150	特别重要	≥10	≥1200
Ⅱ	大(2)型	10～1.0	150～50	500～100	300～100	200～60	150～50	重要	10～3	1200～300
Ⅲ	中型	1.0～0.1	50～20	100～30	100～40	60～15	50～5	比较重要	3～1	300～50
Ⅳ	小(1)型	0.1～0.01	20～5	30～5	40～10	15～3	5～0.5	一般	1～0.3	50～10
Ⅴ	小(2)型	0.01～0.001	<5	<5	<10	<3	<0.5		<0.3	<10

注 1. 水库总库容指水库最高水位以下的静库容，治涝面积指设计治涝面积，灌溉面积指设计灌溉面积，年引水量指供水工程渠首设计年均引（取）水量。

2. 保护区当量经济规模指标仅限于城市保护区，防洪、供水中的多项指标满足 1 项即可。

3. 按供水对象的重要性确定工程等别时，该工程应为供水对象的主要水源。

表 2.2.4 水工建筑物的级别

工程等别	永久性水工建筑物级别		临时性水工建筑物级别
	主要建筑物	次要建筑物	
Ⅰ	1	3	4
Ⅱ	2	3	4
Ⅲ	3	4	5
Ⅳ	4	5	5
Ⅴ	5	5	

表 2.2.5 水库工程水工建筑物的防洪标准

水工建筑物级别	防洪标准(重现期/年)				
	山区、丘陵区			平原区、滨海区	
	设计	校核		设计	校核
		混凝土坝、浆砌石坝	土坝、堆石坝		
1	1000～500	5000～2000	可能最大洪水(PMF)或 10000～5000	300～100	2000～1000
2	500～100	2000～1000	5000～2000	100～50	1000～300
3	100～50	1000～500	2000～1000	50～20	300～100
4	50～30	500～200	1000～300	20～10	100～50
5	30～20	200～100	300～200	10	50～20

2. 设计洪水的推求途径

（1）由流量资料推求设计洪水。

（2）由暴雨资料推求设计洪水。

（3）由地理插值法或简化公式法估算设计洪水。

2.2.2　由流量资料推求设计洪水

1. 特大洪水

所谓特大洪水，是指比实测系列中的一般洪水大得多的稀遇洪水，包括调查历史特大洪水和实测洪水中的特大值。特大洪水是提高洪水系列代表性的重要手段。

2. 特大洪水不连序系列

把特大洪水和实测一般洪水加在一起组成样本系列，从大到小排序时其样本序号不连续，中间有空缺的序位，这种样本系列称为不连序系列，如图2.2.1所示。

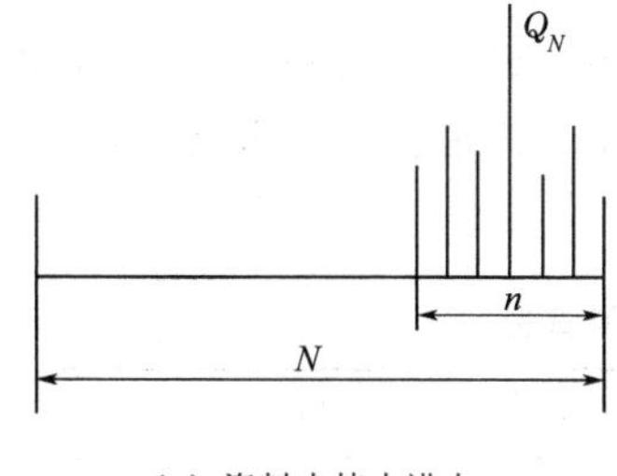

（a）资料内特大洪水

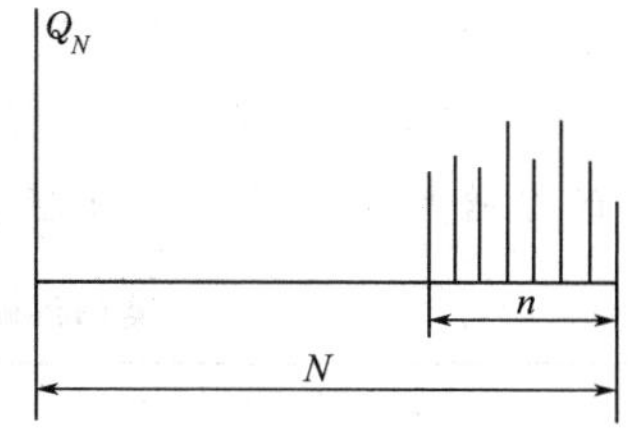

（b）资料外特大洪水（历史特大洪水）

图2.2.1　特大洪水组成的不连序系列

3. 经验频率的计算

（1）独立样本法。将实测一般洪水样本与特大洪水样本，分别看作来自同一总体的两个或几个连序随机样本，把各项洪水分别在各自的样本系列内排位计算经验频率，a 个特大洪水按照式（2.2.1）计算：

$$P_M=\frac{M}{N+1} \tag{2.2.1}$$

式中　M——特大洪水排位的序号，$M=1, 2, \cdots, a$；

N——特大洪水的调查和考证期；

P_M——特大洪水第 M 项的经验频率。

实测一般洪水按式（2.2.2）计算经验频率：

$$P_m=\frac{m}{n+1} \tag{2.2.2}$$

式中　m——实测洪水排位的序号，$m=l+1, l+2, \cdots, n$；

n——实测洪水的调查和考证期；

P_m——实测洪水第 m 项的经验频率；

l——实测洪水中提出作特大值处理的洪水个数。

2.2.4

频率计算之统一样本法

（2）统一样本法。将实测系列和特大值系列都看作从同一总体中抽取的一个容量为 N 的不连序样本，对于 a 个特大洪水，仍按照式（2.2.1）计算其经验频率，剩余 $(n-l)$ 项则按照式（2.2.3）计算经验频率。

$$P_M=P_{M_a}+(1-P_{M_a})\frac{m-l}{n-l+1} \tag{2.2.3}$$

其中

$$P_{M_a}=\frac{a}{N+1}$$

式中　P_{M_a}——N 年中末位特大值的经验频率。

2.2.5

做一做答案扫描上方二维码查看答案

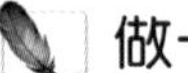

做一做

某站 1938—1982 年共 45 年洪水资料，其中 1949 年洪水比一般洪水大得多，应做特大值处理。另外，通过调查历史洪水资料，得知本站自 1903—1982 年的 80 年间有两次特大洪水，分别发生在 1921 年和 1903 年。经分析考证，可以确定 80 年以来没有遗漏比 1903 年更大的洪水，资料见表 2.2.6，试用独立样本法和统一样本法分别计算各次洪水的经验频率，并进行比较。

表 2.2.6　某站洪峰流量系列资料

洪水性质	特　大　洪　水			一　般　洪　水				
年份	1921	1949	1903	1949	1940	1979	…	1981
洪峰流量/(m^3/s)	8540	7620	7150	—	5020	4740	…	2580

4．洪峰流量和洪量系列频率适线

（1）统计参数初估。

1）矩法。

$$\overline{x}=\frac{1}{N}\left(\sum_{j=1}^{a}x_j+\frac{N-a}{n-l}\sum_{i=l+1}^{n}x_i\right) \tag{2.2.4}$$

$$C_v=\frac{1}{\overline{x}}\sqrt{\frac{1}{N-1}\left[\sum_{j=1}^{1}(x_j-\overline{x})^2+\frac{N-a}{n-l}\sum_{i=l+1}^{n}(x_i-\overline{x})^2\right]} \tag{2.2.5}$$

式中　x_j——特大洪水的洪峰流量或洪量，$j=1$，2，…，a；

x_i——实测一般洪水的洪峰流量或洪量，$i=l+1$，$l+2$，$l+3$，…，n。

2）3 点法。

根据实测资料系列计算并点绘经验点，目估过点群中心定出经验频率曲线后，在曲线上按照点出现的频率范围选取 3 个点，并查出各点坐标值 (P_1, x_{P1})、(P_2, x_{P2})、(P_3, x_{P3})，建立联立方程：

$$\left.\begin{aligned}x_{P1}&=\overline{x}+s\Phi_{P1}\\x_{P2}&=\overline{x}+s\Phi_{P2}\\x_{P3}&=\overline{x}+s\Phi_{P3}\end{aligned}\right\} \tag{2.2.6}$$

联立求解：

$$S=\frac{x_{P1}+x_{P3}-2x_{P2}}{x_{P1}-x_{P3}} \tag{2.2.7}$$

$$C_s=\Phi(s) \tag{2.2.8}$$

$$s=\frac{x_{P1}-x_{P3}}{\Phi_{P1}-\Phi_{P3}} \tag{2.2.9}$$

$$\overline{x}=x_{P2}-s\Phi_{P2} \tag{2.2.10}$$

式中 S——偏度系数，是 P 和 C_s 的函数，当 P 一定时，S 仅为 C_s 的函数，S 和 C_s 的关系见附表3。

（2）洪水频率曲线线型与适线原则。线型仍采用皮尔逊Ⅲ型曲线，适线原则为：①照顾点群趋势，使曲线上、下两侧点子数目大致相等；②使曲线尽量地接近或通过比较可靠的点据；③不宜机械地让曲线通过历时特大洪水点据，也不能使曲线离开特大值太远；④考虑洪水特征值参数的变化规律，以及同一参数在地区的变化规律。

（3）计算成果合理性检查。

1）将本站洪峰流量及不同时段的洪量频率计算成果比较。

2）与上下游及邻近站的频率计算成果比较。

3）与暴雨频率分析计算成果比较。

做一做

某流域拟建一座中型水库。经分析确定水库枢纽本身永久建筑物的设计标准为 $P=1\%$，校核标准为 $P=0.1\%$。工程坝址处有31年实测洪水资料（1952—1982年），经选样审查后洪峰流量资料列入表2.2.7。进行洪水调查时发现，1788年发生过特大洪水，洪峰流量为 $9200m^3/s$，经考证是1788年以来的最大值；1909年洪峰流量为 $6710m^3/s$，是1909年以来第二位，实测系列中1954年洪峰流量为 $7400m^3/s$，为1909年以来第一位，试推求 $P=1\%$ 和 $P=0.1\%$ 的设计洪峰流量。

2.2.6

做一做答案扫描上方二维码查看答案

表2.2.7　某流域设计断面洪水资料

年份	1788	1909	1954	1952	1953	1954	1955	1956	…	1978	1979	1980	1981	1982
$Q_m/(m^3/s)$	9200	6710	7400	3860	4030	7400	4230	3270	…	2000	2720	2350	1540	1360

2.2.3 设计洪水过程线推求

1. 典型洪水过程线选择

（1）选择过程完整、精度较高、峰高量大的洪水。

（2）选择具有代表性的洪水过程。

（3）选择对工程安全较为不利的情况。

2.2.7

洪水过程推求

2. 典型洪水过程线的放大

（1）同倍比法。按同一放大系数 K 将典型洪水过程线各时刻流量放大，求得设计洪水过程线。

1）以峰控制（洪峰对工程安全起决定作用）。

$$K_Q=\frac{Q_{m,P}}{Q_{m,d}} \tag{2.2.11}$$

2）以量控制（洪量对工程安全起决定作用）。

$$K_W=\frac{W_{T,P}}{W_{T,d}} \tag{2.2.12}$$

（2）同频率法。在放大典型洪水过程中，洪峰和不同时段的洪量，按照几个不同的放大倍比进行放大，放大后的洪峰及各历时洪量均等于设计洪峰和设计洪量，大中型水库规划设计常采用此法。

如图 2.2.2 所示，取洪量时段为 1d、3d、7d，典型洪水洪峰流量为 $Q_{m,d}$，采用“长包短”计算各历时洪量 $W_{1,d}$、$W_{3,d}$、$W_{7,d}$。典型洪水各时段放大倍比如下：

洪峰流量放大比：

$$K_Q=\frac{Q_{m,P}}{Q_{m,d}} \tag{2.2.13}$$

其余洪量放大比：

$$K_1=\frac{W_{1,P}}{W_{1,d}} \tag{2.2.14}$$

$$K_{3-1}=\frac{W_{3,P}-W_{1,P}}{W_{3,d}-W_{1,d}} \tag{2.2.15}$$

$$K_{7-3}=\frac{W_{7,P}-W_{3,P}}{W_{7,d}-W_{3,d}} \tag{2.2.16}$$

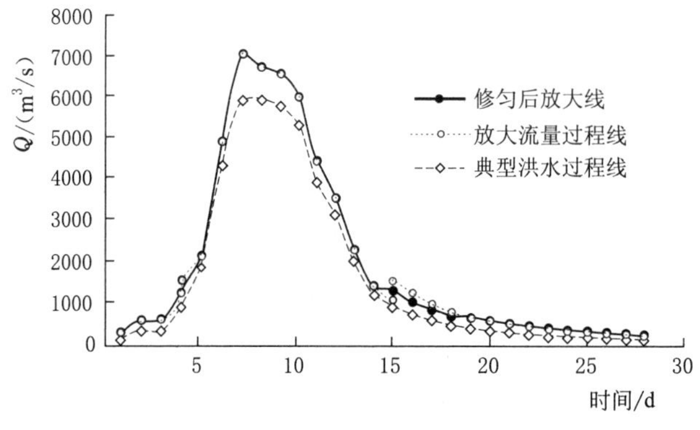

图 2.2.2　某水库 $P=1\%$ 设计洪水与典型洪水过程线

2.2.8

修匀你的线

2.2.9

做一做答案扫描上方二维码查看答案

在典型洪水过程线放大过程中，由于两个时段交界处可用两个倍比放大，因而放大后流量往往产生突变，使过程线呈锯齿状，如图 2.2.2 所示。此时可徒手修匀，保持设计洪峰和各历时设计洪量不变。

做一做

某水库千年一遇设计洪峰流量和各历时设计洪量见表 2.2.8，用同频率法推求设计洪水过程线。

表 2.2.8 某水库千年一遇设计洪峰流量和各历时设计洪量

项目	洪峰流量/(m^3/s)	洪量/(m^3/s·h)		
		1d	3d	7d
P=0.1%的设计洪峰流量及设计洪量	10245	114000	226800	348720

表 2.2.9 典型洪水过程

时间	8月4日0时	8月4日12时	8月5日0时	8月5日12时	8月5日18时	8月6日0时	8月6日6时	8月6日12时	8月6日18时
Q/(m^3/s)	268	375	510	915	1780	4900	3150	2583	1860
时间	8月7日0时	8月7日12时	8月8日0时	8月8日12时	8月9日0时	8月9日12时	8月10日0时	8月10日12时	8月11日0时
Q/(m^3/s)	1070	885	727	576	411	365	312	236	230

2.2.4 由暴雨资料推求设计洪水

思考

1. 对比同倍比法和同频率法，说说各自优缺点。
2. 设计洪水过程线推求计算复杂，可否借助 Excel 的强大计算功能辅助计算，如何实现？请以上面实例为例进行计算。

2.2.10

直接法求设计面雨量

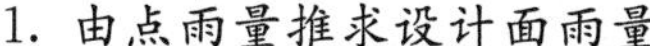

1. 由点雨量推求设计面雨量

设计点雨量的计算可以通过两种途径：①利用点雨量资料频率计算推求设计点雨量；②暴雨统计参数等值线图法推求设计点雨量。

2.2.11

间接法求设计面雨量

（1）暴雨点面关系。暴雨点面关系有定点定面和动点动面两种。以流域中心或中心附近某一雨量站作为定点，以设计流域面积为定面，计算某历时暴雨的点雨量和流域面雨量，建立点雨量和面雨量的相关关系，称为定点定面关系；根据一场暴雨指定时段的雨量等值线图，以暴雨中心为点，各等雨量线包围的面积为面计算流域面雨量，以此建立的点雨量和面雨量的相关关系，称为动点动面关系。

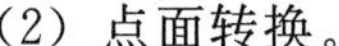

（2）点面转换。

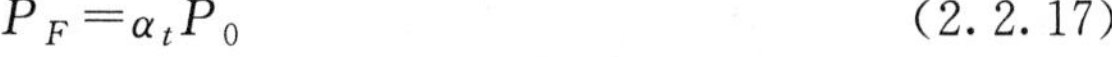

$$P_F=\alpha_t P_0 \tag{2.2.17}$$

式中 P_F——时段 t 的设计面雨量，mm；

α_t——点面转换系数，根据设计流域面积 F 在点面关系图上查出；

P_0——时段 t 的设计点雨量，mm。

2. 设计暴雨的时程分配计算

（1）典型暴雨过程选择。选择典型暴雨的分配过程是设计条件下容易发生的，具有代表性，雨量大、强度大、雨峰的数目、主雨峰的位置等应是暴雨中的典型；还要考虑对工程不利，即暴雨集中，主峰靠后。图 2.2.3 为淮河上游“75·8 暴雨”，常被选作该地区的典型暴雨。

2.2.12

暴雨时程分配

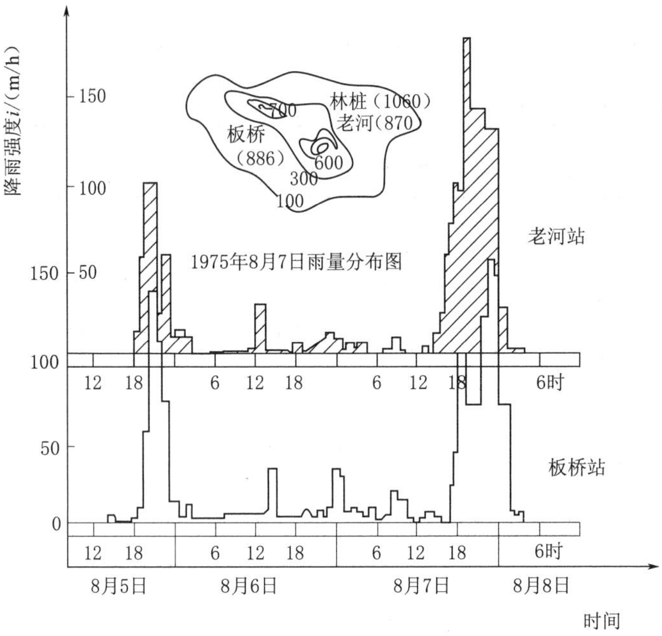

图 2.2.3 淮河上游典型暴雨——“75·8暴雨”

2.2.13

暴雨径流相关图

(2) 典型暴雨过程的放大计算。典型暴雨过程的放大方法和设计洪水的典型过程放大计算相同，均采用同频率放大法。

2.2.5 降雨径流相关图

以蓄满产流为主的流域，产流计算方法常采用降雨径流相关图法，如图 2.2.4 所示。

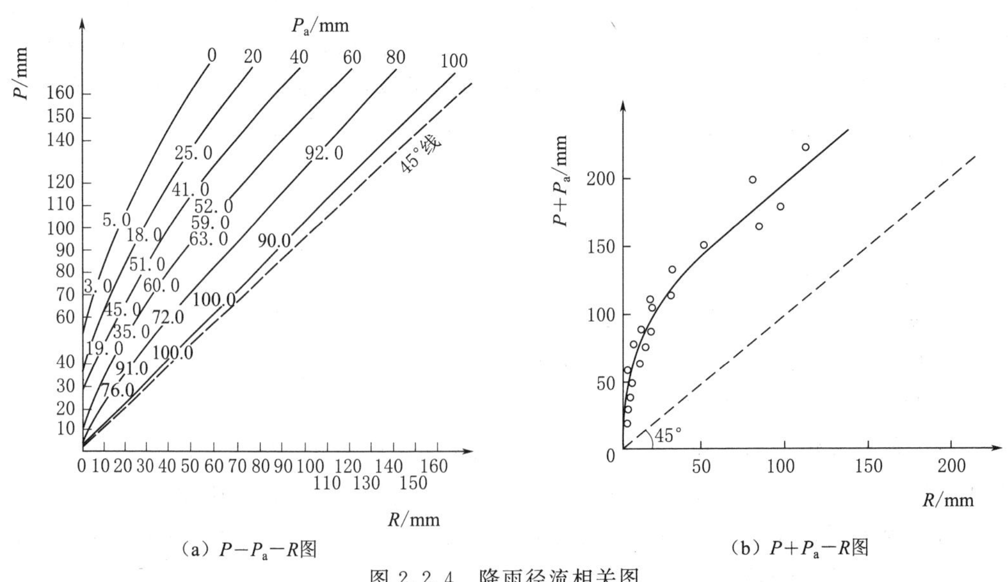

(a) $P-P_a-R$图

(b) $P+P_a-R$图

图 2.2.4 降雨径流相关图

其中前期影响雨量 P_a 的计算公式如下：

$$P_{at}=KP_{t-1}+K^2P_{t-2}+K^3P_{t-3}+\cdots+K^nP_{t-n} \tag{2.2.18}$$

式中　P_{at}——t 日的前期影响雨量，mm；

P_{t-1}，P_{t-2}，…，P_{t-n}——t 日前 1d，2d，…，nd 的日降水量，mm；

K——日折减系数，与土壤蒸发能力有关；

n——影响天数，一般取 15～30d，根据 K 值大小确定。

1. 前期影响雨量 P_a 的计算

当已知 K 值，选定计算天数 n，便可计算前期影响雨量 P_a，见表 2.2.10。

表 2.2.10　　某站某日（5 月 23 日）前期影响雨量 P_a 计算表

日期	22	21	20	19	18	17	16	15	14	13	12	11	10	9	8
日降雨量 H/mm	3.8			8.8	5.5			39.5	17.2		4.8	9.2	28.4		4.4
间隔日数/d	1	2	3	4	5	6	7	8	9	10	11	12	13	14	15
K^n	0.85	0.72	0.61	0.52	0.44	0.38	0.32	0.27	0.23	0.20	0.17	0.14	0.12	0.10	0.09
K^nH_{t-n}	3.2	0	0	4.6	2.4	0	0	10.7	4.0	0	0.8	1.3	3.4	0	0.4

2.2.14
谁影响了径流

则 5 月 23 日 $P_a=3.2+4.6+2.4+\cdots+0.4=30.8$（mm）

也可以采用逐日计算法，其公式为

$$P_{a,t+1}=K(P_{a,t}+P_t)(P_{a,t}\leqslant I_m) \tag{2.2.19}$$

式中　$P_{a,t+1}$，$P_{a,t}$——第 $t+1$ 天和第 t 天开始时的前期影响雨量，mm；

I_m——流域最大损失水量，mm，根据流域实测雨洪资料分析得出。

2. 降雨径流相关图的建立和应用

在历年的雨洪资料中，选择几十场洪水，求出每场洪水的流域平均雨量 H_F，次洪径流深 R 和流域前期影响雨量 P_a，以降雨量 H_F 为纵坐标，径流深 R 为横坐标，P_a 为参数，点绘出 $P-P_a-R$ 图，如图 2.2.4 所示。如实测资料较少，绘制 $P-P_a-R$ 图点距不足，也可将 $P+P_a$ 作为纵坐标，建立（$P+P_a$）$-$R 相关图。

2.2.15
作图法求径流深

根据暴雨径流相关图中的设计暴雨和前期影响雨量即可求出设计净雨。

3. 设计净雨的划分

一次降雨所产生的径流包括地面径流和地下径流两部分。求得设计净雨过程后，需将设计净雨划分为地面净雨和地下净雨两部分，利用公式：

2.2.16
稳定入渗率

$$\left.\begin{aligned} i>f_c\text{ 时}, R_g=f_c\Delta t, R_s=R-R_g=(i-f_c)\Delta t \\ i\leqslant f_c\text{ 时}, R_g=R=i\Delta t, R_s=0 \end{aligned}\right\} \tag{2.2.20}$$

其中 f_c 是关键数值。

做一做

2.2.17
做一做答案扫描上方二维码查看答案

已知湿润地区某小流域设计百年一遇 3d 的面暴雨过程见表 2.2.11，分析求得该流域最大损失量 $I_m=100$mm，设计条件下的前期影响雨量 $P_{a,p}$ 取 $\frac{2}{3}I_m$，流域植被情况良好，地下水埋藏较浅，其稳定下渗率 $f_c=1.5\text{mm/h}$，试分析计算该流域设计总净雨过程、地面净雨过程和地下净雨过程。

表 2.2.11 某流域设计暴雨过程（$\Delta t=6\text{h}$）

时段	1	2	3	4	5	6	7	8	9	10	11	12	合计
雨量/mm	2.5	14.8	1.2	0	0	3.6	17.8	55.6	46.8	20.1	5.6	2.2	170.2

2.2.6 初损后损法

2.2.18
初损后损法

以超渗产流为主的干旱地区常采用初损后损法进行产流计算。从降雨开始到出现超渗产流的阶段称为初损阶段，历时为 t_0。这一阶段损失量称为初损量 I_0，为此阶段所有降雨量；产流以后的损失称为后损 I_R，历时记为 t_R。一场降雨形成的地面净雨深常用下列公式计算：

$$R=R_s=P-I_0-I_R-P_n \tag{2.2.21}$$

$$T=t_0+t_R+t_n \tag{2.2.22}$$

其中 $$I_R=\overline{f}t_R$$

式中 P——降雨量，mm；

I_0——初损量，mm；

I_R——后损量，mm；

$\overline{f}$——后损历时内的平均下渗率，mm/h；

P_n——后损阶段非产流历时 t_n 内的雨量，mm；

T——降雨总历时，h。

1. 初损 I_0 的确定

对于一次实测雨洪资料，只要确定出产流开始时间，则之前的累积降雨量就是初损，可将流域出口断面洪水过程线的起涨点作为产流开始时间。

2. 平均下渗率 $\overline{f}$ 的确定

一般根据式（2.2.23）计算：

$$\overline{f}=\frac{P-I_0-R_s-P_n}{t_R} \tag{2.2.23}$$

公式中各参数的含义同前。

2.2.7 设计洪水过程线推求

1. 单位线

2.2.19
单位线（上）

一个流域上，单位时段 Δt 内均匀分布单位深度的地面净雨在流域出口断面形成的地表径流过程线，称为单位线，如图 2.2.5 所示。

单位线净雨深通常取 10mm，时间依流域特性常取 1h、3h、6h、12h 等。单位线符合两个基本假定：

（1）倍比假定。如果单位时段内的净雨不是 1 个单位而是 k 个单位，则形成的流量过程是单位线纵坐标的 k 倍，如图 2.2.6 所示。

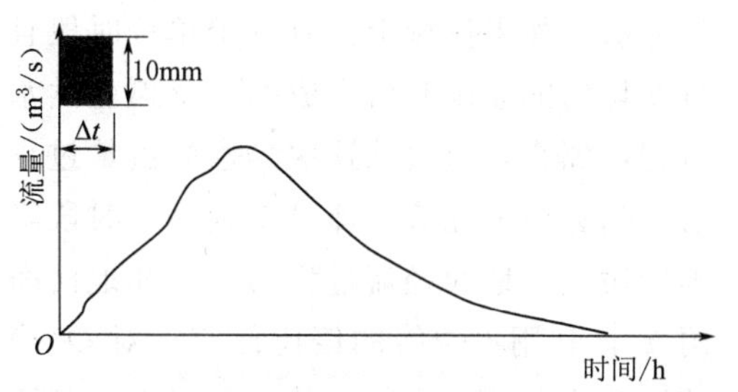

图 2.2.5　某流域单位线示意图

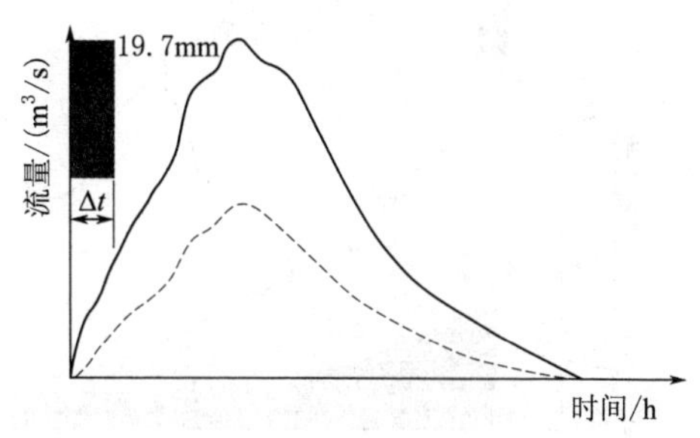

图 2.2.6　单位线倍比假定

可以看出，在倍比假定中，不同净雨大小形成的地面径流过程线底宽相等，形状相似，并且相应时刻的流量之比皆等于净雨深之比，即流量和净雨呈线性关系，见式（2.2.24）。

$$\frac{Q_{a1}}{Q_{b1}}=\frac{Q_{a2}}{Q_{b2}}=\frac{Q_{a3}}{Q_{b3}}=\cdots=\frac{R_a}{R_b} \tag{2.2.24}$$

（2）叠加假定。如果有 m 个单位时段的净雨，则假定各时段净雨所形成的地面流量过程互不干扰，则流域出口断面的流量过程等于各时段净雨形成的部分流量过程错开时段相加之和，如图 2.2.7 所示。

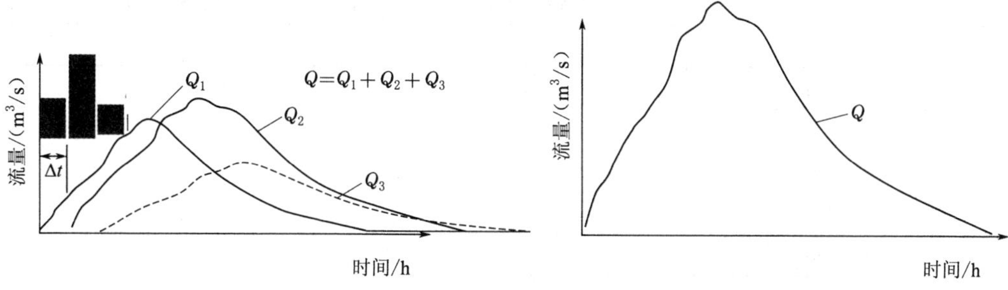

图 2.2.7　单位线叠加假定

此时，流域出口各时刻的流量可以利用式（2.2.25）进行计算。

$$Q_t=\sum_{i=1}^{m}h_i q_{t-i+1} \tag{2.2.25}$$

式中　t——计算时刻；

i——净雨时段数。

2. 单位线的推求

单位线的推求步骤为：①选择暴雨洪水资料；②水源划分；③推求净雨过程；④用单位线的假定分析推求单位线；⑤对单位线进行检验和修正，得到最终单位线。

单位线（下）

其中水源划分可采用作图法和计算法，作图法如图 2.2.8 所示。

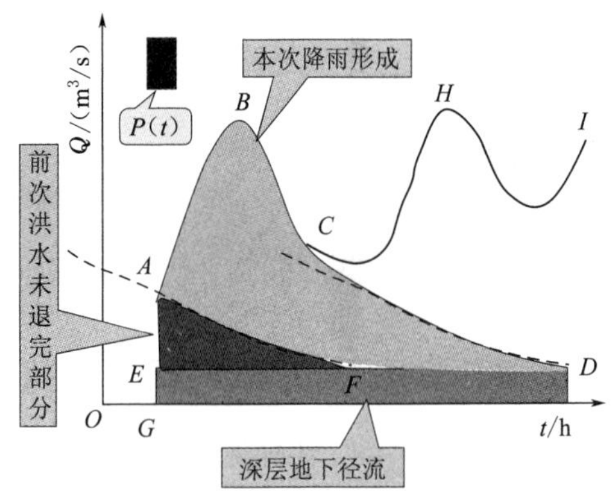

图 2.2.8　作图法分割水源示意图

单位线推求可以用缩放法和分解法两种方法。如果流域上恰有一个单位时段且分布均匀的净雨和所形成的一个孤立洪水过程，那么，只要从这次洪水的流量过程线上割去地下径流，即可得到这一时段降雨所对应的地面径流过程 $Q(t)$ 和地面净雨 h_s，利用单位线的倍比假定，对 $Q(t)$ 按照倍比 $10/h_s$ 进行缩放，便可以得到所推求的单位线 $q(\Delta t, t)$，如式 (2.2.26) 所示。

$$q(\Delta t,t)=\frac{10}{R_s}Q(t) \tag{2.2.26}$$

2.2.21

做一做答案扫描上方二维码查看答案

做一做

某水文站以上流域面积 $F=963\mathrm{km}^2$，1997 年 6 月发生一次降雨过程，实测降雨量见表 2.2.12 中第③列，所测流量过程列于表中第②列。根据所给资料，分析时段为 $\Delta t=6\mathrm{h}$ 的 10mm 单位线。

表 2.2.12　　某站 1997 年 6 月雨洪资料

时间	实测流量/($\mathrm{m^3/s}$)	流域降雨/mm
①	②	③
17 日 14 时	15	15.0
17 日 20 时	15	87.8
18 日 02 时	118	11.0
18 日 08 时	1349	3.6
18 日 14 时	585	1.3
18 日 20 时	338	
19 日 02 时	253	
19 日 08 时	189	
19 日 14 时	137	
19 日 20 时	103	
20 日 02 时	67	
20 日 08 时	39	
20 日 14 时	15	

思考

1. 单位线的推求还有没有其他方法？
2. 假如单位线时段不统一，思考不同时段单位线应该如何转化？

3. 设计洪水过程线的推求

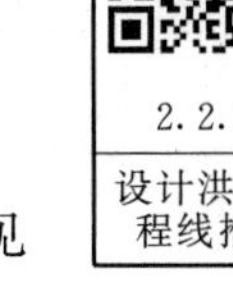

2.2.22

设计洪水过程线推求

当流域内发生一场降雨后，可以应用产流方案和单位线按列表计算法推求洪水过程，具体过程如下：

（1）将单位线方案和产流计算方案得到的净雨列于表 2.2.13。

（2）按照倍比原理，用单位线求各时段净雨产生的地面径流过程。

（3）按照叠加假定将各时段净雨的地面径流过程叠加，得总的地面径流过程，见表 2.2.13。

表 2.2.13　　用单位线推求地面径流过程

时段 $\Delta t=12$h	净雨 R_s /mm	单位线 q /(m^3/s)	各时段净雨产生的地面径流/(m^3/s)					总的地面径流过程/(m^3/s)
			6.1mm	32.5mm	45.3mm	12.7mm	4.6mm	
①	②	③	④	⑤	⑥	⑦	⑧	⑨
1	6.1 32.5 45.3 12.7 4.6	0	0					0
2		28	17	0				17
3		250	153	91	0			244
4		130	79	813	127	0		1019
5		81	49	423	1133	36	0	1641
6		54	33	263	589	318	13	1216
7		35	21	176	367	165	115	844
8		21	13	114	245	103	60	535
9		12	7	68	159	69	37	340
10		5	3	39	95	44	25	206
11		0	0	16	54	27	16	113
12				0	23	15	10	48
13					0	6	6	12
14						0	2	2
15							0	0
合计								

2.2.8　瞬时单位线法

1. 瞬时单位线的概念

瞬时单位线是由 J. E. Nash 在 1957 年提出的。它是指流域上瞬时（$\Delta t\to 0$）均匀分布的单位净雨在出口断面处形成的地面径流过程线，如图 2.2.9 所示。

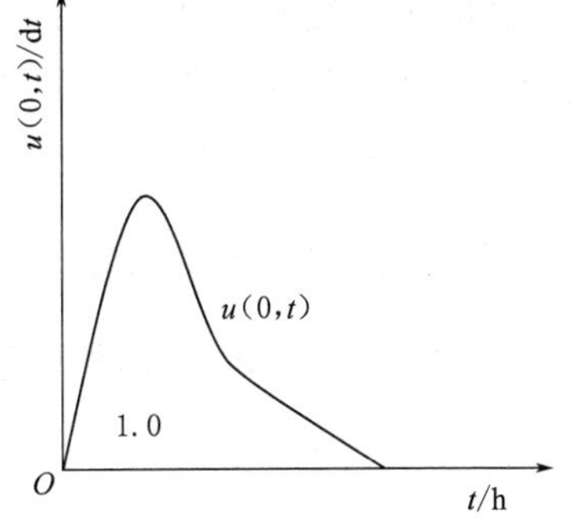

图 2.2.9　瞬时单位线示意图

2.2.23

瞬时单位线法

J. E. Nash 设想流域的汇流作用可由串联的 n 个相同的线性水库的调蓄作用来代替，流域出口断面的流量过程是流域净雨经过这些水库调蓄后的出流。其数学方程为

$$u(t)=\frac{1}{K\Gamma(n)}\left(\frac{t}{K}\right)^{n-1}e^{-t/K} \tag{2.2.27}$$

式中 $u(t)$——t 时刻的瞬时单位线的纵高；

n——线性水库的个数；

$\Gamma(n)$——n 的伽玛函数；

K——线性水库的调节系数，具有时间单位。

瞬时单位线与时间轴所包围的面积为

$$\int_0^{\infty}u(0,t)\mathrm{d}t=1.0 \tag{2.2.28}$$

不同的 n、K，瞬时单位线的形状就不同。如图 2.2.10 所示，当 n、K 减小时，$u(0,\ t)$ 的洪峰增高，峰现时间提前；而当 n、K 增大时，$u(0,\ t)$ 的峰降低，峰现时间推后。

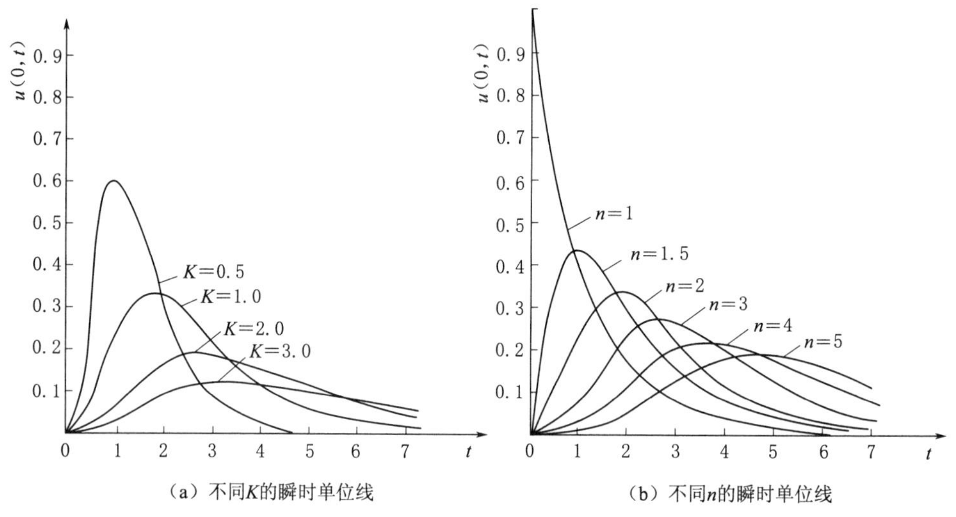

图 2.2.10 不同 n 和 K 的瞬时单位线

2. 瞬时单位线的应用

瞬时单位线的主要优点在于，它不受净雨历时的影响，有一定数学表达式，便于进行数学处理和区域综合，在实际应用时需首先将瞬时单位线转换为时段单位线。

瞬时单位线的综合实际上就是参数 n、K 的综合。根据中间参数 $m_1=nK$，$m_2=\frac{1}{n}$的综合方法比较简单，因为 n 的取值相对稳定，这样就很容易求出 K 值。

用瞬时单位线求地面洪水过程线的步骤如下：

(1) 求瞬时单位线的 S 曲线，如图 2.2.11 所示。

$$S(t)=\int_0^t u(0,t)\mathrm{d}t=\frac{1}{\Gamma(n)}\int_0^{t/K}\left(\frac{t}{K}\right)^{n-1}e^{-t/K}\mathrm{d}\left(\frac{t}{K}\right) \tag{2.2.29}$$

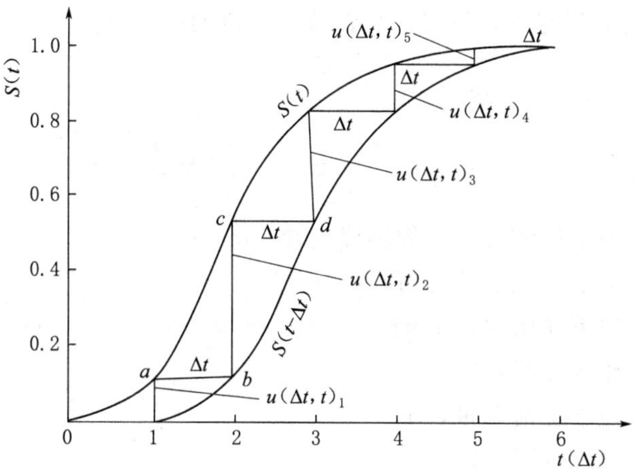

图 2.2.11　瞬时单位线的S曲线

(2) 求无因次时段单位线。

$$u(\Delta t, t)=S(t)-S(t-\Delta t) \tag{2.2.30}$$

两条S曲线的纵坐标差为时段 Δt 的无因次时段单位线 $u(\Delta t,\ t)$，如图 2.2.12 所示。

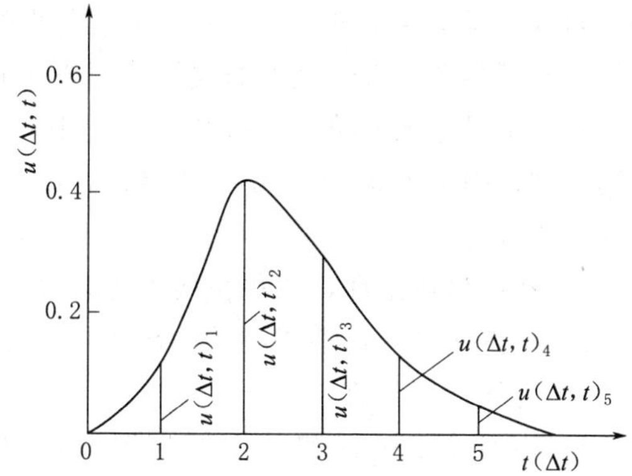

图 2.2.12　无因次时段单位线

(3) 求有因次时段单位线。

根据单位线的特性，有因次时段单位线的纵坐标之和为 $\sum q_i=\dfrac{10F}{3.6\Delta t}$，有因次时段单位线的纵高 q_i 与无因次时段单位线的纵高 $u(\Delta t,\ t)$ 之比等于其总和之比，如式 (2.2.31)。

$$\frac{q_i}{u(\Delta t, t)}=\frac{\sum q_i}{\sum u(\Delta t, t)}=\frac{10F}{3.6\Delta t} \tag{2.2.31}$$

由此可知，时段为 Δt，10mm 净雨深时段单位线的纵坐标为

$$q_i=\frac{10K}{3.6\Delta t}u(\Delta t, t) \tag{2.2.32}$$

(4) 汇流计算。

根据单位线的定义和倍比假定、叠加假定，用各时段设计地面净雨分别乘单位线的纵高得到对应的部分地面径流过程，然后将其分别错开一个时段后得到设计地面洪水过程，如式 (2.2.33)。

$$Q_i=\sum_{i=1}^{m}\frac{R_{s_i}}{10}q_{t-i+1} \tag{2.2.33}$$

3. 设计地下洪水过程线的推求

设计地下洪水过程线经常采用简化三角形的方法来推求。三角形面积为地下径流

总量，起涨点为地面起涨点，将峰值放在地下径流的终止点。

$$W_{g,p}=\frac{Q_{m,g,p}T_g}{2} \tag{2.2.34}$$

$$Q_{m,g,p}=\frac{2W_{g,p}}{T_g}=\frac{2000R_{g,p}F}{T_g} \tag{2.2.35}$$

式中　$Q_{m,g,p}$——地下径流过程线的洪峰流量，m^3/s；

T_g——地下径流过程总历时，s；

$R_{g,p}$——地下净雨深，mm；

F——流域面积，km^2；

$W_{g,p}$——地下径流总量，m^3。

4. 设计洪水过程线的推求

在湿润地区，一般分别计算地面净雨和地下净雨的汇流计算，然后推求设计洪水过程线；在干旱地区，一般不单独计算。

（1）设计地面净雨的汇流计算——单位线法。

目前推求洪水流量过程线的主要方法是单位线法。在应用时，应注意单位线的非线性问题，尽量用实测大洪水资料分析得出的经验单位线或瞬时单位线。如缺乏实测资料，也可参考邻近流域的非线性修正方法并进行多方论证。

如某干旱地区流域 $\Delta t=12h$、$R_s=10mm$ 的单位线、设计净雨过程见表 2.2.14 的第②列，因为本流域基流比较稳定，$Q_{基}=3.0m^3/s$，在设计洪水过程线推求时，可分四步进行：

1）按照倍比定理，用单位线求各时段净雨产生的地面径流过程。

2）再按照叠加定理得到总的地面径流过程。

3）直接计算基流。

4）地面径流过程和基流按照时程叠加，得到设计洪水流量过程，结果见表 2.2.14 第⑪列。

表 2.2.14　某流域单位线法推求设计洪水过程计算表

时段 Δt=12h	设计净雨 R_s/mm	单位线 q /(m^3/s)	各时段净雨产生的地面径流过程/(m^3/s)					总地面径流过程/(m^3/s)	基流 /(m^3/s)	设计洪水过程/(m^3/s)
			6.1mm	32.5mm	45.3mm	12.7mm	4.6mm			
①	②	③	④	⑤	⑥	⑦	⑧	⑨	⑩	⑪
1	6.1 32.5 45.3 12.7 4.6	0	0					0	3.0	3.0
2		28	17	0				17	3.0	20.0
3		250	153	91	0			244	3.0	247
4		130	79	813	127	0		1019	3.0	1022
5		81	49	423	1133	36	0	1641	3.0	1644
6		54	33	263	589	318	13	1216	3.0	1219
7		35	21	176	367	165	115	844	3.0	847

续表

时段 $\Delta t=$12h	设计净雨 R_s/mm	单位线 q /(m^3/s)	各时段净雨产生的地面径流过程/(m^3/s)					总地面径流过程/(m^3/s)	基流/(m^3/s)	设计洪水过程/(m^3/s)
			6.1mm	32.5mm	45.3mm	12.7mm	4.6mm			
①	②	③	④	⑤	⑥	⑦	⑧	⑨	⑩	⑪
8		21	13	114	245	103	60	535	3.0	538
9		12	7	68	159	69	37	340	3.0	343
10		5	3	39	95	44	25	206	3.0	209
11		0	0	16	54	27	16	113	3.0	116
12				0	23	15	10	48	3.0	51.0
13					0	6	6	12	3.0	15.0
14						0	2	2	3.0	5.0
15							0	0	3.0	3.0

（2）设计地下径流过程推求。

湿润地区的设计洪水过程线由设计地面洪水过程线、设计地下洪水过程线和基流三部分叠加而成。设计地下洪水过程线常采用简化三角形法推求，该法假定地面地下径流起涨点相同，地面径流终止点为地下径流三角形的峰值点，三角形面积即为地下径流总量。

$$W_{g,p}=\frac{Q_{m,g,p}T_g}{2} \tag{2.2.36}$$

由 $W_{g,p}=1000R_{g,p}F$ 得

$$Q_{m,g,p}=\frac{2W_{g,p}}{T_g}=\frac{2000R_{g,p}F}{T_g} \tag{2.2.37}$$

式中 $Q_{m,g,p}$——地下径流过程线的洪峰流量，m^3/s；

T_g——地下径流过程总历时，s；

$R_{g,p}$——地下净雨深，mm；

F——流域面积，km^2；

$W_{g,p}$——地下径流总量，m^3。

 **做一做**

江苏省某流域地形为山丘区，流域面积 $F=118km^2$，干流平均坡度 $J=0.05$，$P=1\%$的设计地面净雨过程（$\Delta t=6h$）分别为 $R_{s1}=15mm$ 和 $R_{s2}=25mm$，设计地下净雨深 $R_g=9.5mm$，流域基流采用 $Q_{基}=5m^3/s$；流域地下径流历时为地面径流的2倍，求此流域 $P=1\%$的设计洪水过程线。

2.2.24

做一做答案扫描上方二维码查看答案

2.2.9 小流域设计洪水计算

1. 小流域的概念

小流域通常指集水面积不超过数百平方公里的小河小溪，但并无明确限制。与大中流域相比，小流域设计洪水计算有许多特点，并且广泛应用于铁路、公路的小桥涵、中小型水利工程、农田、城市及厂矿排水等工程的规划设计中。

小流域具有以下特点：

（1）绝大多数小流域都没有水文站，即缺乏实测径流资料，甚至也没有降雨资料。

（2）小流域面积小，自然地理条件趋于单一，拟定计算方法时，允许作适当的简化，即允许作出一些概化的假定。

（3）小流域分布广、数量多。因此，所拟定的计算方法，在保持一定精度的前提下，将力求简便，一般借助水文手册即可完成。

（4）小型工程一般对洪水的调节能力较小，工程规模主要受洪峰流量控制，因此对设计洪峰流量的要求，高于对洪水过程线的要求。

2. 小流域设计暴雨的计算

小流域设计暴雨计算有以下方式：

（1）按省水文手册或暴雨图集资料计算特定历时的设计暴雨量。

（2）用短历时暴雨公式将特定历时的设计暴雨量转换为所需要的其他历时的设计暴雨量。

$$\bar{i}_{t,P}=\frac{S_p}{t^n} \quad 或 \quad H_{(t,P)}=S_P t^{1-n} \tag{2.2.38}$$

式中　$H_{t,P}$——历时为 t 的设计雨量，mm；

S_P——与设计频率 P 的相应的雨力，mm；

n——暴雨衰减指数；

$\bar{i}_{t,P}$——历时为 t、频率为 P 的暴雨平均强度，mm/h。

（3）也可以进行点雨量和面雨量转换以及地区概化雨型进行暴雨时程分配计算。

3. 地区经验公式法推求设计洪峰流量

地区经验公式是根据地区实测洪水资料或调查的相关洪水资料进行综合归纳以求得洪峰流量与影响因素之间的关系方程式。该方法简单，应用方便，但是只适用于特定地区，按照建立公式所考虑的因素分为以下两种：

（1）单因素经验公式。

$$Q_{\mathrm{m},P}=C_P F^n \tag{2.2.39}$$

式中　$Q_{\mathrm{m},P}$——设计洪峰流量，$\mathrm{m^3/s}$；

C_P——随地区和频率而变化的综合系数；

n——经验指数；

F——流域面积，$\mathrm{km^2}$。

（2）多因素经验公式。

$$Q_{\mathrm{m},P}=CH_{24P}F^n \tag{2.2.40}$$

$$Q_{\mathrm{m},P}=Ch_{24P}^{\alpha}K^{\gamma}F^n \tag{2.2.41}$$

$$Q_{\mathrm{m},P}=Ch_{24P}^{\alpha}J^{\beta}K^{\gamma}F^n \tag{2.2.42}$$

式中　H_{24P}，h_{24P}——最大24h设计暴雨量与设计净雨量，mm；

α，β，γ，n——经验指数；

C——经验系数；

J——主河道平均比降；

K——流域形状系数。

思考

1. 小流域设计洪水的计算还可以采用哪些方法？

2. 查阅相关资料，说明推理公式法计算小流域设计洪水的基本原理和步骤。

4. 小流域设计洪水过程线的推求

小流域设计洪水过程线推求有概化三角形、概化五边形和无因次过程线。

（1）概化三角形过程线。小流域洪水过程多表现为陡涨陡落，洪峰持续时间短，过程近似为三角形，如图2.2.13所示，设计洪量可按照式（2.2.43）推求。

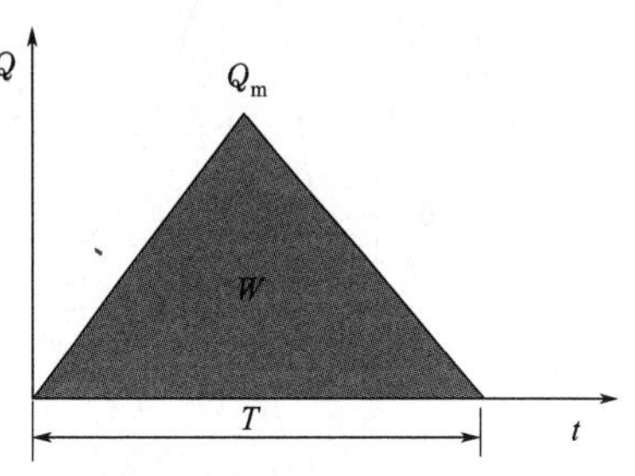

图2.2.13　概化三角形洪水过程线

$$W_P = 10^3 h_P F \qquad (2.2.43)$$

式中　W_P——设计洪水总量，m^3；

F——流域面积，km^2；

h_P——设计净雨总量，mm。

可知：

$$W_P = \frac{1}{2} Q_{m,P} T \qquad (2.2.44)$$

因此：

$$T = \frac{2W_P}{Q_{m,P}} \qquad (2.2.45)$$

式中　$Q_{m,P}$——设计洪峰流量，m^3/s；

T——设计洪水总历时，h。

（2）概化五边形过程线。一般实测洪水过程线的涨水段和退水段不是直线状，往往呈曲线状。为了使设计洪水过程线接近实际情况，有些地区根据小流域实测洪水过程线特点，在三角形过程线的基础上，略加改进，控制折腰面积相等，形成了五边形概化过程线，如图2.2.14所示。过程线上各点的坐标，可以根据本地区小流域的实测单峰大洪水过程线综合分析，经概化而定出。

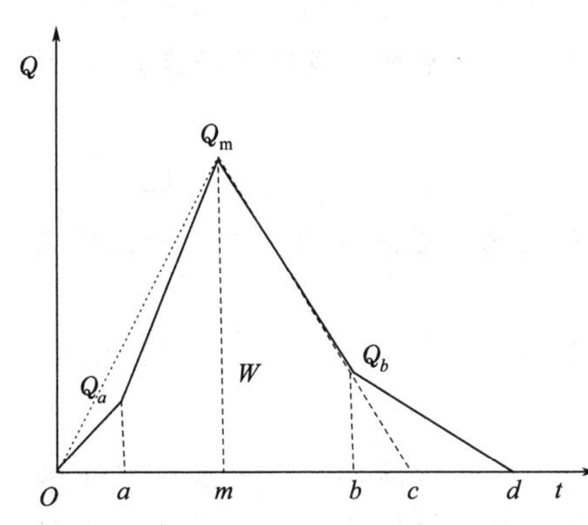

图2.2.14　概化五边形洪水过程线

（3）无因次过程线法。无因次过程线是根据实测典型洪水资料，经过综合分析和概化后求得的，见图2.2.15，β_i 为横坐标，α_i 为纵坐标。其基本方程见式（2.2.46）。

$$\alpha_i = \frac{Q_i}{Q_m}, \quad \beta_i = \frac{t_i}{T} \qquad (2.2.46)$$

式中　t_i——时间坐标；

Q_i——典型洪水过程线的流量；

β_i——无因次过程线的时间坐标；

α_i——无因次过程线的流量坐标。

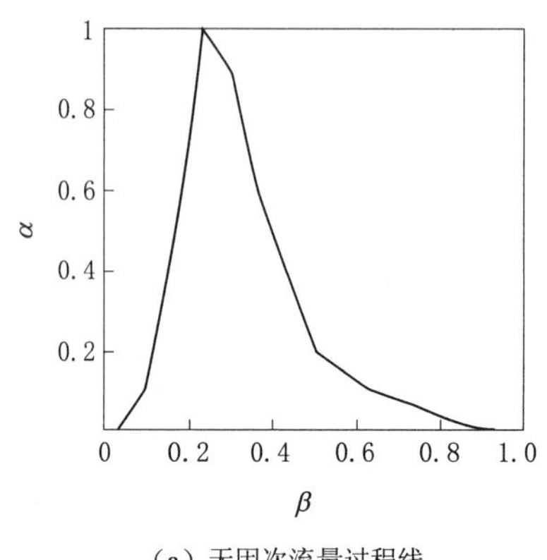

(a) 无因次流量过程线
($\alpha_i=Q_i/Q_m$; $\beta_i=t_i/T$)

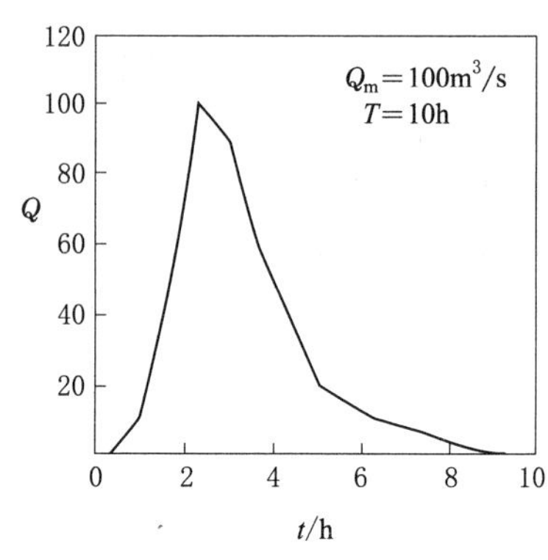

(b) 设计流量过程线
($Q_i=\alpha_i/Q_m$; $t_i=\beta_i/T$)

图 2.2.15　无因次流量过程线

课外拓展阅读

蓄满产流和超渗产流

一、蓄满产流

蓄满产流又称为饱和产流，多发生在南方湿润地区。由于地下水埋藏较浅，降雨后包气带缺水量很快满足并达到饱和，之后土壤下渗率达到稳定下渗率 f_c。包气带为饱和之前不产流，包气带饱和后降雨全部转化为径流，超过稳定下渗率 f_c 的形成地面径流 R_s，以稳定入渗率 f_c 下渗的雨水则形成地下径流 R_g，总净流量为

$$R=R_s+R_g \tag{2.2.47}$$

流域包气带最大缺水量 I_m 能反映包气带最大蓄水量，降雨前期影响雨量用 P_a 表示，则

$$R=H-(I_m-P_a) \tag{2.2.48}$$

二、超渗产流

超渗产流又称为非饱和产流，多发生在干旱地区。降雨后，一般雨水不容易满足整个包气带的缺水量，当降雨强度超过土壤下渗能力时才会产生地表径流。产流过程可以描述为

当 $i>f$ 时，则 $i-f_p$ 形成地面径流，实际下渗率为 f。

当 $i\leqslant f$ 时，无地面径流产生，所有雨水全部下渗。

此时，一次降雨下渗总水量为

$$I=\int_{i>f}^{\infty} f\mathrm{d}t+\int_{i\leqslant f}^{0}\mathrm{d}t \tag{2.2.49}$$

形成的地面径流为

$$R_s=\int_{i>f}^{\infty}(i-f)\mathrm{d}t \tag{2.2.50}$$

故

$$H=I+R_s \tag{2.2.51}$$

课外技能训练

一、填空题

1. 设计洪水的标准按保护对象的不同可分为两类：第一类为保障防护对象免除灾害的防洪标准，第二类为确保________的洪水标准。

2. 设计洪水的标准高，意味着其对应频率数值________，相应的重现期数值________，对应的洪水量级就________。

3. 设计永久性水工建筑物需考虑________及________两种洪水标准，通常称前者为设计标准，后者为校核标准。

4. 通常用________、________和________三要素描述设计洪水。

5. 在洪水频率计算中考虑特大洪水的主要作用是________。

6. 由典型洪水放大推求设计洪水过程中常用放大方法有________和________。

7. 由暴雨资料推求设计洪水的基本前提是________。

8. 由暴雨资料推求设计洪水的三大步骤是________、________和________。

9. 单位线的两条基本假定是________和________。

2.2.26

课外技能训练答案扫描上方二维码查看答案

二、解释概念

1. 设计标准
2. 典型洪水
3. 同频率放大法
4. 不连序系列
5. 设计净雨
6. 单位线

三、简答题

1. 大坝的设计洪水标准与下游防护对象的防洪标准有什么异同？

2. 什么叫特大洪水？特大洪水的重现期如何确定？

3. 用同频率放大法推求设计洪水过程线有何特点？写出各时段的放大倍比计算

公式。

四、简单计算

1. 某中型水库流域面积为 300km^2，50 年一遇设计暴雨过程及单位线见表 2.2.15 和表 2.2.16，初损为零，后损率 $\overline{f}=1.5\text{mm/h}$，设计情况下基流为 10m^3/s。试推求 50 年一遇设计洪水过程线。

表 2.2.15　　某水库 50 年一遇设计暴雨过程

时段($\Delta t=6$h)	1	2	3	4	合　计
设计暴雨/mm	35	180	55	30	300

表 2.2.16　　某设计流域的单位线

时段($\Delta t=6$h)	0	1	2	3	4	5	6	7	0	合计
单位线 q/(m^3/s)	0	14	26	39	23	18	12	7	0	139

任务 2.3　河流泥沙分析计算

任务目标

通过本任务的学习，使学生掌握河流泥沙的种类和对工程的影响，能选用合适的计算方法来计算河流泥沙，了解水库泥沙的防治方法，能进行水库淤积的预报和方案设计。

任务描述

● **任务内容**

黄河是中国的母亲河，却素来以泥沙多而闻名。古籍记载“黄河斗水，泥居其七”。据资料统计，黄河多年平均年输沙量约为 16 亿 t。其含沙量之多、之大，居世界大河之冠。

运用水文学的相关知识，分析在黄河干流设计水库，应如何计算其年输沙量？又如何设计水库的死库容？

● **实施条件**

(1)《水利水电工程水文计算规范》(SL 278—2002)。

(2)《水电工程泥沙设计规范》(NB/T 35049—2015)。

(3)《水利水电工程可行性研究报告编制规程》(SL 618—2013)。

(4)《水利水电工程初步设计报告编制规程》(SL 619—2013)。

相关知识

2.3.1　河流泥沙的计算的目的和内容

河流泥沙是指流域坡面上水流侵蚀作用的产物，主要受气候因素、下垫面因素及人类活动影响。

河流泥沙对于河流的水情及河流的变迁有着重大的影响，河流泥沙也为修建水利工程带来不少问题和危害。河流泥沙会使河槽容积和水库库容逐渐减少，使沿河易发洪水灾害，也会使水库寿命缩短；同时，泥沙进入发电的水轮机组使机械部件造成磨损，也会使航运受到影响。

河流泥沙是水利水电工程建设中必须考虑的问题，其计算内容主要包括河流多年平均输沙量的计算、河流输沙量的年内分配、含沙量的年内和年际变化以及泥沙的颗粒级配构成等。

2.3.2 河流泥沙防治的工程措施

(1) 控制水流冲刷力，防止水土流失。主要包括以下四个方面：

1) 坡面覆盖。采用青草、森林、农作物、塑料薄膜等进行覆盖，可以使易冲刷的土壤得到保护。

2.3.1

梯田

2) 缓截水势。将坡面坡度减缓可以减少坡面水流的冲刷力，修梯田、平整地、设林带均属于此方法。

3) 蓄水存水。修塘坝、蓄水池、谷坊、鱼鳞坑、水簸箕等均属于此法。

4) 截水排水。在坡面上设置截流沟和排水沟并进行沟头防护，可达到截水和防止客水进入的目的。

(2) 设置人工弯道，防沙排沙。利用弯道环流的作用，凸岸会淤积泥沙进而可以设置防沙排沙设施。

2.3.2

谷坊

(3) 修建水库，并制定适合的水库运行方式。

1) 蓄清排洪。在水库主要汛期，将水库运行改为空库迎汛或低水位运行，并在下游引洪淤灌；在其他非汛期，水库拦蓄径流，蓄水兴利。

2) 异重流排沙。异重流可以把一部分泥沙携带到下游库段甚至是坝前，此时水库泄水便可将一部分泥沙排走，减少水库淤积量。

2.3.3 悬移质多年平均年输沙量计算

表示输沙特性的指标有含沙量 ρ、输沙率 Q_s 和输沙量 W_s。

当具有长期实测输沙资料时，可利用式（2.3.1）计算悬移质年输沙量：

$$\overline{W}_s = \frac{1}{n}\sum_{i=1}^{n} W_{si} \tag{2.3.1}$$

式中 $\overline{W}_s$——多年平均悬移质年输沙量，t；

W_{si}——各年的悬移质年输沙量，t；

n——资料年数。

当具有短期实测输沙量资料时，可采用本站水、沙相关关系或者利用上下游站输沙量之间的相关关系先对系列进行展延。

如果设计断面实测悬移质资料系列很短，则利用式（2.3.2）计算悬移质年输沙量：

$$\overline{W}_s = \alpha_s \overline{W} \tag{2.3.2}$$

式中 $\overline{W}$——多年平均年径流量，m^3；

α_s——实测各年的悬移质年输沙量与年径流量之比的平均值。

缺乏实测输沙量资料时，可分别利用以下三种方法计算悬移质多年平均输沙量。

(1) 侵蚀模数分区图。根据水文手册或水文图集查出设计流域多年平均悬移质侵蚀模数 $\overline{M}_s$，再利用式 (2.3.3) 计算：

$$\overline{W}_s=\overline{M}_sF \tag{2.3.3}$$

式中　$\overline{W}_s$——多年平均悬移质年输沙量，t；

F——流域面积，km^2；

$\overline{M}_s$——多年平均悬移质侵蚀模数，t/km^2。

(2) 水文比拟法。选择自然地理特性相近或相似的流域作为参证流域，然后移用其侵蚀模数。

(3) 沙量平衡法。

$$\overline{W}_{s下}=\overline{W}_{s上}+\overline{W}_{s支}+\overline{W}_{s区}+\Delta W_s \tag{2.3.4}$$

式中　$\overline{W}_{s上}$、$\overline{W}_{s下}$——河流干流上、下游站多年平均悬移质年输沙量；

$\overline{W}_{s支}$、$\overline{W}_{s区}$——上、下游两站间较大支流断面及区间的多年平均悬移质年输沙量；

ΔW_s——上、下游站间河流的冲刷量。

(4) 经验公式法。当既无实测资料，以上方法使用又有困难时，可采用如下经验公式：

$$\overline{\rho}=10^4\alpha\sqrt{J} \tag{2.3.5}$$

$$\overline{W}_s=\overline{\rho}\,\overline{W}=\frac{\alpha\overline{W}\sqrt{J}}{100} \tag{2.3.6}$$

式中　$\overline{\rho}$——多年平均含沙量，g/m^3；

J——河流平均比降，‰；

α——侵蚀模数，冲刷剧烈区取 6～8，中等区域取 4～6，轻微冲刷区取 1～2，极轻区域取 0.5～1；

其他符号意义同前。

思考

1. 推移质泥沙和悬移质泥沙相比有何特点？
2. 推移质泥沙年输沙量又该如何计算？

2.3.4　输沙量的年际变化和年内分配

1. 设计年输沙量推求

水文计算中，一般先用频率计算方法确定悬移质泥沙年际变化统计参数值，然后计算悬移质设计年输沙量，计算公式为

$$C_{v,s}=KC_{v,Q} \tag{2.3.7}$$

$$W_{P,s}=K_{P,s}\overline{W}_s \tag{2.3.8}$$

式中　K——系数，地区水文手册可查此值。

2. 悬移质输沙量年内分配

悬移质输沙量的年内分配可由各月输沙量或汛期输沙量占全年输沙量的相对百分比表示。同一流域各年输沙量的大小不同，其年内分配也不相同。当有长期实测资料时，常选出丰沙、平沙、枯沙三种代表年份；无资料或资料不足时，常用水文比拟法。表 2.3.1 为我国北方多沙河流悬移质统计参数表。

表 2.3.1　　我国北方多沙河流悬移质泥沙统计参数表

流域	分　区	$C_{v,s}$		$C_{s,s}$		K_m	
		变幅	平均	变幅	平均	变幅	平均
黄河	陕北风沙区	0.9～2.2	1.55	6.6～7.34	6.67	3.0～5.0	4.0
	无定河以北黄丘区	0.9～1.0	0.95	1.5～2.5	2.00	2.2～2.8	2.45
	无定河黄丘区	055～0.65	0.62	1.2～3.2	2.10	2.0～2.25	2.10
	延安地区	0.8～0.9	0.84	1.8～2.3	2.05	2.2～3.0	2.60
	晋西北黄丘区	1.1～1.3	1.20	1.2～2.9	2.20	2.7～3.3	2.95
	泾河上中游地区	0.9～1.1	0.97	1.7～2.2	1.95	2.6～3.1	2.83
	渭河上游区	0.6～0.65	0.62	1.2～1.5	1.36	2.0～2.0	2.10
	关中地区	0.7～2.4	1.43	1.5～1.60	3.28	2.0～5.2	3.60
	汾河黄丘区	0.9～1.6	1.30	1.6～3.6	2.40	2.1～4.5	3.54
海河	滹沱河上游区	1.0～1.2	1.10	1.2～1.4	1.70	3.0～3.5	3.20
辽河	西北部多沙地区	0.6～3.5	1.50	1.2～5.0	2.60	2.3～7.4	3.90

注　K_m 为实测年最大输沙量与均值的比值。

做一做

2.3.3

做一做答案扫描上方二维码查看答案

某设计流域面积 $F=874\text{km}^2$，因缺乏实测悬移质泥沙资料，为满足水库设计及灌溉设计的需要，请提供悬移质多年平均年输沙量值及年内分配情况。

表 2.3.2　　参证站多年平均年输沙量年内分配情况

月　　份	1	2	3	4	5	6	7	8	9	10	11	12	合计
参证站分配比/%	0.1	0.1	0.2	8.1	12.7	33.5	35.4	5.7	3.0	0.9	0.2	0.1	100

课 外 技 能 训 练

2.3.4

课外技能训练答案扫描上方二维码查看答案

一、填空题

1. 河流泥沙来源主要有______、______、______。

2. 河流泥沙特性可以用______、______、______来反映。

3. 按照泥沙的运动方式可以将其分为______、______和______。

4. 现行泥沙计算规范中对于具有长期实测泥沙资料的最低年限要求是不低于____年。

二、名词解释

1. 含沙量
2. 输沙量
3. 输沙率
4. 土壤侵蚀模数
5. 多年平均输沙量

三、简单计算题

已知某流域集水面积为 $85km^2$。根据当地水文手册，该流域多年平均悬移质侵蚀模数 $\overline{M}_s=110t/(km^2\cdot a)$，多年平均径流深为 $\overline{R}=125mm$，请计算该流域多年平均径流量、输沙量、输沙率、含沙量和流量。

模块3 水 利 计 算

知识导入

水利计算的目的

思考

1. 水库兴利调节和防洪调节对于水库调度运行有什么重要的意义？
2. 中小型水库兴利调节的方法有哪些？
3. 水库防洪调节的任务和方法是什么？

导入语

工程水文分析完成之后，下一步就是根据当地用水需求和江河的径流情况，结合设计年径流、设计洪水等相关资料，通过调节计算、经济论证、环境分析等，合理确定工程枢纽参数、工程规模、工程效益及工作情况。

学习目标与要求

1. 掌握水利计算相关术语，如水库特征水位、特征库容、年调节水库、多年调节水库、水库装机容量。
2. 能进行以灌溉、供水为主的水库的年调节兴利计算。
3. 了解多年调节水库的兴利调节计算方法。
4. 掌握水库防洪调节计算的方法。
5. 能借助 Excel 等计算机常用软件进行水库兴利调节计算。
6. 根据现行规范，能正确确定水库的相关工程参数。
7. 具备搜集、使用和整理资料的能力。
8. 培养严谨认真的专业素养和吃苦耐劳的工作精神。
9. 培养团队合作的能力。

练习

根据其他专业课程所学相关知识，分析图 3.0.1 中水库的特征水位和特征库容分别是什么？

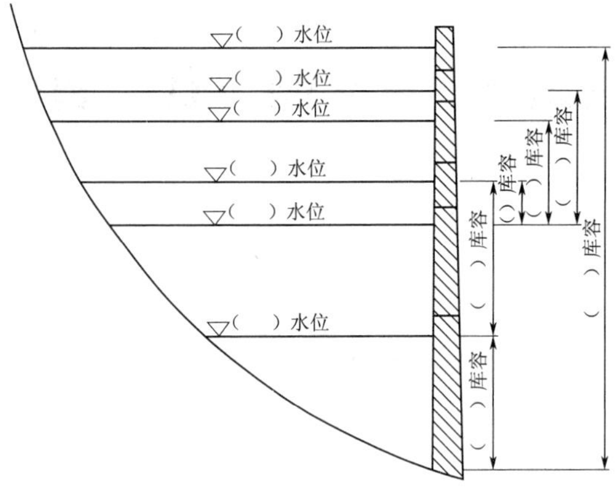

图 3.0.1　水库特征水位和特征库容

任务 3.1　水库兴利调节计算

任务目标

通过本节任务的学习，使学生掌握水库兴利调节的分类，掌握水库的特征曲线和特征水位，掌握水库水量损失的计算，掌握水库死水位的确定方法，掌握年调节水库兴利调节的计算方法，掌握计入水量损失的列表法水库兴利调节计算，掌握水库兴利库容的确定方法，了解多年调节水库的兴利调节计算。

任务描述

● 任务内容

某年调节水库调节年度的来水和用水过程见表 3.1.1，试用列表法进行水库调节计算，并确定该水库的兴利库容和流量调节过程。

表 3.1.1　　某年调节水库调节年度的来水和用水过程

时间	1978年7月	1978年8月	1978年9月	1978年10月	1978年11月	1978年12月	1979年1月	1979年2月	1979年3月	1979年4月	1979年5月	1979年6月	合计
来水流量/(m^3/s)	20.3	40.2	25.1	20.4	18.4	6.30	4.10	4.20	6.80	7.29	8.10	8.21	169.4
用水过程/(m^3/s)	10.0	10.0	10.0	10.0	10.0	10.0	10.0	10.0	10.0	10.0	10.0	10.0	120.0

● 实施条件

(1)《水利工程水利计算规范》(SL 104—2015)。

(2)《水电工程水利计算规范》(NB/T 10083—2018)。

相关知识

3.1.1　水文循环

径流调节就是设法把天然状态下的径流进行重新分配，以满足河川径流在时空分布上的不均匀性，适应国民经济建设中各用水单位的用水需求以及减轻洪涝灾害；水资源的地区分布不均衡及其与国民经济发展的不相适应，使得其在时间上需要进行再分配，在地区之间需要进行调节。

广义的径流调节是指人类对天然状态下的水流所进行的一切有目的的干预；狭义的径流调节，则是指运用水库和湖泊对河川径流在时间上和地区上进行再分配，以适应国民经济各部门用水的需求。

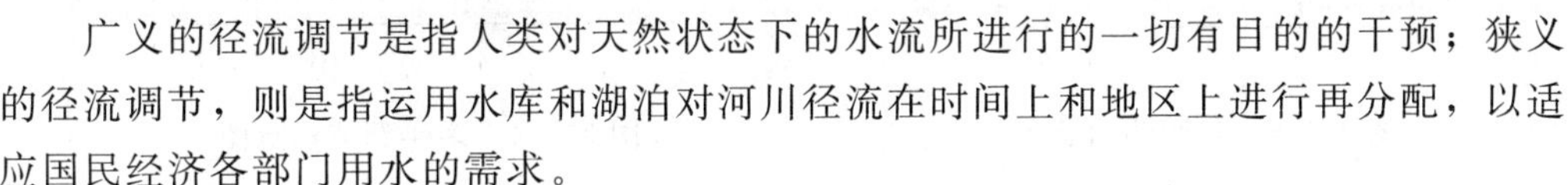

1. 水库兴利调节的分类

水库由库空至蓄满，然后放水至库空，循环一次所经历的平均时间称为水库的调节周期。按照调节周期，水库可以分为以下四种：

(1) 日调节。将一日内较均匀的天然径流通过水库调节满足用户在一日内用水的需求称为日调节，常用于发电水库。日调节水库如图3.1.1所示。

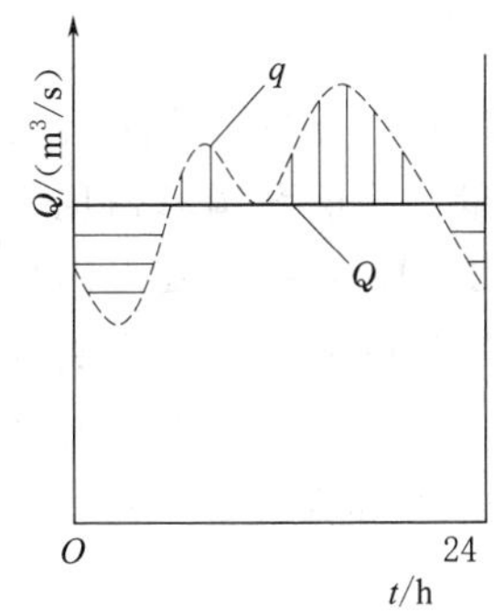

Q—天然径流；q—用户用水过程

图3.1.1　日调节示意图

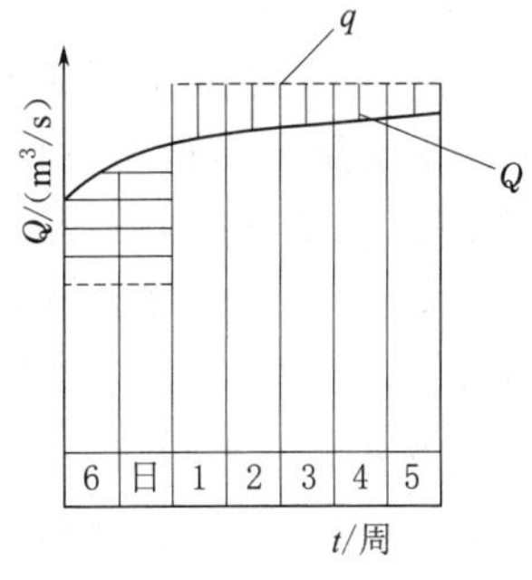

图3.1.2　周调节示意图

(2) 周调节。将一周内休息日的多余水量蓄存起来，待周内用水量多的用水日放出，这种调节方式称为周调节，常见于工业给水和发电水库，如图3.1.2所示。

(3) 年调节。将年内丰水季节的多余水量蓄存起来，待枯水季节再放出的水库调节方式称为年调节。年调节是水库最常用的调节方式，广泛用于灌溉、发电、工业及城市供水，如图3.1.3所示。

(4) 多年调节。将丰水年的多余水量蓄存起来以补充枯水年水量的不足，这种水库调节方式称为多年调节，如图3.1.4所示。

水库的调节周期长短反映了水库调节性能的高低。反映水库调节性能的高低，一般用库容系数表示，记为β，它是水库兴利库容$V_{兴}$与坝址断面多年平均年径流量W_0的比值。一般$\beta<0.02$时，为日调节；$0.02\leqslant\beta\leqslant0.3$时，为年调节；$\beta>0.3$时，为多年调节。

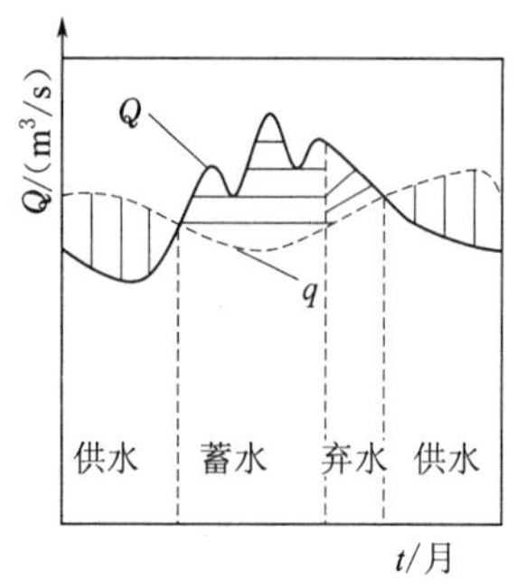

图 3.1.3 年调节示意图

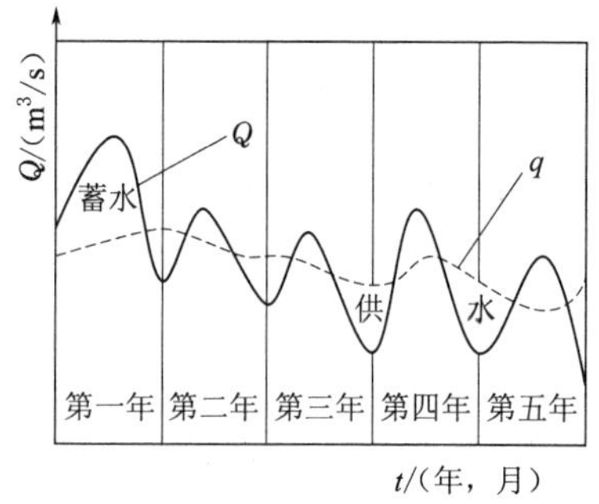

图 3.1.4 多年调节示意图

2. 水库兴利调节所需资料

水库兴利调节所需的基本资料包括河川径流资料、用水部门的需水资料和水库特征资料。其中，河川径流资料是兴利调节的基本数据，用水部门的需水要求是进行调节计算的另一个主要依据，水库特征资料一般指水库的面积、库容特性、蒸发和渗漏损失、泥沙淤积及淹没和浸没。

3.1.2 各部门用水需求和设计保证率

1. 各部门用水需求

(1) 给水。给水是指城市或农村的居民用水与工业用水，常常采用用水定额计算。

城镇居民生活用水是指居民日常生活所需要的水量。目前我国城市用水中，大城市平均日用水量为120～220L/人，中等城市为100～180L/人；大城市最高日用水量一般为140～280L/人，中等城市为120～240L/人；对于集中供水水龙头入户，基本全日供水的村镇，其农村生活用水日用水量约为100～140L/人。具体设计时可参考《室外给水设计标准》(GB 50013—2018)、《城镇给水排水技术规范》(GB 50788—2012)和《村镇供水工程技术规范》(SL 310—2019)。

工业用水量是指工业、企业在生产过程中的用水量，由式(3.1.1)计算：

$$Q_{总}=Q_{耗}+Q_{排}+Q_{重} \tag{3.1.1}$$

水利计算中的工业用水量是指生产中需要补充的新鲜水量，用式(3.1.2)计算：

$$Q_{取}=Q_{耗}+Q_{排} \tag{3.1.2}$$

式中 $Q_{总}$——总用水量，当生产设备和工艺流程不变时为一定值；

$Q_{耗}$——耗水量，包括生产过程中蒸发、渗漏的损失水量及产品带出的水量；

$Q_{排}$——排水量，泛指经过工矿企业使用后向外排放的水量；

$Q_{重}$——重复利用水量，包括使用二次以上的用水量和循环用水量。

(2) 灌溉用水。灌溉用水量是指灌区需要从水源提取的水量。

(3) 发电用水。水库的发电用水量，取决于用户对电量的需求，水力发电的尾水还可用于下游的给水、灌溉及航运。

(4) 航运用水。航运用水可以与发电用水结合使用，利用水库调节保障河道枯水期有一定的水深能满足通航的要求，大河的航运用水保证程度一般在90%以上。

(5) 生态环境用水。生态环境用水是指维持生态和环境功能和进行生态环境建设所需要的最小需水量，分为河道内生态环境用水量和河道外生态环境用水量。

河道外生态环境用水量包括以下几个方面：

1）城市浇洒道路和绿地用水量，可根据路面、绿化、气候和土壤等综合确定，一般采用定额法。浇洒道路用水量根据浇洒面积按2.0～3.0L/(m^2·d)确定，浇洒绿地用水量根据浇洒面积按1.0～3.0L/(m^2·d)确定。具体设计可参考《室外给水设计标准》(GB 50013—2018)。

2）城镇河湖或鱼塘补水，用式(3.1.3)计算：

$$W_t=10^{-3}A(KE_{器}+S_t-H_t) \tag{3.1.3}$$

式中 W_t——时段t的城镇河湖及鱼塘补水量，m^3；

A——城镇河湖和鱼塘的水面面积，m^2；

$E_{器}$——时段t的器测水面蒸发量，mm；

K——蒸发器折算系数；

S_t——时段t的渗漏量，mm；

H_t——时段t的降水量，mm。

(6) 综合用水过程。在各部门用水过程的基础上，可推求综合用水过程。

做一做

3.1.2

做一做答案扫描上方二维码查看答案

某水库有灌溉、供水、发电三个兴利部门，其中供水采用坝上自流引水，灌溉利用发电尾水，各部门用水流量过程见表3.1.2。求该水库综合用水过程。

表3.1.2 各部门用水过程 单位：m^3/s

月份		1	2	3	4	5	6	7	8	9	10	11	12
用水部门	灌溉	0	0	0	14	16	18	20	25	0	0	0	0
	发电	10	10	13	20	18	20	10	10	10	10	10	10
	供水	4	4	4	4	4	4	4	4	4	4	4	4

2. 设计保证率

设计保证率的表示有两种方法，按照保证正常用水的年数和保证正常用水的历时来计算，见式(3.1.4)和式(3.1.5)。

$$P_{年}=\frac{正常工作的年数}{运行总年数} \tag{3.1.4}$$

$$P_{历时}=\frac{正常运行的历时}{运行总历时} \tag{3.1.5}$$

3. 设计保证率的选择

(1) 灌溉设计保证率。《灌溉与排水工程设计标准》(GB 50288—2018)中所规定的灌溉设计保证率见表3.1.3，具体选择时根据地区经济价值高低酌情选择较高值或较低值。

(2) 水力发电设计保证率。《小水电水能设计规程》(SL 76—2009)所规定的水电站设计保证率见表3.1.4。

表 3.1.3　　　　　　　　　　　　**灌溉设计保证率**

灌水方法	地　区	作物种类	灌溉设计保证率 $P/\%$
地面灌溉	干旱地区或水资源紧缺地区	以旱作为主	50～75
		以水稻为主	70～80
	半干旱、半湿润地区或水资源不稳定地区	以旱作为主	70～80
		以水稻为主	75～85
	湿润地区或水资源丰富地区	以旱作为主	75～85
		以水稻为主	80～95
	各类地区	牧草和林地	50～75
喷灌、微灌	各类地区	各类作物	85～95

表 3.1.4　　　　　　　　　　　　**水电站设计保证率**

包括本电站系统中有调节能力水电站所占比重/%	＜25	25～50	＞50
水电站设计保证率 $P/\%$	90～95	85～90	80～85

3.1.3
水库设计标准

（3）给水保证率。《室外给水设计标准》（GB 50013—2018）规定，供水量的设计保证率采用 90%～99%。

（4）航运保证率。参照《内河通航标准》（GB 50139—2014）并结合航道等级和其他因素选择航运保证率，一般为 90%～99%。

3.1.3　水库特征曲线、特征水位和特征库容

1. 水库特征曲线

水库一般有河道型和湖泊型两种，反映库区地形特征的曲线称为水库特征曲线。常见的水库特征曲线有水位-面积曲线和水位-库容曲线两种，它们是径流调节的基本资料。

3.1.4
水库特征曲线（上）

（1）水位-面积曲线（$Z-F$ 曲线）。

库水位 Z 与水库水面面积 F 之间的关系线称为水位-面积曲线，简称面积曲线，如图 3.1.5 所示。水位-面积曲线是根据库区地形图绘制的，用求积仪或者数方格的方法量算坝址上游不同等高线与坝轴线之间包围的面积点绘水位-面积曲线。

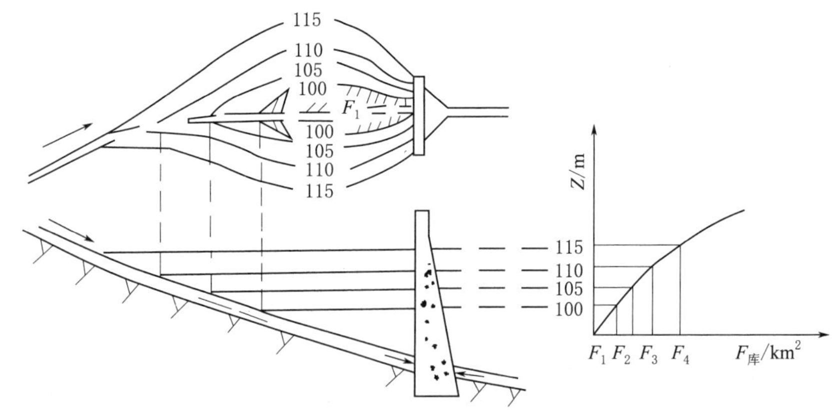

图 3.1.5　水库水位-面积关系曲线

（2）水位-容积曲线（$Z-V$ 曲线）。库水位 Z 与该水位以下的容积 V 之间的关系线，称为水位-容积曲线，简称容积曲线。水位-容积曲线可以根据水位-面积曲线来绘制，具体公式如下：

$$V=\sum_{Z_0}^{Z}\Delta V=\sum_{Z_0}^{Z}\Delta Z\overline{F} \tag{3.1.6}$$

其中

$$\overline{F}=\frac{1}{2}(F_1+F_2)$$

或

$$\overline{F}=\frac{1}{3}(F_1+\sqrt{F_1F_2}+F_2)$$

式中　V——相应于水位 Z 的容积，m^3；

ΔV——相邻水位之间的容积，m^3；

ΔZ——相邻水位的间隔，即相邻水位之差，m；

F_1、F_2、$\overline{F}$——相邻水位的水面面积及两者的平均值，m^2；

Z_0——库底高程，m。

根据各水位与相应的水库库容，可点绘水位-容积曲线，如图3.1.6所示。

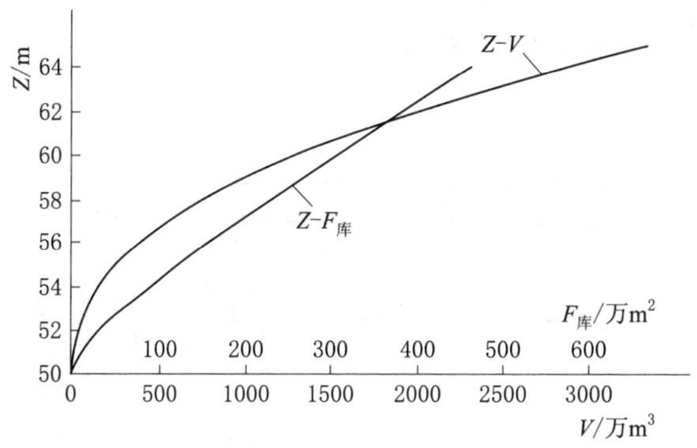

图3.1.6　水库水位-容积曲线

2. 水库特征水位与特征库容

反映水库工作状况的水位，称为水库的特征水位，与特征水位相应的库容称为特征库容。水库特征水位和特征库容是确定水工建筑物主要尺寸及估算工程效益的重要依据。

（1）死水位与死库容。正常运用情况下，水库允许消落的最低水位，称为死水位，死水位以下的库容称为死库容。死水位和死库容是考虑水库淤积、灌溉、发电、航运、养殖等对水库的最低水位要求而确定的。

（2）正常蓄水位和兴利库容。水库正常运行时，为满足兴利要求的正常用水，水库在供水期开始时应该蓄到的水位称为正常蓄水位，正常蓄水位至死水位之间的库容称为兴利库容，也称为调节库容或有效库容。

正常蓄水位是水库最重要的特征水位之一，直接关系到主要水工建筑物的尺寸、投资、效益和水库的淹没损失，同时它又是大坝结构设计和强度及稳定性分析的重要依据。

(3) 防洪限制水位和结合库容。水库在汛期允许兴利蓄水的上限水位称为防洪限制水位，简称汛限水位。水库进行设计时，为了节省投资和降低坝高，根据洪水特性和工程条件，应该尽可能地将防洪限制水位定在正常蓄水位以下，以腾出部分兴利库容用于洪水调节。正常蓄水位至防洪限制水位之间的库容，称为结合库容，又称重叠库容、共用库容。

(4) 防洪高水位和防洪库容。水库下游有防洪要求时，遇到下游防护对象设计标准的洪水时，水库坝前的最高洪水位称为防洪高水位，防洪高水位至防洪限制水位之间的库容称为防洪库容。

(5) 设计洪水位和设计洪水调洪库容。当水库遇到大坝设计标准的洪水时，坝前所达到的最高洪水位称为设计洪水位，设计水位至防洪限制水位之间的库容称为设计洪水调洪库容。设计洪水位是进行大坝稳定性校核的重要依据。

(6) 校核洪水位和总库容。水库遇到大坝校核标准时，坝前的最高洪水位称为校核洪水位，校核洪水位与防洪限制水位之间的库容称为校核洪水调洪库容。校核洪水位是大坝安全校核的主要依据，校核洪水位以下的水库静库容称为总库容，水库总库容是确定水库工程设计标准的重要依据。

水库各特征水位和特征库容如图 3.1.7 所示。

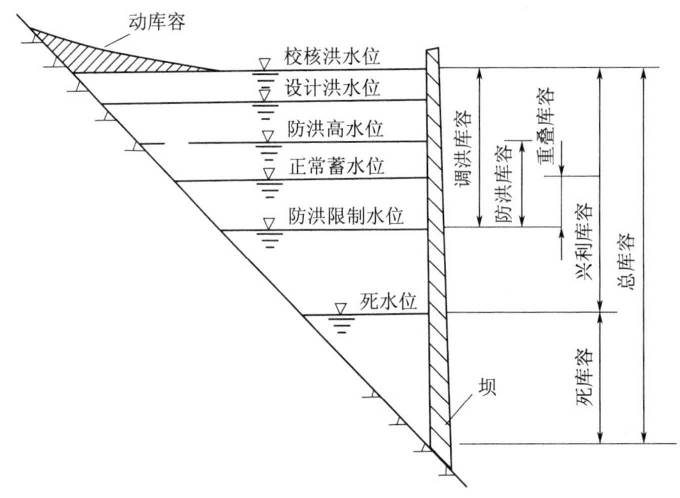

图 3.1.7 水库特征水位和特征库容

3.1.4 水库的水量损失

1. 水库蒸发损失

修建水库后，库区内原陆面面积变为水面面积所额外增加的蒸发量称为蒸发损失，用 $W_{蒸}$ 表示：

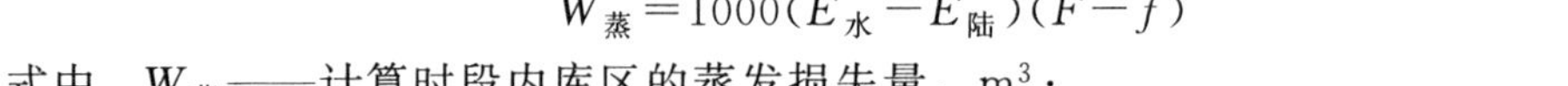

$$W_{蒸}=1000(E_{水}-E_{陆})(F-f) \tag{3.1.7}$$

式中 $W_{蒸}$——计算时段内库区的蒸发损失量，m^3；

$E_{水}$——计算时段内库区水面蒸发深度，mm；

$E_{陆}$——计算时段内库区陆面蒸发深度，mm；

F——计算时段内库区水面面积，km^2；

f——库区原河道面积，km^2。

年水面蒸发深度可由蒸发器观测资料得到，$E_{水}=KE_{器}$，其中 K 为蒸发器折算系数。

陆面蒸发量一般用水量平衡方程估算：

$$E_{陆}=\overline{E}=\overline{H}-\overline{R} \tag{3.1.8}$$

式中 $\overline{E}$、$\overline{H}$、$\overline{R}$——闭合流域多年平均年蒸发量、年降水量和年径流量。

3.1.8

做一做答案扫描上方二维码查看答案

做一做

某年调节水库，流域多年平均年降水量 $\overline{H}=646$mm，多年平均径流深 $\overline{R}=173.7$mm，根据坝址 20 年水面蒸发观测资料所计算的水面蒸发逐月分配比见表 3.1.5，已知本地区水面蒸发器所得地区年最大蒸发量为 1583.7mm，蒸发器折算系数为 0.91。求该水库逐月蒸发损失深度值。

表 3.1.5　　水库蒸发损失逐月分配比

月份	1	2	3	4	5	6	7	8	9	10	11	12	全年
月分配比/%	2.7	5.1	9.5	8.2	13.1	14.1	13.8	11.8	8.9	5.7	4.3	2.8	100

2. 水库渗漏损失

水库的渗漏损失包括：①经过透水坝身、闸门、水轮机的水流等的渗漏；②经过坝基和坝两岸的渗漏；③经过库底流向较低的透水层或库外的渗漏。

通常按照年或月的渗漏损失相当于水库蓄水容积的百分数来估算渗漏损失量：

(1) 水文地质条件优良（库床为不透水层，地下水面与库面接近），渗漏损失量为（0～10%）/年或（0～1%）/月。

(2) 透水性条件中等，取（10%～20%）/年或（1%～1.5%）/月。

(3) 水文地质条件较差，取（20%～40%）/年或（1.5%～3%）/月。

3.1.5 水库死水位确定

1. 满足自流灌溉引水的需要

自流灌溉对建筑物的下游水位有一定的要求，一般由灌区控制高程及引水渠的纵坡和长度推算得到，如图 3.1.8 所示。死水位计算公式为

$$Z_{死}=Z_{渠}+\frac{1}{2}D_{内}+H_{最小}+iL \tag{3.1.9}$$

式中 $Z_{渠}$——渠首设计控制高程；

i，L——引水管坡度和长度；

$D_{内}$——引水管内径；

$H_{最小}$——渠道设计流量的最小水头。

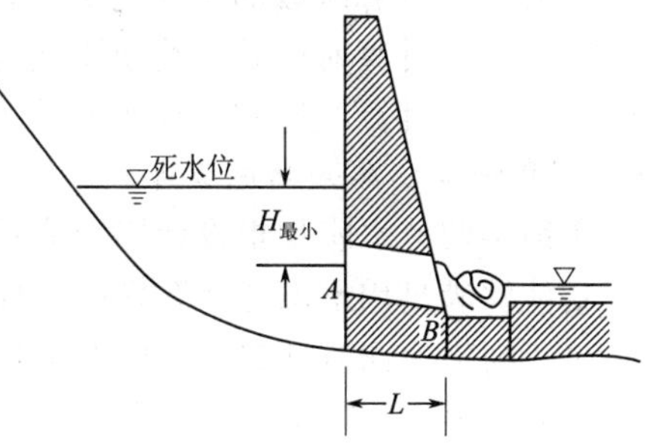

图 3.1.8 满足自流灌溉引水要求的死水位

2. 满足水库泥沙淤积的需要

一般把水库开始运行到泥沙全部淤满死库容而开始影响兴利库容的这段时间称为水库正常使用年限。

水库达到正常使用年限的总淤积量为

$$V_{淤总}=TV_{淤年} \tag{3.1.10}$$

悬移质泥沙的年淤积量为

$$V_{悬}=\frac{\overline{\rho}\,\overline{W}m}{(1-\theta)\gamma_s} \tag{3.1.11}$$

推移质泥沙年淤积量一般用推移质泥沙和悬移质泥沙的淤积量比值 β_s 来估算：

$$V_{沙年}=(1+\beta_s)\frac{\overline{\rho}\,\overline{W}m}{(1-p)\gamma}+V_{塌} \tag{3.1.12}$$

式中 T——水库正常使用年限；

$V_{淤年}$——年淤积量，m^3；

$\overline{\rho}$——坝址断面多年平均含沙量，kg/m^3；

$\overline{W}$——坝址断面多年平均年径流量，m^3；

m——库中泥沙的沉积率，%；

θ——淤积体的孔隙率，$\theta=0.3\sim0.4$；

γ_s——干沙颗粒的质量密度，t/m^3；

$V_{塌}$——库岸年坍塌量，m^3。

3. 满足发电最低水头的需要

水电站工作受水量和水头两方面影响。水轮机也要求水头在一定的范围内，这样工作效率最高。

4. 满足其他部门的需要

要求包括库区通航、渔业，以及环保旅游部门对库区最低水位和水面面积、库容。

3.1.6 水库兴利调节的基本原理和方法

1. 水库兴利调节的原理

水库兴利调节是指利用水库的调蓄作用，将河川径流丰水期的多余水量存蓄起来以提高枯水期的供水量，为满足用水要求所进行的相关计算。

水库兴利调节的原理是水量平衡方程：

$$(Q-q)\Delta t=V_2-V_1 \tag{3.1.13}$$

式中 Δt——计算时段，s；

Q——计算时段的平均入库流量，m^3/s；

q——计算时段的平均出库流量，m^3/s；

V_1、V_2——计算时段初、末水库蓄水量，m^3。

2. 年调节水库兴利调节计算——不计损失

所谓年调节水库是指设计年径流量大于等于设计年用水量，每年只需要进行年调节，就能够满足用水保证率要求的水库。

(1) 列表法调节计算。水库调节计算采用水利年，即以水库蓄泄过程的循环作为一年的起止点。

3.1.9

水库兴利调节（上）

例如，某年调节水库调节年度的来水和用水过程见表3.1.6，试用列表法确定水库的兴利库容和水库蓄水过程。

分析表 3.1.6 中的已知条件可知，该水库水利年为 7 月至次年 6 月，以月为单位，引入水量单位 $m^3/(s\cdot 月)$，则 $1m^3/(s\cdot 月)=1m^3/s\times 2626560s=2626560m^3$。

表 3.1.6 中的第 4 和第 5 栏分别代表各月的余水量和亏水量，一年中只有一个余水期和一个亏水期的水库运行称为一回运用。分析表中数据发现，水库总亏水量为 $25m^3/(s\cdot 月)$，故兴利库容 $V_{兴}=25m^3/(s\cdot 月)$。

分别采用早蓄方案和晚蓄方案为例，说明水库调节计算的方法。

早蓄方案是以水利年年初库空开始，顺时序计算，遇余水就蓄，蓄满 $V_{兴}$ 仍有余水就弃，遇缺水则供；晚蓄方案是水库在蓄水期末保证蓄满的前提下，有多余水量先弃后蓄，从水利年末库空开始，逆时序计算，遇亏水加，遇余水减，出现负值按照零算，结果见表 3.1.6。

表 3.1.6　　列表法年调节计算（水库一回运用）

时间	来水量/ (m^3/s)	用水量/ (m^3/s)	余水量/ $[m^3/(s\cdot 月)]$	亏水量/ $[m^3/(s\cdot 月)]$	早蓄方案		晚蓄方案	
					蓄水量/ $[m^3/(s\cdot 月)]$	弃水量/ $[m^3/(s\cdot 月)]$	蓄水量/ $[m^3/(s\cdot 月)]$	弃水量/ $[m^3/(s\cdot 月)]$
①	②	③	④	⑤	⑥	⑦	⑧	⑨
					0		0	
1978 年 7 月	20.3	10.0	10.3		10.3		0	10.3
1978 年 8 月	40.2	10.0	30.2		25.0	15.5	0	30.2
1978 年 9 月	25.1	10.0	15.1		25.0	15.1	6.2	8.9
1978 年 10 月	20.4	10.0	10.4		25.0	10.4	16.6	
1978 年 11 月	18.4	10.0	8.4		25.0	8.4	25.0	
1978 年 12 月	6.3	10.0		3.7	21.3		21.3	
1979 年 1 月	4.1	10.0		5.9	15.4		15.4	
1979 年 2 月	4.2	10.0		5.8	9.6		9.6	
1979 年 3 月	6.8	10.0		3.2	6.4		6.4	
1979 年 4 月	7.29	10.0		2.71	3.69		3.69	
1979 年 5 月	8.1	10.0		1.9	1.79		1.79	
1979 年 6 月	8.21	10.0		1.79	0	49.4	0	49.4
合计	169.4	120	74.4	25.0				
校核	169.4−120=49.4		74.4−25.0=49.4					

在实际中，由于水库来水和用水年内分配不同，一年可能出现若干个余水期和亏水期，如图 3.1.9 所示。

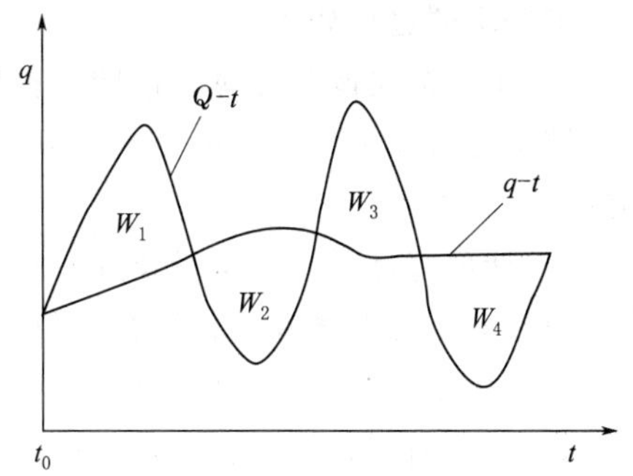

图 3.1.9　水库两回运用示意图

（2）多回运用水库。对于两回运用水库，兴利库容可按照以下情况确定：

1）当 $W_1>W_2$，$W_3>W_4$ 时，表明两次运用之间无水量联系，$V_{兴}=\max\{W_2, W_4\}$。

2）当 $W_1>W_2$，$W_3<W_4$，$W_3<W_2$

3.1.10

水库兴利调节（下）

3.1.11

做一做答案扫描上方二维码查看答案

时，表明两次运用之间有水量联系，$V_{兴}=W_2+W_4-W_3$。

3）当 $W_1>W_2$，$W_2<W_3<W_4$ 时，表明两次运用之间有水量联系，$V_{兴}=W_4$。

做一做

某年调节灌溉水库，其用水和来水情况见表 3.1.7。试用列表法进行水库调节计算，并确定水库兴利库容和蓄水过程。

表 3.1.7　　某灌溉水库来水和用水情况

时间	1984 年 7 月	1984 年 8 月	1984 年 9 月	1984 年 10 月	1984 年 11 月	1984 年 12 月	1985 年 1 月	1985 年 2 月	1985 年 3 月	1985 年 4 月	1985 年 5 月	1985 年 6 月	合计
来水量/万 m^3	1134	8130	2068	1252	210	203	162	189	270	216	248	304	14386
用水量/万 m^3	1012	1104	1242	552	1104	0	0	0	1242	1081	1210	891	9438

3. 年调节水库兴利调节计算——计入损失

水库正常供水时，兴利库容要考虑水量损失。

（1）列表法（计入损失）实例。如某水库为年调节灌溉水库，其用水、来水情况和水库逐月蒸发损失见表 3.1.8。该水库水文地质条件中等，渗漏损失标准采用月蓄水量的 1.5%。试用列表法进行水库调节计算（计入损失），并确定水库兴利库容和蓄水过程。

表 3.1.8　　某灌溉水库来水和用水情况

时间	1984 年 7 月	1984 年 8 月	1984 年 9 月	1984 年 10 月	1984 年 11 月	1984 年 12 月	1985 年 1 月	1985 年 2 月	1985 年 3 月	1985 年 4 月	1985 年 5 月	1985 年 6 月	合计
来水量/万 m^3	1134	8130	2068	1252	210	203	162	189	270	216	248	304	14386
用水量/万 m^3	1012	1104	1242	552	1104	0	0	0	1242	1081	1210	891	9438
蒸发深度/mm	133.7	114.3	86.2	55.2	41.7	27.1	26.2	49.4	92.1	79.5	126.9	136.6	968.9

本例求解过程如下：

1）不计损失调节计算，按照早蓄方案求水库蓄水量过程 $V-t$，蓄水量从库底算起。结果见表 3.1.9 中①～⑥列。第⑥列数据为水库早蓄方案的蓄水量加上死库容得到。

2）计算逐月平均蓄水量及逐月损失水量。第⑦列中 $\overline{V}=1/2(V_1+V_2)$，$V_1$、$V_2$ 分别为月初、月末蓄水量，结合水位-容积和水位-面积关系曲线得到月平均水面面积 $\overline{F}$，见表中第⑧列，月蒸发损失量 $W_{蒸}=\overline{F}(E_{水}-E_{陆})/10$，见表中第⑩列。

3）计入损失调节计算。将水库水量损失加在用水上或从来水中扣除，再调节计算，结果见表 3.1.9 中⑨～⑱列。

表 3.1.9　　某水库计入损失年调节计算表

时间	来水量 $W_{来}$ /万 m^3	用水量 $W_{用}$ /万 m^3	余水量 /万 m^3	亏水量 /万 m^3	水库蓄水量 V /万 m^3	月平均蓄水量 $\overline{V}$/万 m^3	月平均水面面积 $\overline{F}$ /km^2	水库水量损失					考虑损失的用水量 $W_{用}$ /万 m^3	$W_{来}-W_{用}$/万 m^3		水库蓄水量 /万 m^3	弃水量 /万 m^3
								蒸发		渗漏		总损失 $W_{总}$ /万 m^3		余水量	亏水量		
								深度 /mm	$W_{蒸}$ /万 m^3	标准	$W_{渗}$ /万 m^3						
①	②	③	④	⑤	⑥	⑦	⑧	⑨	⑩	⑪	⑫	⑬	⑭	⑮	⑯	⑰	⑱
					808											808	
1984年7月	1134	1012	122		930	869	2.20	133.7	29.4	以当月水库蓄水量的1.5%计	13.0	42.4	1054.4	79.6		887.6	
1984年8月	8130	1104	7026		4534	2732	4.65	114.3	53.1		41.1	94.2	1198.2	6931.8		5171.4	2648.0
1984年9月	2068	1242	826		4534	4534	6.40	86.2	55.2		68.0	123.2	1365.2	702.8		5171.4	702.8
1984年10月	1252	552	700		4534	4534	6.40	55.2	35.3		68.0	103.3	655.3	596.7		5171.4	596.7
1984年11月	210	1104		894	3640	4087	6.05	41.7	25.2		61.3	86.5	1190.5		980.5	4190.9	
1984年12月	203	0	203		3843	3742	5.74	27.1	15.6		56.1	71.7	71.7	131.3		4322.2	
1985年1月	162	0	162		4005	3924	5.89	26.2	15.4		58.9	74.3	74.3	87.7		4409.9	
1985年2月	189	0	189		4194	4100	6.10	49.4	30.1		61.5	91.6	91.6	97.4		4507.3	
1985年3月	270	1242		972	3222	3708	5.70	92.1	52.5		55.6	108.1	1350.1		1080.1	3427.2	
1985年4月	216	1081		865	2357	2790	4.70	79.5	37.4		41.9	79.3	1160.3		944.3	2482.9	
1985年5月	248	1210		962	1395	1876	3.61	126.9	45.8		28.1	73.9	1283.9		1035.9	1447.0	
1985年6月	304	891		587	808	1102	2.60	136.6	35.5		16.5	52.0	943.0		639.0	808	
合计	14386	9438	9228	4280				968.9	430.5		570.0	1000.5	10438.5				3947.5

4）根据结果可知，计入损失的兴利库容为 4363.4 万 m^3，校核 $\sum W_{来}-\sum W_{用}-\sum W_{损}-\sum W_{弃}=0$。此时，水库兴利库容为表中第⑰列的最大蓄水量减去水库死库容，即 $V_{兴}=5171.4-808=4363.4$（万 m^3），可见兴利库容比不计损失时库容增大了 $4363.4-3726=637.4$（万 m^3）。

（2）计入损失的简化法。

当水量损失占总水量比重不大或初步规划时，可采用简化法计入损失。具体方法是将不计损失的兴利库容的一半加上死库容作为供水期的平均蓄水量，由平均蓄水量得平均水面面积，再计算供水期的渗漏与蒸发损失，将损失与不计损失的兴利库容相加得到计入损失的兴利库容。

结合上例，不计损失的兴利库容为 3726 万 m^3，计算供水期的平均蓄水量：

$$\overline{V}=\frac{1}{2}V_{兴}+V_{死}=\frac{1}{2}\times3726+808=2671(万\ m^3)$$

得平均水面面积为

$$\overline{F}=4.62km^2$$

供水期 11 月至次年 6 月的损失水量为

$$W_{蒸供}=(41.7+27.1+26.2+49.4+92.1+79.5+126.9+136.6)\times 4.62/10=267.7(万\ m^3)$$

$$W_{渗供}=2671\times1.5\%\times8=320.5\ (万\ m^3)$$

所以

$$W_{损供}=W_{蒸供}+W_{渗供}=267.7+320.5=588.2\ (万\ m^3)$$

计入损失的水库兴利库容为

$$V_{兴计}=3726+588.2=4314.2\ (万\ m^3)$$

与上例计算结果 4363.4 万 m^3 很接近。

当计入损失与不计损失的供水期不同时，不宜采用简化法，而应采用列表法。

4. 简化水量平衡公式法

（1）不计损失。利用下列公式计算水库兴利库容和调节流量：

$$V_{兴}=qT_{供}-W_{供} \tag{3.1.14}$$

$$q=\frac{W_{供}+V_{兴}}{T_{供}} \tag{3.1.15}$$

式中　$V_{兴}$——水库兴利库容；

q——水库调节流量；

$T_{供}$——供水期历时；

$W_{供}$——供水期入库水量。

式（3.1.14）在应用时，需注意：①$T_{供}$的确定必须正确；②式（3.1.16）成立。

$$W_{蓄}-qT_{蓄}\geqslant V_{兴} \tag{3.1.16}$$

式中　$W_{蓄}$——蓄水期入库水量；

$T_{蓄}$——蓄水期历时。

（2）计入损失。利用下列公式计算：

$$V_{兴}=qT_{供}-W_{供}+W_{供损} \tag{3.1.17}$$

$$q=\frac{W_{供}+V_{兴}-V_{供损}}{T_{供}} \tag{3.1.18}$$

$$W_{蓄}-qT_{蓄}-W_{蓄损}\geqslant V_{兴} \tag{3.1.19}$$

式中 $W_{供损}$——供水期损失水量；

$W_{蓄损}$——蓄水期损失水量。

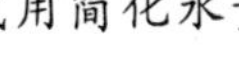

3.1.12

做一做答案扫描上方二维码查看答案

一水库某水利年来水过程见表3.1.10，如兴利库容为46.1m³/s·月，不计损失。试用简化水量平衡公式计算该年可提供的均匀调节流量。

表3.1.10　水库某年来水过程

月份	7	8	9	10	11	12	1	2	3	4	5	6
流量/(m³/s)	33.3	47.5	21.2	18.4	9.2	7.6	7.0	18.0	2.2	6.8	7.3	7.8

5. 设计兴利库容的确定

(1) 长系列法。对水库坝址处的 n 年长系列来水和用水资料进行调节计算后，得到 n 个兴利库容，将这些所求库容从小到大排列，利用经验公式 $P=\frac{m}{n+1}\times 100\%$ 求得每个库容对应的频率，点绘库容经验频率曲线 $V_{兴}-P$，如图3.1.10所示。根据设计频率，查曲线就可以推求设计兴利库容。

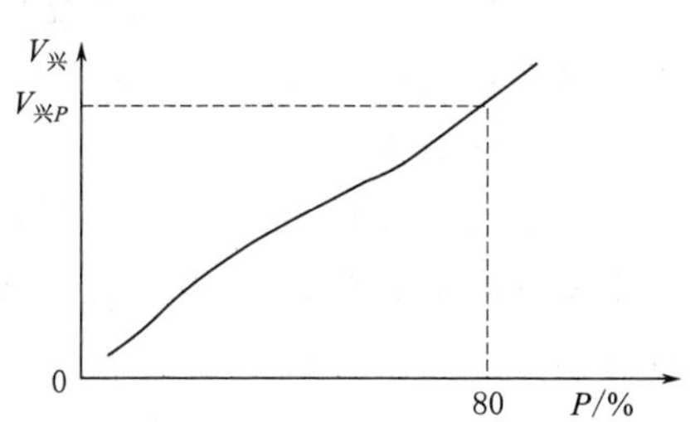

图3.1.10　兴利库容频率曲线

3.1.13

长系列法

(2) 代表年法。当实测资料不足，或进行多方案比较时可选择代表年法。

所谓代表年法，就是选择一个合适的年型作为代表年，以该代表年的来水过程和用水过程进行水库年调节计算，所求得的年调节库容即为设计兴利库容。可以分为实际代表年法和设计代表年法，实际代表年法根据所选代表年又有以下三种：

1) 单一选年法。以年来水量或用水量频率曲线为依据，选择符合设计频率、年内分配偏于不利的实际年来水和用水过程。

2) 库容排频法。在来水或用水频率曲线上选出3～5个接近设计保证率的实际年来、用水过程，分别进行频率计算求调节库容。

3) 实际干旱年法。通过旱情和水情的分析，选择某一实际发生的干旱年的来水、用水过程。

设计代表年法是选择符合设计保证率的某年来水、用水过程作为代表年，此法适用于水库以上流域与灌区所处气候相同，各年来水和用水之间具有很好的负相关时的情况。

6. 兴利库容、调节流量、设计保证率三者的关系

拟定不同调节流量 q 方案，进行调节计算推求库容频率曲线，可得到以调节流量

q 为参数的库容频率曲线，如图 3.1.11 所示。此时，当设计保证率 P 已知时，可查图得到相应于设计保证率 P 的 $V_{兴}-q$ 关系，当兴利库容 V_P 一定时，可推求保证的调节流量 q_P，如图 3.1.12 所示。

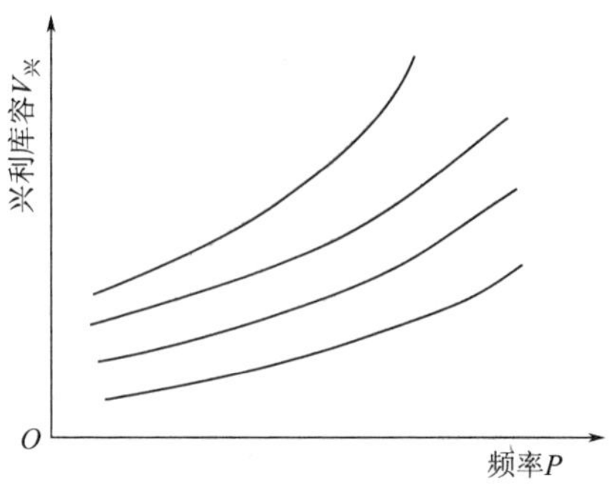

图 3.1.11 $V_{兴}-q-P$ 曲线

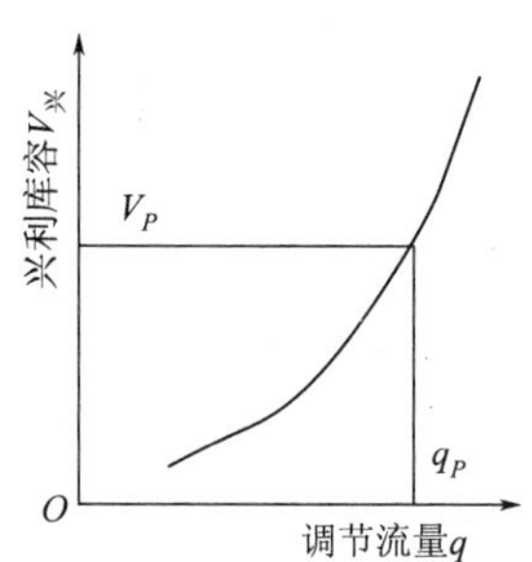

图 3.1.12 P 一定，$V_{兴}-q$ 关系示意图

课外拓展阅读

多年调节水库兴利调节计算

多年调节水库的兴利调节，有时历法和数理统计法。

一、时历法

时历法又称长系列法，此法与年调节水库兴利调节方法相同。根据长系列的来水、用水资料，逐年推求兴利库容，然后将所有兴利库容从小到大排序，进行频率计算，绘制库容频率曲线，在曲线上查找设计频率下的兴利库容。逐年兴利库容的推求方法有列表法和水量差累计曲线法。

1. 列表法

【实例】某坝址断面有 40 年的流量资料，根据用水要求已求得各年各月的余、亏水量见表 3.1.11（为说明具体计算方法，表 3.1.11 只列举前 6 年的流量资料），试确定逐年所需兴利库容。

表 3.1.11　　　水库历年各月余、亏水量（6 年）　　　单位：m^3/s·月

水利年	月份											
	5	6	7	8	9	10	11	12	1	2	3	4
1958—1959	−13.1	61.5	114.4	41.1	86.2	86.1	3.1	−22.5	−30.9	−35.7	−14.6	−10.0
1959—1960	10.0	2.6	15.2	24.3	35.7	−37.5	−33.5	−37.1	−38.9	−38.9	−31.6	−22.8
1960—1961	10.4	26.9	10.9	22.6	−0.5	19.5	24.1	−38.2	−30.0	22.1	−27.5	8.0
1961—1962	−10.0	23.0	27.1	29.2	−9.2	32.5	−26.1	−37.9	−32.6	−32.3	−30.1	31.6
1962—1963	13.0	155.0	75.4	39.2	1.5	2.5	−11.0	−28.3	−28.8	27.3	−11.9	−10.0
1963—1964	3.1	43.2	5.0	68.0	−25.0	25.6	−27.6	−30.8	−32.8	−33.6	−29.8	−24.5

具体计算过程如下：

（1）计算逐年最大累积余水量和亏水量。具体计算方法和年调节水库相同。

（2）确定逐年兴利库容。对于丰水年，本年度最大累积亏水量即为该年所求库容；对于枯水年，为满足该年用水需求，需和前面的丰水年一起分析，首先确定能满足该年用水的范围，即$\sum W_{余} \geqslant \sum W_{亏}$的范围，然后计算该范围内的最大累积亏水量，即为该枯水年所求库容。

具体计算结果见表 3.1.12。

表 3.1.12　水库历年各月余、亏水量　单位：m^3/s·月

水利年	起讫月份	余水量	亏水量	库容	累积水量
①	②	③	④	⑤	⑥
					0
1958—1959	6—11 月	392.4		113.7	392.4
	12 月—次年 4 月		113.7		278.7
1959—1960	5—9 月	87.8		266.2	366.5
	10 月—次年 4 月		240.3		126.2
1960—1961	5—11 月	113.9		75.6	240.1
	12 月—次年 5 月		75.6		164.5
1961—1962	6—10 月	102.6		284.3	267.1
	11—3 月		159.0		108.1
1962—1963	4—10 月	318.2		68.1	426.3
	11 月—次年 1 月		68.1		358.2
	2 月	27.3			385.5
	3—4 月		21.9		363.6
1963—1964	5—10 月	119.9		179.1	483.5
	11 月—次年 4 月		179.1		304.4

2. 水量差累积曲线法

结合上例，介绍水量差累积曲线法：

（1）将表 3.1.12 中③④两栏各时段余、亏水量，按时序计算累积值，见表 3.1.12 中第⑥栏。

（2）以$\sum^{t}(W_{来}-W_{用})$为纵坐标，以时刻 t 为横坐标，点绘曲线，该曲线称为水量差累积曲线。

（3）确定逐年兴利库容。在水量差累积曲线上，由每年的供水期末向前作水平线，该水平线与水量差累积曲线第一次相交就停止；在供水期末至交点之间，水平线与水量差累积曲线之间的最大纵坐标差值，就是该年所需兴利库容。

3.1.14

扫描查看水量差累积曲线和普列什柯夫线

二、数理统计法

数理统计法有合成总库容法、直接总库容法和随机模拟法。下面介绍合成总库容法。

合成总库容法的基本出发点是分别求 $V_{多}$ 和 $V_{年}$，然后将二者相加得到设计兴利库容。

$$V_P = V_{多} + V_{年} \tag{3.1.20}$$

1. 多年库容的确定

引入调节系数 α 和多年库容系数 $\beta_{多}$。

$$\alpha = \frac{W_{用}}{\overline{W}} \tag{3.1.21}$$

$$\beta_{多} = \frac{V_{多}}{\overline{W}} \tag{3.1.22}$$

苏联水文学者普列什柯夫应用水量平衡与频率组合原理，在1939年研制了 $C_s = 2C_v$ 时各种保证率 $\beta_{多}-\alpha-C_v$ 关系图，称为普氏线解图。当来水一定时，应用普氏线解图，若 α、$\beta_{多}$、$P_{设}$ 三者中知其二，则能求得另一个。

2. 年库容的确定

年库容的确定，采用代表年法。代表年的选择应遵循以下原则：

(1) 选择年来水量等于年用水量的年份，即完全年调节年份。

(2) 年内分配取多年平均情况。

合成总库容法能考虑来水的不同排列，可解决无资料情况下设计兴利库容的推求。

课 外 技 能 训 练

一、填空题

1. 中小型水库主要是指总库容在__________ m^3 以下的水库。

2. 水库按照调节周期的长短可以分为__________、__________、__________和多年调节水库。

3.1.15

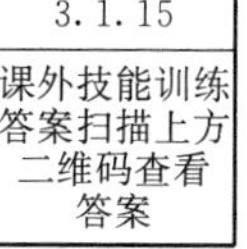

课外技能训练答案扫描上方二维码查看答案

3. 水库的特征曲线是指__________曲线和__________曲线。

4. 水库的水量损失主要包括__________损失和__________损失。

5. 水库兴利调节计算的基本原理是____________________。

二、名词解释

1. 调节周期

2. 死水位

3. 死库容

4. 正常蓄水位

5. 兴利库容

6. 总库容

三、简单计算

1. 某水库水位 Z 和面积 F 的关系根据地形图量得，结果见表 3.1.13。

(1) 求水库水位-库容关系。

(2) 绘制水位-面积和水位-库容曲线。

表 3.1.13　　水库水位 Z 和面积 F 关系

水位 Z/m	97	110	115	120	125	130	135	140	145	150	155	160	165	170	175
面积 F/万 m^2	0	54	120	206	328	401	480	587	720	925	1080	1260	1490	1983	2560

2. 某水库集水面积 $F=472km^2$，多年平均流量 $Q=18.9m^3/s$，多年平均降水量 $H=2004mm$，多年平均水面蒸发 $E_水=1600mm$，折算系数 K 为 0.85，水库蒸发月分配比见表 3.1.14。试求水库的蒸发损失深度。

表 3.1.14　　水库蒸发月分配比

月份	1	2	3	4	5	6	7	8	9	10	11	12	全年
百分比/%	6.8	5.3	7.1	7.6	9.3	8.3	10.4	9.8	9.7	9.8	8.8	7.1	100

3. 某年调节水库的来水、用水过程见表 3.1.15，不计水量损失，设 $V_死=9.0$ 万 m^3，试计算兴利库容和各时段末的蓄水库容。

表 3.1.15　　年调节水库蓄水库容计算表　　单位：万 m^3

时间		来水量 $W_来$	用水量 $W_用$	$W_来-W_用$		$\Sigma(W_来-W_用)$	月末库容	弃水量
年	月			+	−			
1998	6	55	35					
	7	50	30					
	8	65	25					
	9	50	20					
	10	50	20					
	11	30	35					
	12	10	30					
1999	1	15	10					
	2	10	20					
	3	10	20					
	4	10	20					
	5	10	20					
合计		365	285					

任务 3.2 中小型水库防洪调节计算

任务目标

通过本节任务的学习，使学生掌握水库出流量、蓄水量的变化过程的推求；掌握水库防洪特征库容、特征水位以及坝顶高程的计算；能通过计算对不同泄水建筑物尺寸进行方案比选，优选方案。

任务描述

● **任务内容**

某水库 $P=1\%$的设计洪水过程线和水库水位容积关系见表 3.2.1 和表 3.2.2。水库的泄洪建筑物为无闸门溢洪道，堰顶高程和正常蓄水位相同，为 224m，宽度 $B=90$m，堰顶出流公式采用 $q=1.77Bh^{3/2}$；水库内有水电站，其汛期水轮机过水能力为 $370m^3/s$ 进行引水发电；水库防洪限制水位为 224m。试对水库进行调洪计算，并推求水库最大下泄流量、设计洪水位和调洪库容。

表 3.2.1　　设 计 洪 水 过 程 线

时间 t	0	6	12	18	24	30	36	42	48	…
流量/(m^3/s)	370	640	3020	7650	5500	3500	2230	1450	800	…

表 3.2.2　　Z-V 曲 线

水位 Z/m	224	226	228	230	232	234	236
库容 V/亿 m^3	12.05	12.43	12.81	13.20	13.60	14.02	14.44

● **实施条件**

《水利工程水利计算规范》(SL 104—2015)。

相关知识

3.2.1 防洪基础知识

1. 洪水灾害

洪水是江河水量迅速增加、水位急剧涨落的现象。洪水灾害是人们经常遇到的灾害之一，主要有以下几种类型：

(1) 江河洪水泛滥。

(2) 山洪暴发。

(3) 泥石流。

此外，一些地区也会发生砂石压田和冰凌灾害。

我国是多暴雨洪水的国家，洪水产生的洪灾损失是极其严重的。据不完全记载，中华人民共和国成立前的 2000 多年里，我国共发生 1029 次较大洪灾，以黄河、淮河和海河等流域最为频繁；中华人民共和国成立后，各项水利设施建设逐步发展，修建了各类堤防、蓄洪、分洪工程，整治河道，进行水土保持项目建设。然而，我国还有部分地区无特大洪水的防御能力，全国每年都有地区遭受不同程度洪水的危害，仅20世纪的“九六”和“九八”两场洪水，全国就遭受约3000亿元的直接经济损失。因此，我国防洪减灾的任务还很艰巨。

2. 防洪措施

防洪措施是指防止和减轻洪水灾害损失的各种手段与对策。通过工程措施和非工程措施的结合，可以抵御洪水，达到防灾减灾的目的。

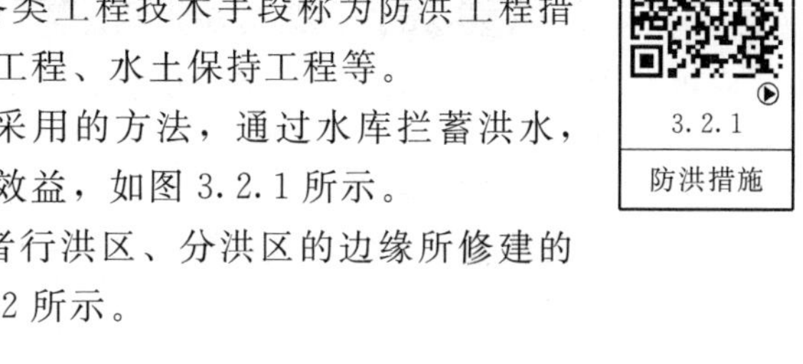

3.2.1

防洪措施

（1）防洪工程措施。为了防御洪水而采取的各类工程技术手段称为防洪工程措施，包括水库工程、堤防工程、河道整治、分蓄洪工程、水土保持工程等。

1）水库工程。这是目前河流治理开发最普遍采用的方法，通过水库拦蓄洪水，减少下游洪水损失，水库还可以进行兴利获得综合效益，如图3.2.1所示。

2）堤防工程。堤防是沿着河、湖、海岸边或者行洪区、分洪区的边缘所修建的挡水建筑物，常结合其他防洪措施使用，如图3.2.2所示。

图3.2.1　水库工程

图3.2.2　堤防工程

3）河道整治。河道整治是流域开发中的一项综合性工程措施，是提高河道宣泄能力的措施之一，如图3.2.3所示。

4）分蓄洪工程。分蓄洪工程则是利用天然洼地、湖泊或沿河地势平缓的洪泛区，加修周边围堤、进洪口门和排洪设施等工程措施而形成分蓄洪区。其防洪功能是分洪削峰，并利用分蓄洪区的容积对所分流的洪量起蓄、滞作用，如图3.2.4所示。分蓄洪工程是流域防洪中的一项重要的防洪措施。

图3.2.3　河道整治工程

5）水土保持工程。水土保持工程是防止水土流失而采取的保护、改良和合理利用水土资源的综合性措施，如图3.2.5所示。水土保持工程是蓄水防洪的根本措施，并通过其获得综合效益。

图 3.2.4　分蓄洪工程

图 3.2.5　水土保持工程

（2）防洪非工程措施。防洪非工程措施是指通过法令、政策、经济手段和工程以外的技术手段，以减轻洪灾损失的措施，包括洪泛区管理、洪水预报和洪水保险等，如图 3.2.6 所示。

（a）洪泛区管理

（b）洪水预报

（c）洪水保险

图 3.2.6　防洪非工程措施

思考

1. 防洪工程措施和防洪非工程措施各有什么优势？
2. 能否用防洪工程措施完全代替防洪非工程措施？为什么？

3.2.2　水库调洪计算原理

1. 调洪计算的任务

水库的调洪作用集中体现在其“削减洪峰”的作用上。下面通过无闸门溢洪道来说明水库削峰作用。

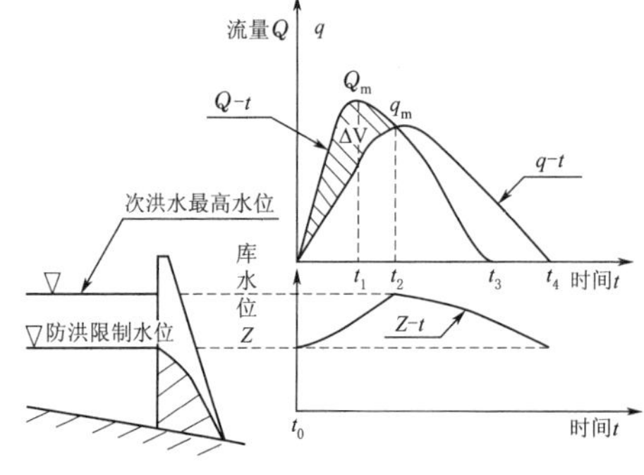

图 3.2.7　水库调洪示意图

图 3.2.7 是水库的调洪示意图，图中 $Q-t$ 代表水库的入流过程，$q-t$ 代表水库出流过程，$Z-t$ 代表水库水位变化过程。

在 t_0 时刻，洪水开始进入水库，此时水库的起调水位等于防洪限制水位，也等于堰

顶高程 Z_0，此时，溢洪道下泄流量 q 为 0。随后，入库流量逐渐增大，库水位慢慢升高，堰顶水头逐渐增大，水库下泄流量 q 逐渐增大，t_1 为入库洪峰出现的时刻。此后，虽然洪水流量逐渐减少，但是因为 $Q>q$，因此洪水仍然蓄在水库内，水库水位还在升高。在 t_2 时刻，因为 $Q=q$，因此水库滞洪量达到最大值 ΔV，水库下泄流量也达到最大 q_m。t_2 时刻以后，由于$Q<q$，库水位逐渐下降，水库下泄流量 q 逐渐减少。t_3 时刻，洪水停止入库。t_4 时刻，库水位回落至堰顶高程，至此，水库完成一次洪水调节。

水库调洪方式是指水库调节洪水时所采用的泄流方式。水库出流过程和其调洪方式有关，常用的调洪方式有自由出流和控制泄流。本例中水库泄流方式为自由出流，即无闸门控制的水库泄流；控制泄流是利用闸门来控制泄流，调洪效果一般比无闸门的泄流要好。

通过图 3.2.7 可知，水库的最高洪水位、最大下泄量受入流过程及泄洪建筑物型式和尺寸影响。合理确定泄洪建筑物尺寸和坝顶高程称为防洪水利计算。其他条件已知，推求水库出流过程的计算称为水库调洪计算，也称调洪演算。

水库规划设计阶段，调洪计算是防洪水利计算的关键环节，水库管理运营阶段，则主要是根据某种频率的入库洪水过程推求水库的最高水位和最大下泄量，为制定水库防洪调度计划和采取防洪措施提供依据。

2. 调洪计算的原理

调洪计算的原理就是根据起始条件，逐时段连续求解水量平衡方程和水库蓄泄方程，以求得水库出流过程 $q-t$。

(1) 水库水量平衡方程。观察图 3.2.8，任意时段 Δt 的水量平衡方程可以表示为

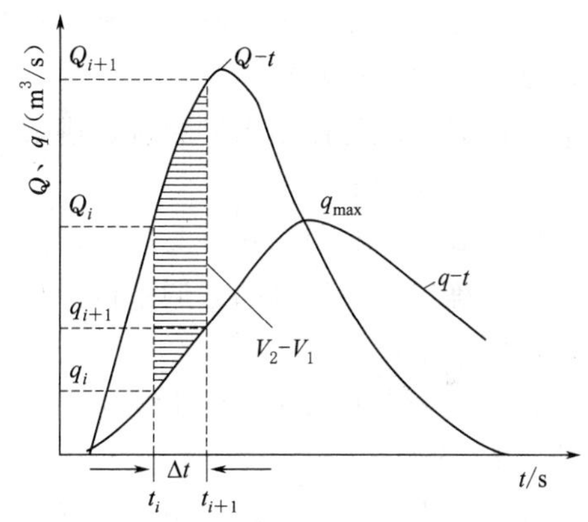

图 3.2.8 水库水量平衡示意图

$$\frac{Q_1+Q_2}{2}\Delta t-\frac{q_1+q_2}{2}\Delta t=V_2-V_1 \tag{3.2.1}$$

或

$$(\overline{Q}-\overline{q})\Delta t=\Delta V \tag{3.2.2}$$

式中 Q_1、Q_2——时段初和时段末的水库入库流量，m^3/s；

q_1、q_2——时段初和时段末的水库出库流量，m^3/s；

V_1、V_2——时段初和时段末水库蓄水量，m^3；

Δt——计算时段，s；

$\overline{Q}$、$\overline{q}$——时段平均入库、出库流量，m^3/s；

ΔV——时段 Δt 的水库蓄水变化量，m^3。

(2) 水库蓄泄方程或蓄泄曲线。水库的蓄泄方程反映的是水库蓄水量 V 与泄洪能力 q 之间的单值关系。即

$$q=f(V) \tag{3.2.3}$$

此方程式常以曲线形式表示，称为蓄泄曲线，记为 $q-V$。

溢洪道的泄流能力用堰流公式表示，即

$$q_{溢}=\varepsilon\sigma_s m\sqrt{2g}Bh^{3/2} \tag{3.2.4}$$

式中 ε、σ_s、m——堰的侧收缩系数、淹没系数和流量系数，可查水力学手册或通过模型试验确定；

B——溢洪道宽度，m；

h——堰顶水头，m。

泄洪洞泄流能力计算方法为

$$q_{洞}=\mu\omega\sqrt{2gh} \tag{3.2.5}$$

式中 μ——泄洪洞的流量系数；

ω——泄洪洞洞口面积，m^2；

h——计算水头，淹没出流时，h 为上下游水头差；非淹没出流时，h 为泄洪洞出口处的洞心水头，m。

3.2.3 水库调洪计算的方法

水库调洪计算，按照方法可分为列表试算法、半图解法、简化三角形法；按照调洪方式可以分为无闸门控制和有闸门控制两种；按照所采用的库容曲线可以分为静库容曲线和动水容积曲线。

下面以无闸门控制水库为例，讲解三种基本调洪计算方法。

1. *列表试算法*

根据式（3.2.1）～式（3.2.3），列表试算法的基本步骤如下：

3.2.2

水库调洪计算

（1）确定调洪计算的起调水位。从工程不利角度出发，水库防洪起调水位一般选择防洪限制水位。

（2）根据水库的 $Z-V$ 曲线和泄水建筑物的型式、尺寸及出流方式，计算水库蓄泄曲线 $q-V$，并绘制。

（3）推求水库出流过程 $q-t$。第一时段时，由于起调水位 q_1、V_1 已知，假定 q_2，利用式（3.2.1）推求 V_2，由 V_2 查蓄泄曲线 $q-V$ 得 q_2，若其值与假定的一致，则 q_2、V_2 为所求值，否则应重新计算。将 q_2、V_2 作为下一个时段初的 q_1、V_1，依次计算，求得 $q-t$ 曲线。

（4）确定最大下泄流量 q_m。在同一张图中绘出 $Q-t$ 与 $q-t$ 曲线，将 $q-t$ 曲线的峰值按照该曲线的趋势进行勾绘，并读出两线交点处的流量值作为水库最大下泄流量 q_m。

（5）确定最大蓄洪量和最高洪水位。利用 $q-V$，由 q_m 查的相应库容 $V_{m总}$，该值减去起调水位以下库容，则得到本次洪水的最大蓄洪量 V_m，而根据 $V_{m总}$ 查 $Z-V$ 曲线可得水库的最高洪水位 Z_m。

3.2.3

做一做答案扫描上方二维码查看答案

做一做

某水库泄洪建筑物为无闸门溢洪道，其堰顶高程与正常蓄水位齐平，为 140m，堰顶净宽 $B=20$m，流量系数 $m=0.36$。该水库有小型发电站，汛期发电引水流量为 $q_{电}=10m^3/s$。水库防洪限制水位等于堰顶高程，水库库容曲线和百年一遇的设计洪水过程线见表 3.2.3 和表 3.2.4。试用试算法求水库的出流过程、设计调洪库容和设计洪水位。

表 3.2.3　**水库库容曲线**

水位 Z/m	138	140	142	144	146	148
库容 $V/10^5\mathrm{m}^3$	220	275	345	428	517	610

表 3.2.4　**百年一遇洪水过程线**

时间 t/h	0	6	12	18	24	30	36	42	48
流量 $Q/(\mathrm{m}^3/\mathrm{s})$	50	303	555	375	252	150	100	67	50

2. 半图解法

将式（3.2.1）改写为

$$\frac{V_2}{2}+\frac{q_2}{2}=\frac{V_1}{\Delta t}+\frac{q_1}{2}+\overline{Q}-q_1 \qquad (3.2.6)$$

利用 $q-V$ 关系制作 $q-\left(\frac{V}{\Delta t}+\frac{q}{2}\right)$ 关系线，可避免调洪计算中的试算，称其为辅助曲线或工作曲线。

半图解法的计算步骤为：

（1）确定计算时段 Δt，绘制辅助曲线 $q-\left(\frac{V}{\Delta t}+\frac{q}{2}\right)$。针对入库洪水过程变化的陡缓确定不同时段 Δt，根据不同库水位对应的 V 和 q，计算对应的 $\frac{V}{\Delta t}+\frac{q}{2}$，进而点绘 $q-\left(\frac{V}{\Delta t}+\frac{q}{2}\right)$ 关系线，如图 3.2.9 所示。

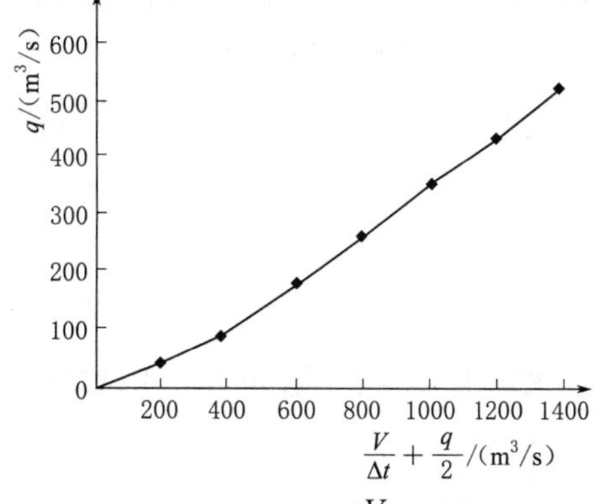

图 3.2.9　某水库 $q-\left(\frac{V}{\Delta t}+\frac{q}{2}\right)$ 曲线

（2）推求水库出流过程 $q-t$。根据起调水位，第一时段的 q_1、$\frac{V_1}{\Delta t}+\frac{q_1}{2}$ 已知，可计算 $\frac{V_2}{\Delta t}+\frac{q_2}{2}$，查辅助曲线 $q-\left(\frac{V}{\Delta t}+\frac{q}{2}\right)$，可得 q_2。则 q_2、$\frac{V_2}{\Delta t}+\frac{q_2}{2}$ 即为下一时段的初值，依次逐时段进行计算，便可得出流过程 $q-t$。

（3）确定最大下泄流量、最大蓄洪量及最高洪水位。

半图解法只适用于 Δt 固定和自由泄流的情况。

做一做

做一做答案 扫描上方二维码查看答案

仍以上例为例，试用半图解法进行调洪计算。

3. 简化三角形法

对于小型水库，当资料缺乏或者规划设计阶段进行方案比较时，可采用简化三角形法进行。该方法适用于溢洪道上无闸门控制，起调水位和堰顶齐平，可将入流和出流过程简化为三角形，如图 3.2.10 所示。

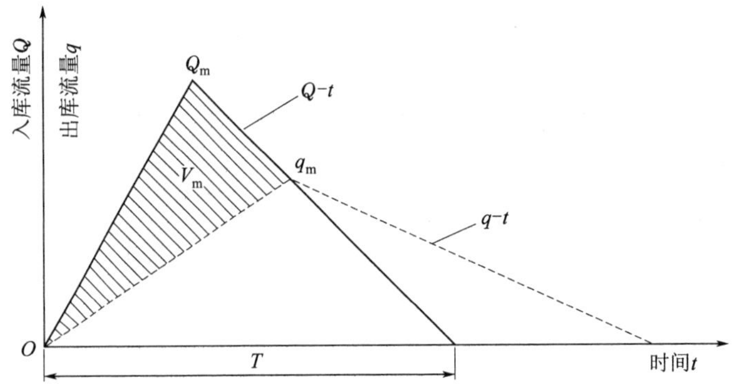

图 3.2.10 简化三角形法水库入流、出流示意图

此时，入库洪水总量 W 为

$$W=\frac{1}{2}Q_m T \tag{3.2.7}$$

滞洪库容为

$$V_m=\frac{1}{2}Q_m T-\frac{1}{2}q_m T=\frac{1}{2}Q_m T\left(1-\frac{q_m}{Q_m}\right) \tag{3.2.8}$$

式中 Q_m、q_m——入流和出流的洪峰流量，m^3/s；

T——洪水历时，s。

将式（3.2.7）代入式（3.2.8）得

$$V_m=W\left(1-\frac{q_m}{Q_m}\right) \tag{3.2.9}$$

或

$$q_m=Q_m\left(1-\frac{V_m}{W}\right) \tag{3.2.10}$$

求解上面两个方程可以采用试算法或者图解法。

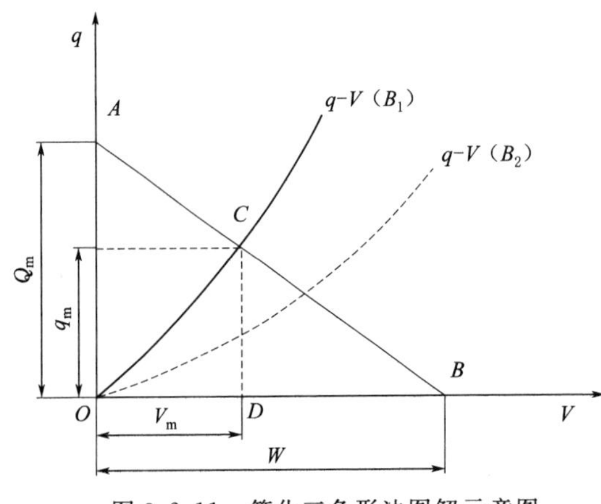

图 3.2.11 简化三角形法图解示意图

试算法基本方法是：假设 q_m，求 V_m，再利用 $q-V$ 曲线，根据 V_m 查 q'_m，当其与假设的 q_m 相等时，q_m 与 V_m 即为所求，否则重新试算。

图解法的基本步骤如下：

（1）当溢洪道宽度为 B_1 时，绘制 $q-V$ 曲线，V 为堰顶以上库容。

（2）在 $q-V$ 同一张图上绘制 q_m 与 V_m 曲线，由于 W、V_m 已知，此线为直线，如图 3.2.11 中的 AB 线。

（3）读出两线交点 C 的纵坐标值

和横坐标值即为 q_m、V_m。

由于 V 采用堰顶库容，则 $q-V$ 即为下泄量与堰顶以上滞洪量之间的关系曲线，q_m 与 V_m 必定在此线上，也在 q_m 与 V_m 关系线上。

从图 3.2.11 看出，当 $B_1>B_2$ 且其他条件相同时，q_m 越大，V_m 就越小，相应的 Z_m 就越低。

3.2.4　有闸门控制的水库调洪计算

为了提高水库综合利用，溢洪道通常都设闸门。当满足下游同样的防洪要求时，有闸门控制的水库防洪库容要比无闸门时小一些，如图 3.2.12（a）所示；而当防洪库容相同时，有闸控制的最大下泄流量要小一些，如图 3.2.12（b）所示。

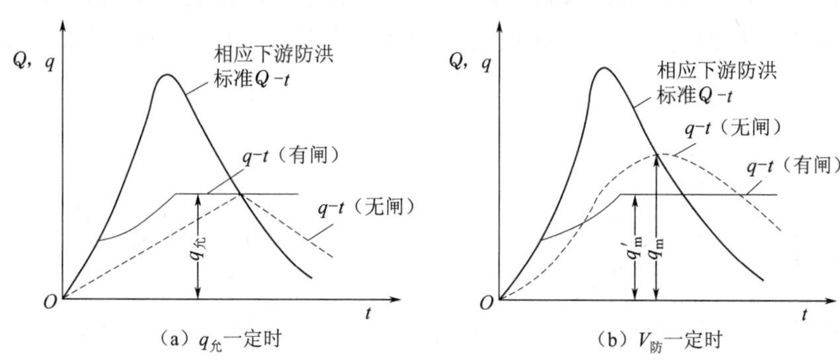

图 3.2.12　溢洪道有无闸门控制时调洪比较

1. 水库下游无防洪要求的调洪计算

水库下游无防洪要求时，水库的防洪任务主要是确保大坝的安全。当入库流量 Q 小于或等于水库防洪限制水位对应的泄洪能力 $q_{限}$ 时，闸门逐渐打开，通过闸门控制下泄流量等于入库流量，如图 3.2.13 中的 ab 段。随后，水库进入自由泄流，库水位逐渐上升，水库下泄流量逐渐增大，如图 3.2.13 中的 bc 段，库水位在此时达到最大。推求水库出流过程，其中 bc 段和无闸门情况相同，而 ab 段，$q=Q$，库水位不变。

2. 水库下游有防洪要求的调洪计算

当下游有防洪要求时，水库常采用分级控制泄流的调洪方式。常采用库水位来判别洪水是否超过下游防洪标准，当库水位低于防洪高水位时，应以下游安全泄量控制泄洪；而当库水位高于防洪高水位时，此时应加大水库泄量。

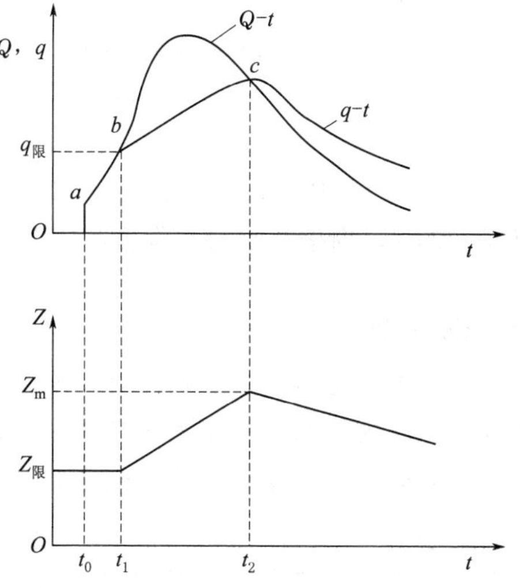

图 3.2.13　下游无防洪要求时有闸门水库的泄流过程

图 3.2.14 为不同频率的洪水入库时，水库的出流过程和库水位变化过程。图 3.2.14（a）中，当入库流量 Q 小于水库防洪限制水位的泄洪能力 $q_{限}$ 时，水库下泄流量等于入库流量，库水位保持在防洪限制水位 $Z_{限}$，如图 3.2.14（a）中 ab 段。此后溢洪道变为自由泄流，这和下游无防洪要求的水库调洪方式是相同的，如图 3.2.14（a）中 bc 段。但是 t_2 时刻，水库下泄流量达到下游安全泄量，为了保证下游安全，闸门应逐渐关闭，使得下泄流量保持在 $q_{安}$，如图 3.2.14（a）中 cd 段，也称为削平头的操作方式。图 3.2.14（b）图中，在水库水位达到防洪高水位以前，水库的调洪过程和图 3.2.14（a）无异，但是在 t_3 时刻，水库蓄洪量等于 $V_{防}$，而水库来水仍大于泄量，入库洪水已经超过下游防洪对象的标准，为了保证大坝安全，此时将闸门全部打开，水库再次进入自由泄流，f 点水库泄流量达到最大，从 t_3 时段以来增加的蓄洪量为 $\Delta V_{设}$，$V_{防}+\Delta V_{设}$ 就是设计调洪库容，t_4 时刻的库水位即为设计洪水位 $V_{设}$。

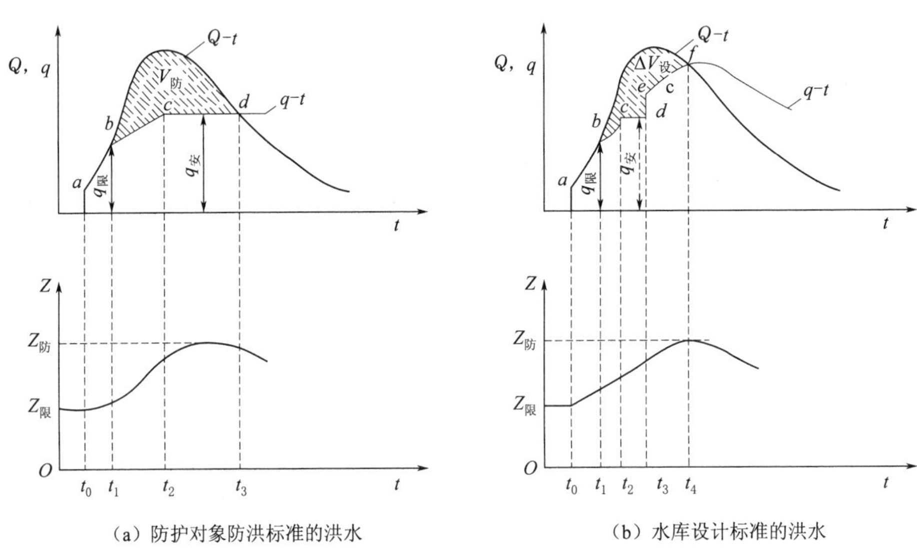

图 3.2.14 水库多级防洪调节

图 3.2.14 中自由出流阶段 bc 和 ef，可采用半图解法求得水库出流过程，而控制段 ab 和 cd，则按照水量平衡方程求各时刻蓄水量。

3.2.5
做一做答案扫描上方二维码查看答案

做一做

某水库采用溢洪道进行调洪，上设闸门，下游有防洪要求。请根据所给资料，推求水库的防洪库容、防洪高水位、设计调洪库容和设计洪水位。已知：

（1）水库水位容积关系曲线见表 3.2.5。

表 3.2.5　　水库 Z-V 关系曲线

水位 Z/m	136	137	138	139	140	141	142	143	144	145	146	147
库容 $V/10^6 m^3$	382.0	416.5	452.6	490.0	531.3	573.3	615.3	657.3	699.3	741.3	783.2	825.3

(2) 水库泄水建筑物采用泄洪洞和溢洪道。泄洪洞为圆形压力洞，为一孔，直径 4.8m，洞口高程 114.0m，非淹没出流，流量系数 μ 为 0.56；溢洪道为实用堰，堰顶高程 134.5m，堰宽 72m，淹没系数和侧收缩系数为 1，流量系数 m 为 0.40。

(3) 水库防洪限制水位为 136m。

(4) 水库正常运用设计标准 $P=0.2\%$，校核标准 $P=0.1\%$，下游所防护的铁路桥的防洪标准 $P=1\%$，安全泄量为 $1000\text{m}^3/\text{s}$。

(5) $P=0.2\%$的设计洪水过程线见表 3.2.6。

表 3.2.6　　$P=0.2\%$的设计洪水过程线

时　间	6 日 2 时	6 日 8 时	6 日 14 时	6 日 20 时	7 日 2 时	7 日 8 时	8 日 42 时	7 日 14 时	7 日 20 时	7 日 23 时	8 日 2 时	8 日 8 时	8 日 14 时
流量 $Q/(\text{m}^3/\text{s})$	200	438	1310	1120	1180	3210	3354	4764	5040	7292	11800	5640	4010

3.2.5　泄洪洞调洪计算

与有闸门控制的溢洪道（图 3.2.15）相比，泄洪洞一般位于一定水深处，为有压出流。因为开始泄洪时，泄洪洞已经有很大的作用水头，因此 t_1-t_2 时刻，闸门主要是控制下泄流量等于入库流量，如图 3.2.16 中的 OA 段。t_1 时刻后，入库流量超过闸门全开时的泄洪流量，因此闸门全部打开，随着水库蓄洪量的增加，水库下泄流量也逐渐增大至 B 点，下泄流量达到最大值。

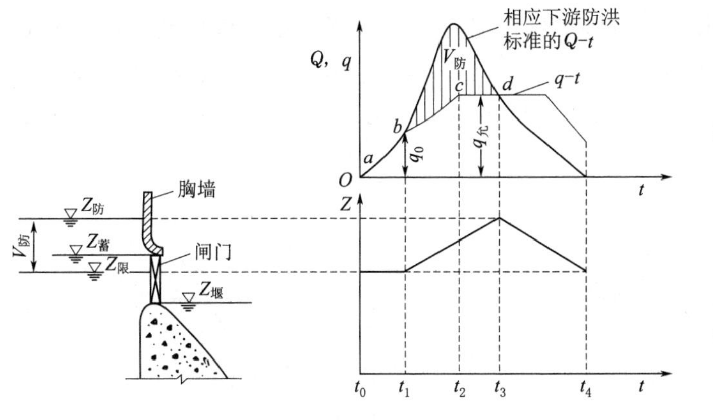

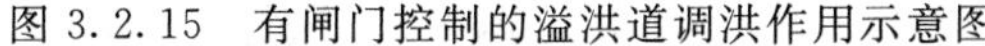

图 3.2.15　有闸门控制的溢洪道调洪作用示意图

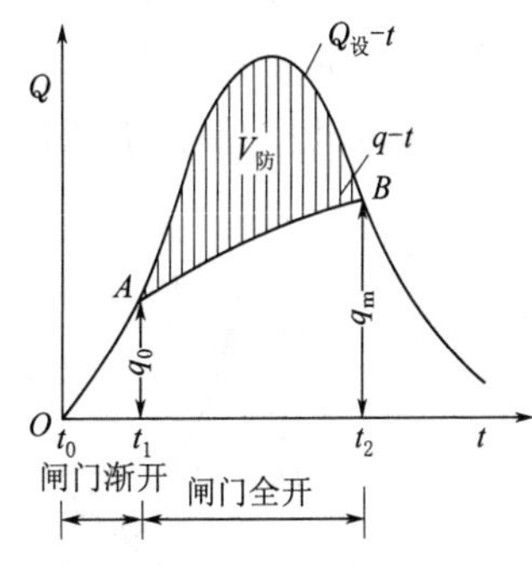

图 3.2.16　泄洪洞调洪作用示意图

3.2.6　水库防洪调节计算

在水库规划设计或扩建中合理确定泄洪建筑物的型式、高程、尺寸、坝顶高程，称为水库防洪水利计算，简称水库防洪计算。

泄水建筑物型式主要有深水泄洪洞和表面溢洪道。泄洪建筑物按其运用情况，可分为正常泄洪设施和非常泄洪设施。小型水库因不承担下游的防洪任务，常采用无闸门溢洪道；大中型水库因一般承担下游的防洪任务，并考虑综合运用，一般设置泄洪底孔或中孔。

水库防洪计算的基本程序是：先拟定若干个泄洪建筑物尺寸的方案；然后拟定水库调度方式，针对每一方案计算不同频率下水库最大下泄流量、防洪库容、特征水位和坝顶高程；最后，进行方案经济计算和优选。

1. 溢洪道无闸门控制的水库防洪计算

溢洪道无闸门的水库防洪计算的特点是：①溢洪道的堰顶高程与正常蓄水位相同；②水库防洪限制水位等于堰顶高程。其水利计算的步骤如下：

(1) 初步拟定比较方案。根据地形和下游地质情况，拟定几个溢洪道宽度 B。

(2) 调洪计算。针对每一方案，选择设计洪水和校核洪水两种情况进行调洪计算，推求特征值。

(3) 确定各方案的坝顶高程。用式 (3.2.11) 计算。

$$\left.\begin{aligned} Z_1 &= Z_{设} + h_{浪设} + \Delta h_{设} \\ Z_2 &= Z_{校} + h_{浪校} + \Delta h_{校} \end{aligned}\right\} \tag{3.2.11}$$

式中 $h_{浪设}$、$h_{浪校}$——某一方案 B 设计条件与校核条件下的风浪高，m，计算方法详见《水工建筑物》；

$\Delta h_{设}$、$\Delta h_{校}$——某一方案 B 设计和校核条件下的大坝安全加高值，m，可根据《水利水电工程等级划分及洪水标准》(SL 252—2017) 确定。

溢洪道宽度 B 与最大下泄流量 q_m、坝顶高程 $Z_{坝}$ 的关系如图 3.2.17 所示。

(4) 经济方案比选。计算每一方案的大坝投资、上游淹没损失和管理维修费，记为 S_V；溢洪道、消能设施投资及管理维修费记为 S_B；下游堤防维修费及淹没损失记为 S_D；计算每一方案总费用 $S=S_V+S_B+S_D$，点绘关系线 $B-S_V$、$B-(S_B+S_D)$ 和 $B-S$，如图 3.2.18 所示，按照总费用最小原则，选择最佳的溢洪道宽度 B 和相应的坝顶高程、最大下泄量。

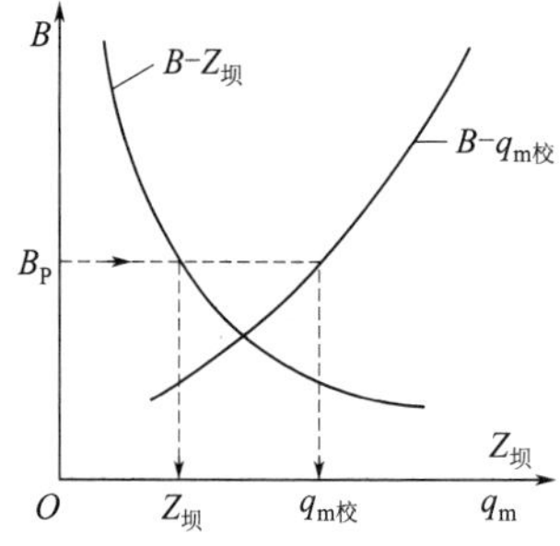

图 3.2.17 坝宽与坝顶高程及下泄流量关系图

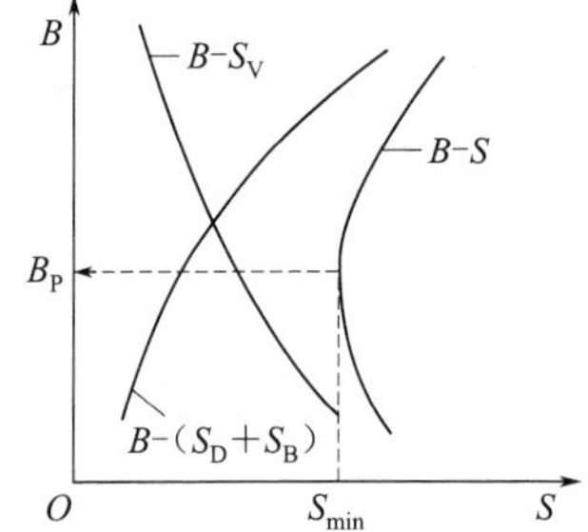

图 3.2.18 坝宽与投资关系曲线图

2. 溢洪道有闸门控制的水库防洪计算

设置闸门的溢洪道防洪计算具有以下特点：不设胸墙时，闸门顶高程略高于正常蓄水位，如图 3.2.19 所示；防洪限制水位 $Z_{限}$ 选在堰顶高程和正常蓄水位之间；制定遇各级洪水时的泄洪方式和泄流量。

有闸门控制的水库防洪水利计算的步骤如下：

（1）拟定比较方案。抓住主要影响因素，根据地形地质条件、防洪和综合利用的要求，拟定水库若干个技术可行的方案。

（2）拟定调洪方式。

（3）调洪计算。根据下游防护对象的洪水标准，选择设计洪水和校核洪水，计算防洪库容和防洪高水位、设计调洪库容和设计洪水位、校核调洪库容和校核洪水位，并确定各自对应的最大下泄流量。

（4）方案优选。这与无闸门溢洪道调洪计算相同。

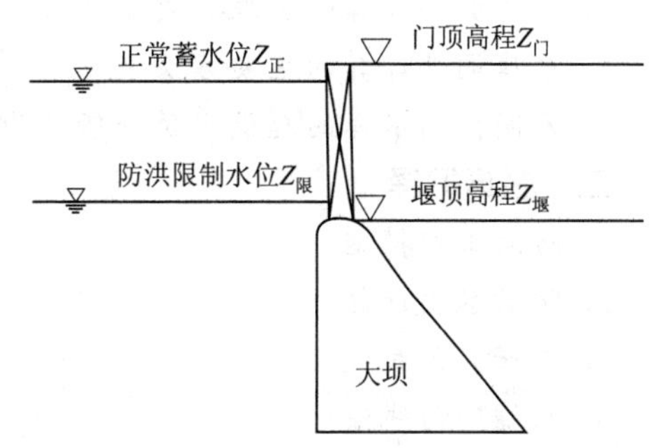

图 3.2.19 溢洪道有闸门水库水位与高程示意图

思考

1. 防洪限制水位到底是定得越高越好，还是越低越好？为什么？
2. 防洪库容和兴利库容什么情况下可以结合？什么情况下不能结合？

课外拓展阅读

具有非常泄洪设施的水库防洪计算

当水库遇到大于设计洪水多得多的校核洪水时，为降低坝顶高程或减小正常泄洪设施尺寸，常设置非常泄洪设施，来协助正常泄洪设施来宣泄校核洪水。目前常采用的非常泄洪设施是非常溢洪道。

一、非常泄洪设施的启用标准

目前常采用某一库水位作为非常泄洪设施启用标准，称为启用水位 $Z_启$，其值一般通过技术经济论证后确定。

二、具有非常泄洪设施的水库防洪计算

与仅有正常泄洪设施的水库防洪计算相比，当库水位达到启用水位时，非常泄洪设施投入使用，水库的泄量为非常泄洪设施泄量加上正常泄洪设施泄量。

具体方法也可以采用列表法和图解法，图解法需要绘制辅助曲线，此方法与前述相同，在此不再赘述。

具有非常泄洪设施的水库调洪计算可参阅其他相关书籍。

课 外 技 能 训 练

3.2.6

课外技能训练答案扫描上方二维码查看答案

一、填空题

1. 一般洪水灾害的主要类型有________、________、________。
2. 防洪措施可分为________和________两大类。
3. 水库的调洪作用主要表现在________和________两方面。

4. 水库调洪计算的原理主要是联解水库的__________和__________。

5. 水库调洪计算的主要方法有__________、__________和__________。

6. 无闸控制水库的起调水位一般选为____________________。

二、名词解释

1. 防洪工程措施

2. 防洪水利计算

3. 蓄泄关系曲线

4. 双辅助曲线法

5. 简化三角形法

三、简答题

1. 水库调洪计算的原理是什么？它与兴利调节计算的原理有何异同？

2. 简述列表试算法的做法步骤。

四、简单计算

1. 某水库水位容积曲线见表3.2.7，设计溢洪道方案之一是无闸实用堰，堰顶宽度B为70m，堰顶高程与正常蓄水位59.98m相齐平，泄流系数$M=m\sqrt{2g}=1.77$，泄流公式为$q=Mbh^{3/2}$。试计算并绘制下泄流量与库容的关系曲线。

表3.2.7 水库水位-库容曲线

水位Z/m	59.98	60.5	61.0	61.5	62.0	62.5	63.0	63.5	64.0	64.5
总库容V/m^3	1290	1460	1621	1800	1980	2180	2378	2598	2817	3000
堰上水头h/m	0									
下泄流量q/(m^3/s)										

2. 拟建一个小型水库，设计标准为50年一遇，相应设计洪峰流量为99m^3/s，洪水历时$T=6$h（$t_1=2$h，$t_2=4$h），设计洪水过程为三角形。拟定溢洪道方案为$B=10$m，水库蓄泄曲线见表3.2.8。试用简化三角形法推求水库最大下泄流量和设计调洪库容。

表3.2.8 水库蓄泄关系曲线

下泄流量q/(m^3/s)	0	5.0	15.0	28.0	42.0	59.0	78.00
堰顶以上库容V/万m^3	0	14	30	45	62	79	96

任务3.3 小型水电站水能计算

任务目标

通过本任务的学习，使学生能够已知发电流量和出力时，进行水能调节计算；针对某一正常蓄水位、死水位方案，掌握保证出力、多年平均年发电量和装机容量的确定方法。

任务描述

● **任务内容**

根据表3.3.1～表3.3.3的基本资料，进行某年调节水电站的水能计算。

已知条件如下：

（1）水库正常蓄水位为 142.0m，死水位为 130m。

（2）$P=90\%$的设计枯水年的流量过程线、水库 $Z-V$ 曲线和下游 $Z-Q$ 曲线见表 3.3.1～表 3.3.3。

（3）出力系数 $k=7.0$，水头损失为 0.5m。

表 3.3.1　　$P=90\%$设计枯水年流量过程线

月　份	3	4	5	6	7	8	9	10	11	12	1	2
流量 $Q/(m^3/s)$	26.5	45.4	26.2	24.3	27.2	17.4	13.0	6.1	6.8	4.7	3.8	6.0

表 3.3.2　　水库 $Z-V$ 曲线

水位 Z/m	130	132	134	136	138	140	142	144
库容 $V/(m^3/s\cdot 月)$	33.9	37.0	41.0	45.0	50.0	55.4	61.5	68.3

表 3.3.3　　水电站下游 $Z-Q$ 曲线

下游水位 Z/m	99.5	100.0	100.5	101.0	101.5	102.0	102.5
流量 $Q/(m^3/s)$	2.82	6.51	12.7	21.3	32.4	46.0	62.0

● **实施条件**

（1）《小型水电站水文计算规范》（SL 77—2013）。

（2）《小水电水能设计规程》（SL 76—2009）。

（3）《小型水力发电站设计规范》（GB 50071—2014）。

 相关知识

3.3.1　水电站基本知识

水能是指水体所具有的位能、动能和压能。和其他发电形式相比，水能具有可再生、无污染、成本低、可综合利用并进行电力调峰等优点。水电站是生产电能的工厂，其所有发电机机组铭牌出力之和称为装机容量，记为 N_y。水电站可以按照装机容量来分类：$N_y>25$ 万 kW 称为大型水电站，2.5 万 kW$<N_y\leqslant 25$ 万 kW 称为中型水电站，$N_y\leqslant 2.5$ 万 kW 为小型水电站。

3.3.2　水能开发利用原理

1. 水流的能量和功率

如图 3.3.1 所示，利用水力学能量方程，任意河段单位时间 Δt 内的水体从 1-1 断面流到 2-2 断面所消耗的能量 E 可表示为

$$E=\left[\left(Z_1+\frac{p_1}{\gamma}+\frac{\alpha_1 v_1^2}{2g}\right)-\left(Z_2+\frac{p_2}{\gamma}+\frac{\alpha_2 v_2^2}{2g}\right)\right]\gamma W \tag{3.3.1}$$

3.3.1

水能基本知识

由于式（3.3.1）中 $p_1=p_2$，且河段很短时，其水流为均匀流，$\alpha_1 v_1^2=\alpha_2 v_2^2$，故

$$E=\gamma W(Z_1-Z_2)=\gamma WH \tag{3.3.2}$$

式中　H——两断面水位差，也称为落差，m。

水体 W 所消耗的能量即为该河段所蕴藏的水能资源，其功率为

$$N=\frac{E}{\Delta t}=\frac{\gamma WH}{\Delta t}=\gamma QH \tag{3.3.3}$$

式中 N——水流的功率，N·m/s；

Δt——计算时段，s；

Q——时段平均流量，m^3/s。

一般在河段中修筑壅水坝、引水渠道、隧洞来充分利用两段面间的水体能量。图 3.3.2 为在河段上筑坝以修建水电站，集中落差利用水能发电。

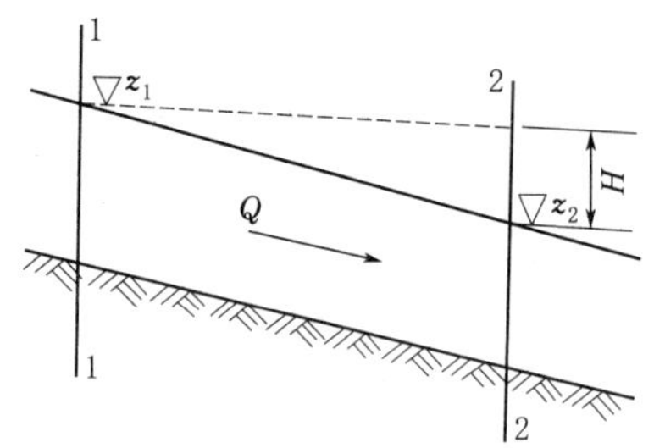

图 3.3.1 天然河道水流的能量

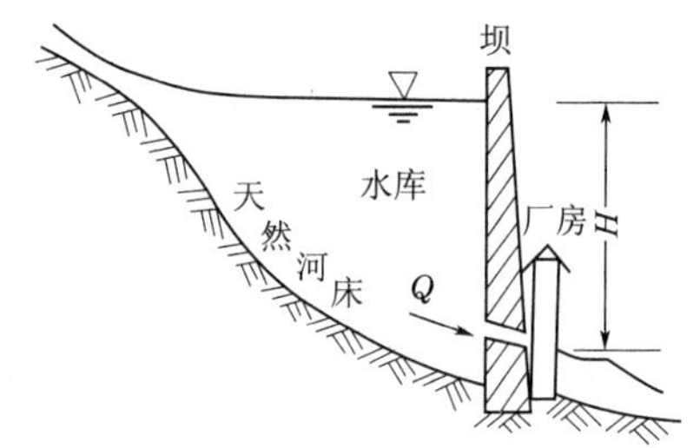

图 3.3.2 筑坝修建水电站利用水能示意图

2. 水电站的出力和发电量

筑坝后，设发电引水流量为 q，H 为上下游水位差，则式（3.3.3）可以改写为

$$N=\gamma qH \tag{3.3.4}$$

功率又称为出力，也称容量，单位为 kW，因为 1kW＝1000N·m/s，故式（3.3.4）可以改写为

$$N=\frac{9.81\times10^3 qH}{1000}=9.81qH \tag{3.3.5}$$

考虑水头损失，水电站实际出力为

$$N=9.81\eta q(H-\Delta H) \tag{3.3.6}$$

其中

$$\eta=\eta_{水}\eta_{传}\eta_{发}$$

式中 η——机组总效率；

$\eta_{水}$、$\eta_{传}$、$\eta_{发}$——水轮机、传动装置和发电机的效率；

ΔH——各种水头损失，包括水流流经各个结构所产生的沿程水头损失和局部水头损失。

将机组效率恒定为一常数，令 $K=9.81\eta$，式（3.3.6）可以改写为

$$N=Kq(H-\Delta H)=KqH_{净} \tag{3.3.7}$$

式中 K——反映机组效率的综合效率系数，称为出力系数，可查表 3.3.4 选择。

表 3.3.4 出力系数 K 取值表

类 型	大型水电站	中型水电站	小型水电站		
			直接连接(同轴)	皮带传动	经两次传动
出力系数	8.5	8.0	7.0～7.5	6.5	6.0

水头损失 ΔH 与管长、管材、断面形式等有关，根据已建工程经验，ΔH 一般为 H 的 3%～10%，依据管道长短来具体选值，管道长则取大值，反之取小值。

Δt 时段水电站的发电量 E 为

$$E = N\Delta t \tag{3.3.8}$$

式中发电量 E 的单位为 kW·h，俗称度。

3.3.3　水电站开发水能的方式

1. 坝式水电站

在河道上修建拦河坝，抬高水位，集中落差进行发电的水电站称为坝式水电站，又可分为河床式和坝后式两种。拦河坝较低，水电站厂房直接起到挡水作用的称为河床式水电站；拦河坝较高，水电站厂房建于坝后，厂房无挡水作用的称为坝后式水电站，图 3.3.2 为坝后式水电站。

2. 引水式水电站

在河道上筑一低坝，将水导入坡降比天然河道小得多的引水道，引水道末端接压力水管，将水引入水电站厂房发电，这种水电站称为引水式水电站，如图 3.3.3 所示。引水式水电站常用于流量小、坡度大的山区河流。

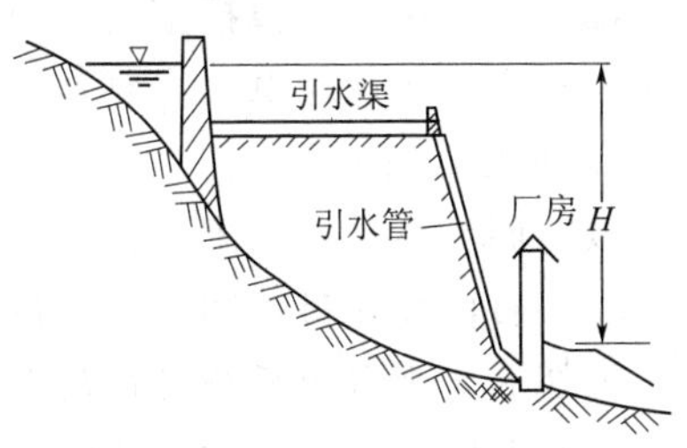

图 3.3.3　引水式水电站

3. 混合式水电站

混合式水电站是将前两种开发形式结合起来，在河段上游先修筑一个拦河坝形成水库，再用压力引水道引水至下游，再用压力钢管引水至水电站厂房。当河段上游平缓、下游坡降大时，采用这种方式最为经济。

思考

三种不同的水电站厂型式除了以上所讲适用条件不同外，结构设计上有何区别？

4. 水电站的设计保证率

水电站的设计保证率是指水电站在多年工作期间，正常供电得到保证的程度。年调节和多年调节水电站的设计保证率常用正常供电的相对年数表示。

$$P_{年} = \frac{正常工作的年数}{运行总年数} \tag{3.3.9}$$

无调节和日调节水电站，设计保证率一般用正常供电的相对月数表示。

$$P_{历时} = \frac{正常工作的历时}{运行总历时} \tag{3.3.10}$$

根据《小型水力发电站设计规范》（GB 50071—2014）规定，小型水电站设计保证率宜为 80%～90%。

5. 水能计算所需资料

水能计算所需基本资料如下：

（1）水库特征曲线。

（2）水文资料，包括流域特征资料，坝址处长期年、月流量资料，代表年资料，水位流量关系曲线，水库蒸发、渗漏资料。

（3）综合利用资料，包括灌溉、航运、给水资料、水电站水能开发方式、水电站供电范围和电力负荷资料。

（4）设计保证率。

水能计算的任务是针对某一正常蓄水位、死水位方案，确定保证出力、多年平均年发电量和装机容量。

3.3.4　电力系统的负荷及容量组成

若干个电站和用户之间用输电线连接成一个电力网，称为电力系统或电网。各用户要求电力系统所供应的电力称为电力系统的负荷。用户通常有以下几种：

（1）工业用电，用电量大且年内用电均匀是工业用电的特点。

（2）农业用电，包括排灌、农产品加工、农村生活、公用事业用电。

（3）市政用电，包括室内交通、给排水、通信、照明和生活用电等。

（4）交通运输用电，主要是电气化铁路运输用电。

1. 电力负荷图

以时间为横坐标、出力为纵坐标，表示负荷随时间的变化过程图，称为负荷图。负荷在一日内变化过程图称为日负荷图，负荷在一年内的变化过程图称为年负荷图。

图3.3.4为电力系统日负荷图，日负荷图最大值、最小值和平均值将其分为三个区域，峰荷区、腰荷区和基荷区。日平均负荷按照下式计算：

$$\overline{N}=\frac{E_{日}}{24} \tag{3.3.11}$$

式中　$E_{日}$——一日的需电量或电能，kW·h，等于日负荷曲线和横、纵坐标围起来的面积。

年负荷图表示一年内电力系统的负荷变化过程，如图3.3.5所示，其横坐标常以月为单位，有两条曲线，一条为月最大负荷年变化曲线，另一条是月平均负荷年变化曲线。月平均负荷年变化曲线和横坐标围起来的面积就是系统一年的所需发电量。

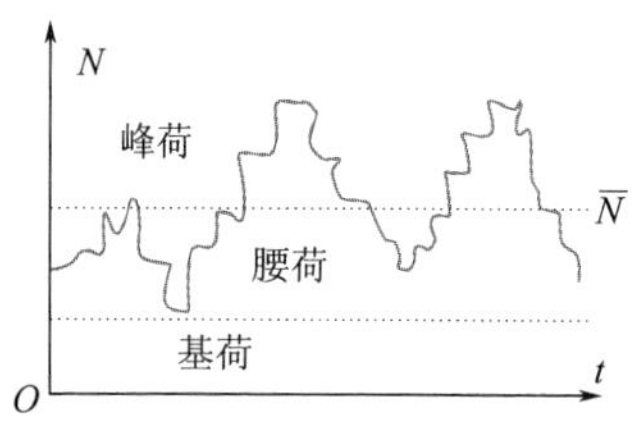

图3.3.4　水电站日负荷图

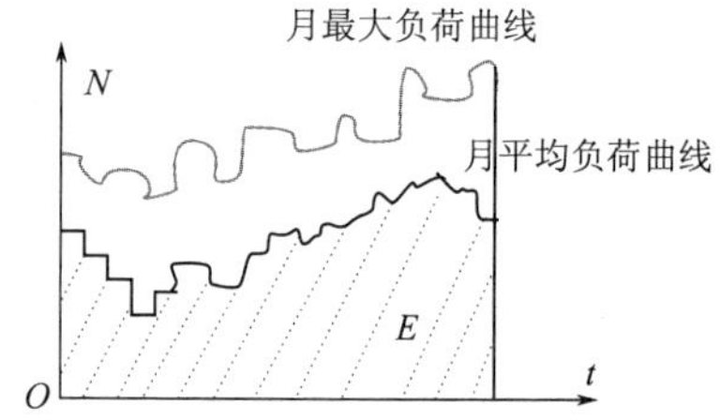

图3.3.5　水电站年负荷图

2. 系统容量组成

根据目的和作用，电力系统装机容量可分为工作容量、备用容量和重复容量三部分。

（1）工作容量。为满足系统最大负荷要求而设置的容量称为工作容量，等于系统年最大负荷值。

（2）备用容量。为应付负荷跳动、事故及机组检修而设置的容量称为备用容量。负荷备用容量一般为系统年最大负荷的 2%～5%；事故备用容量采用年最大负荷的 10%且不小于系统内最大一台机组的容量；机组检修一般安排在系统空闲时，若无法满足时可设专门检修容量。

工作容量和备用容量之和称为系统的必需容量。

（3）重复容量。为了减少因以枯水年水量作为设计依据的系统必需容量在丰水期产生的大量弃水，减少能耗，水电站额外设置的一部分容量称为重复容量。

因此，水电站系统装机容量可以表示为

$$N_y = N_{必} + N_{重} = N_{工} + N_{备} + N_{重} \tag{3.3.12}$$

3.3.5　水能调节计算方法

水能调节计算的原理是借助水库 $Z-V$ 曲线和下游 $Z-Q$ 曲线，联解动力方程和水量平衡方程：

$$\left.\begin{aligned} &N = kq(Z_{上} - Z_{下} - \Delta H) \\ &(Q-q)\Delta t = V_2 - V_1 \\ &Z_{上} = f(V) \\ &Z_{下} = g(q) \end{aligned}\right\} \tag{3.3.13}$$

1. 已知发电流量的水能调节计算

在发电流量 q 和调节计算起始条件已知的情况下，如已知时段初水库蓄水量 V_1 或者 Z_1，利用式（3.3.13）可对水库进行逐时段调节计算，推求时段平均出力 N、时段末水库蓄水量 V_2 或水位 Z_2。

 **做一做**

某年调节水库，正常蓄水位为 710m，死水位为 702m。水库 $Z-V$ 曲线和下游 $Z-Q$ 曲线见表 3.3.5 和表 3.3.6，该水电站各月来水量、发电引水流量见表 3.3.7，出力系数 K 取 7.0，水头损失 ΔH 为 1.0m，3 月初水库水位位于死水位，不计水库水量损失，试求水电站各月平均出力和各月末水库蓄水量。

3.3.2

做一做答案 扫描上方二维码查看答案

表 3.3.5　水库 Z－V 曲线

水位 Z/m	698	700	702	704	706	708	710	712
库容 V/(m³/s·月)	0	1.6	4.0	7.3	11.3	17.0	26.5	37.5

表 3.3.6　水电站下游 Z－Q 曲线

下游水位 Z/m	674	676	678	680	682	684
流量 Q/(m³/s)	1.80	2.75	4.10	6.00	8.50	12.0

表 3.3.7　水电站各月来水流量、发电引水流量

月　份	3	4	5	6	7	8	9	10	11	12	1	2
来水 Q/(m³/s)	11.3	10.6	18.4	8.0	9.4	6.3	15.6	6.2	1.4	1.4	2.0	3.8
发电流量 q/(m³/s)	8.2	8.2	8.2	8.2	8.2	8.2	8.2	8.2	8.2	8.2	8.2	8.2

2. 已知出力的水能调节计算

当已知出力 N 而引水发电流量 q 未知时，式（3.3.13）无法直接求解，可以采用试算法和半图解法。

（1）试算法。试算法的基本思路是：假定发电流量 q，利用前述方法，计算时段平均出力 $N_{计}$，若 $N_{计}=N_{已知}$，则假定 q 为所求，直至求得的 $N_{计}=N_{已知}$ 为止。

由于试算法工作量大，故常采用半图解法。

（2）半图解法。将水量平衡方程整理得

$$\frac{V_1}{\Delta t}+\frac{Q}{2}=\frac{\overline{V}}{\Delta t}+\frac{q}{2} \tag{3.3.14}$$

从式（3.3.14）可见，虽然 q、V_2 未知，但是 $\frac{V_1}{\Delta t}+\frac{Q}{2}$ 已知，而总和 $\frac{\overline{V}}{\Delta t}+\frac{q}{2}$ 也已知，因此事先绘制辅助曲线 $\frac{V_1}{\Delta t}+\frac{Q}{2}-N-q$，由 $\frac{V_1}{\Delta t}+\frac{Q}{2}$、$N$ 查得 q，进而求得 $V_2=V_1+(Q-q)\Delta t$，这样就避免了试算，这条辅助曲线称为水能计算工作曲线。

3.3.3

做一做答案扫描上方二维码查看答案

做一做

某年调节水库，正常蓄水位为 710m，死水位为 702m。水库 $Z-V$ 曲线和下游 $Z-Q$ 曲线见表 3.3.5 和表 3.3.6，设计枯水年水库供水期为 10 月至次年 2 月，每月平均出力为 1300kW，出力系数 $K=7.0$，水头损失 $\Delta H=1.0$m，设计枯水年供水期的来水流量见表 3.3.8，不计水量损失，试用半图解法进行水能调节计算。

表 3.3.8　设计枯水年供水期来水流量

月　份	10	11	12	1	2
来水流量 Q/(m³/s)	6.2	1.4	1.4	2.0	3.8

3.3.6 水电站保证出力和多年平均年发电量计算

保证出力是指水电站相应于设计保证率的枯水时段的平均出力，记为 N_p；多年平均年发电量是指水电站运行期间，每年能生产的发电量的平均值，记为 $\overline{E}$。保证出力是确定水电站装机容量的依据，多年平均年发电量则反映水电站的效益。

1. 年调节水电站保证出力计算

3.3.4

保证出力

年调节水电站的保证出力是指相应于设计保证率的供水期的平均出力。当水库正常蓄水位和死水位方案一定时，可采用长系列法和设计代表年法。

（1）长系列法。利用坝址断面处已有的全部径流资料，通过水能计算推求每年供水期的平均出力，将平均出力按照从大到小的顺序排列进行频率计算，绘制供水期平均出力的频率曲线，该曲线上相应于设计保证率的供水期平均出力即为所求年调节水电站的保证出力。

（2）设计代表年法。选择设计保证率相应的设计枯水年，推求该年供水期的平均出力，作为年调节水电站的保证出力。

计算任一年或设计枯水年供水期的平均出力有等流量法和等出力法两种。

1）等流量法。在供水期内用相同流量调节计算，推求供水期内各时段的平均出力，然后求供水期的平均出力的一种方法。

3.3.5

做一做答案扫描上方二维码查看答案

 **做一做**

某年调节水库，其正常蓄水位为 710m，死水位为 702m，兴利库容为 $22.5m^3/s$ · 月；水库 $Z-V$ 曲线和下游 $Z-Q$ 曲线见表 3.3.5 和表 3.3.6，出力系数 $K=7.0$，水头损失 $\Delta H=1.0$m，设计枯水年径流过程见表 3.3.7，不计水库水量损失，试用等流量法计算水电站的保证出力。

2）等出力法。采用试算法，先假定供水期平均出力，然后对供水期各时段进行等出力调节计算，可求得供水期末的最低水位，若此水位和死水位相同，则假定的供水期平均出力即为所求值，否则，重新假定。为了减少试算次数，也可以求出若干组（$\overline{N}_{供}$、Z_{min}）后，点绘一条 $\overline{N}_{供}-Z_{min}$ 关系曲线，根据已知死水位，查曲线得到相应的 $\overline{N}_{供}$。

3.3.6

做一做答案扫描上方二维码查看答案

 **做一做**

仍然采用上例中的资料，某年调节水库，其正常蓄水位为 710m，死水位为 702m，兴利库容为 $22.5m^3/s$ · 月；水库 $Z-V$ 曲线和下游 $Z-Q$ 曲线见表 3.3.5 和表 3.3.6，出力系数 $K=7.0$，水头损失 $\Delta H=1.0$m，设计枯水年径流过程见表 3.3.7，不计水库水量损失，试用等出力法计算水电站的保证出力。

2. 年调节水电站多年平均年发电量计算

多年平均年发电量，反映水电站长期工作效益。一般采用长系列法，丰、平、枯三个代表年法和平水年法三种方法计算。

（1）长系列法。长系列法是根据长系列水文资料，计算每年的逐月平均出力，蓄水期和供水期则分别采用等流量调节计算。蓄水期等流量按照式（3.3.15）确定：

$$q_{蓄}=\frac{W_{蓄}-V_{兴}-W_{蓄损}}{T_{蓄}} \tag{3.3.15}$$

式（3.3.15）为无弃水的情况下的发电流量。求得每年逐月出力后，每年的发电量为

$$E_{年}=\sum_{i=1}^{12}E_i=730\sum_{i=1}^{12}N_i \tag{3.3.16}$$

式中　$E_{年}$——年发电量，kW · h；

E_i——第 i 个月的发电量，kW · h；

730——每个月的小时数，按 30.4 天每月算；

N_i——第 i 个月的平均出力，kW。

多年平均年发电量 $\overline{E}$ 为

$$\overline{E}=\frac{1}{n}\sum_{i=1}^{n}E_{年} \tag{3.3.17}$$

式中　n——系列的年数。

(2) 丰、平、枯代表年法。具体方法为：先确定相应于设计保证率的设计枯水年 $P_{设}$、平水年 $P=50\%$ 和丰水年 $(1-P_{设})$，分别计算 3 个代表年的年发电量后求均值，即

$$\overline{E}=\frac{1}{3}(E_{丰}+E_{平}+E_{枯}) \tag{3.3.18}$$

(3) 平水年法。确定 $P=50\%$ 的平水年作为代表年进行水能计算，以该年的发电量作为多年平均年发电量。

3. 灌溉为主结合发电水库水电站保证出力和多年平均年发电量计算

这类水库兴利调节计算的特点为：①灌溉设计保证率采用年保证率，发电设计保证率采用历时保证率；②在工程地质和上游淹没允许的条件下，水库除满足灌溉要求外，还适当考虑利用水库水量发电；③灌溉期发电水量大于等于灌溉水量，非灌溉期发电流量比较均匀。

做一做

3.3.7

做一做答案扫描上方二维码查看答案

某年调节水库以灌溉为主结合发电，在其坝后兴建一坝后水电站，灌溉设计保证率 $P=75\%$，发电设计保证率为 70%，水库 $Z-V$ 曲线见表 3.3.9，确定的死水位为 111m，相应死库容为 480 万 m^3，水库水量损失按照月平均蓄水量的 2.5%计算，水电站下游平均水位为 95m，水头损失 $\Delta H=1.0m$，出力系数 $K=7.5$。试确定水库的兴利库容、保证出力和多年平均年发电量。

表 3.3.9　　水 库 Z - V 曲 线

水位 Z/m	101	103	105	107	109	111	113	115	117
库容 V/万 m^3	0	5	29	100	240	480	808	1316	1638

4. 无调节和日调节水电站保证出力和多年平均年发电量计算

(1) 保证出力计算。无调节和日调节水电站设计保证率是以日为时段衡量，其保证出力是指水电站相应于设计保证率的日平均出力。

无调节水电站的发电引水流量等于天然来水量，上游库水位一般维持在正常蓄水位。可采用丰、平、枯三个代表年法和长系列法。对于代表年法，丰、平、枯三个代表年的计算频率分别为 $1-P_{设}$、50%、$P_{设}$。常用的方法是对日平均流量分级，计算步骤如下：

1) 根据三个代表年日平均流量变幅，将流量从大到小分成若干组，见表 3.3.10。

表 3.3.10　　无调节水电站出力计算表

日平均流量分组/(m^3/s)	出现日数/d	累计日数/d	频率 P/%	组下限出力/kW	持续历时 $t=8760P$/h
①	②	③	④	⑤	⑥
>100	15	15	1.4	7000	123

续表

日平均流量分组/(m^3/s)	出现日数/d	累计日数/d	频率 P/%	组下限出力/kW	持续历时 $t=8760P$/h
99.9～90	23	38	3.5	6300	307
89.9～80	26	64	5.8	5600	508
…	…	…	…	…	…
19.9～10	8	1095	99.9	700	8751

2）统计三个代表年的日平均流量出现在每组的日数、累积日数。

3）计算日平均流量大于或等于该组下限值出现的频率 P，计算公式如下：

$$P=\frac{\text{累计日数}}{\text{总日数}+1} \tag{3.3.19}$$

4）计算组下限流量的相应出力。

$$N=KQH_{净} \tag{3.3.20}$$

式中 Q——组下限流量，m^3/s。

5）绘制组下限出力频率曲线，如图 3.3.6 所示。根据设计频率，查得的出力即为设计保证出力。

无调节水电站的保证出力也可以采用简化计算，即利用表 3.3.10 中的第①和第④栏绘制组下限流量的频率曲线，如图 3.3.7 所示。根据设计保证率 P，在该曲线上查得保证流量，然后计算保证出力。

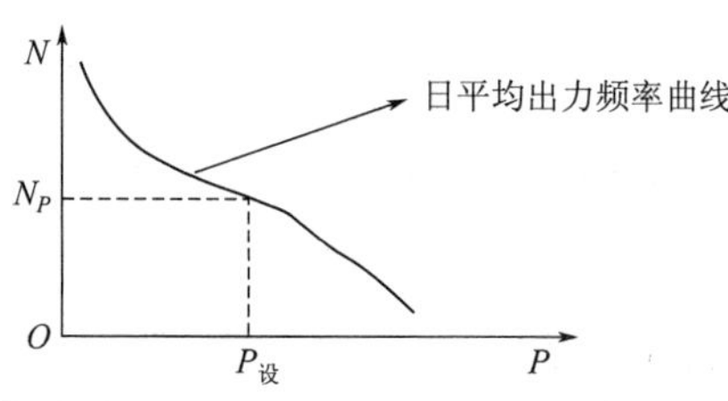

图 3.3.6 日平均出力频率曲线

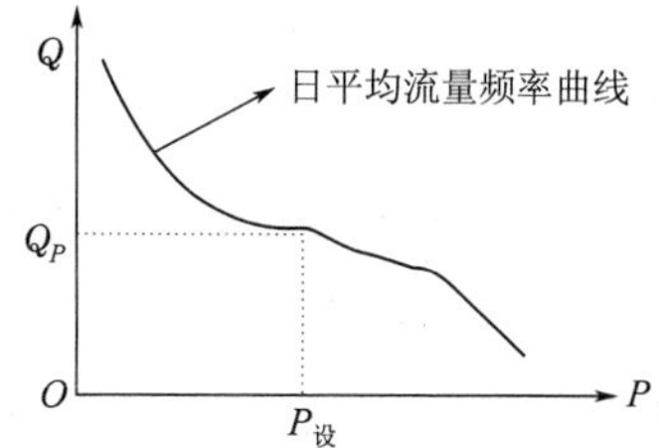

图 3.3.7 日平均流量频率曲线

日调节水电站的保证出力计算方法和无调节水电站大致相同，区别在于日调节水电站有一定的调节流量，因此其一日内的水位是变化的，计算时可采用公式 $Z_上=\frac{1}{2}V_兴+V_死$ 计算上游水位。

（2）多年平均年发电量计算。无调节水电站的多年平均年发电量，可借助日平均出力历时曲线求得。根据表 3.3.10 中第⑤和第⑥栏绘制日平均出力历时曲线，如图 3.3.8 所示，该曲线也称为水流出力历时曲线，曲线与横、纵坐标轴之间所包围的面积，即为天然水流的多年平均年发电量。根据装机容量 N_y 和表 3.3.10 的第⑤、⑥栏

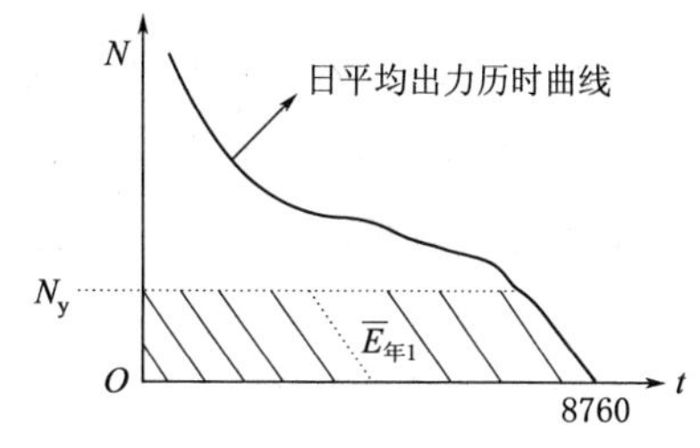

图 3.3.8 日平均出力历时曲线

可计算该阴影的面积。

3.3.7 水电站装机容量的选择

装机容量 N_y 是水电站的重要参数之一。它最终决定水电站机组设备的规模和水能资源的利用程度，关系水电站的投资和效益。小型水电站装机容量的选择常采用保证出力倍比法和装机年利用小时数法。

1. 保证出力倍比法

利用式（3.3.21）来确定装机容量：

$$N_y = CN_P \tag{3.3.21}$$

式中 C——倍比系数，其值取 1.5～5.5，可参考表 3.3.11 选择。

表 3.3.11　　倍比系数选择表

水电站特点	独立运行500kW以下的电站	电网中水电比重较大且有调节库容的水电站				电网中水电比重较小			
		单独发电	发电为主结合灌溉	灌溉为主结合发电		单纯发电	发电为主	灌溉为主结合发电	
				水利设施一般	水利设施良好			水利设施一般	水利设施良好
倍比 C	1.5～3.5	2.0～3.5	2.5～4.0	3.0～5.0	2.5～4.0	2.5～4.5	3.0～4.5	3.5～5.5	3.0～4.5

2. 装机容量年利用小时数法

水电站多年平均年发电量 $\overline{E}$ 与装机容量 N_y 之比，称为装机容量年利用小时数，简称年利用小时数 t_y，即

$$t_y = \frac{\overline{E}}{N_y} \tag{3.3.22}$$

式中 t_y——水电站设备利用率和水能资源利用率的一个指标，可参考表 3.3.12 中的经验值选择。

表 3.3.12　　装机容量年利用小时数选择表　　单位：h

水电站特点		500kW以下的水电站		灌溉为主结合发电	电网中水电比重较大		电网中水电比重较小
		供农副业加工及照明	城镇小工业及照明		有较大连续工业用电户	一般用电户	
水库调节性能	无调节	4500以上	4500以上	5000左右	5000～6000	5000～6000	4500～5500
	日调节	3500以上	3500以上	4500左右	5000～6000	4000～5000	3500～4500
	年调节			3000～4000	4000～5000	3500～4000	3000～4000

当水电站装机容量年利用小时数确定之后，可以利用式（3.3.22）直接计算装机容量 N_y。然而，由于 $\overline{E}$ 与 N_y 有关，当 N_y 未知时，$\overline{E}$ 也未知。可进行推算，先拟定若干个装机容量方案 N_y，求出每一方案的多年平均年发电量 $\overline{E}$，再计算各方案的年利用小时数 t_y，绘制 $N_y - t_y$ 与 $N_y - \overline{E}$ 关系线，如图 3.3.9 和图 3.3.10 所示，再利用选定的设计年利用小时数，由曲线查得设计装机容量 N_y 和多年平均年发电量 $\overline{E}$。

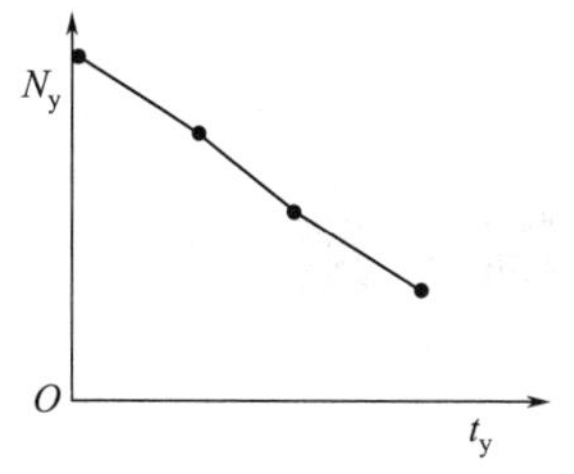

图 3.3.9 水电站 N_y - t_y 曲线

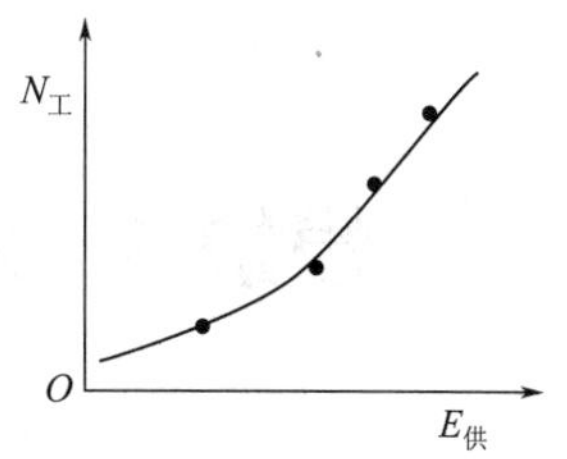

图 3.3.10 水电站 N_y - $\overline{E}$ 曲线

做一做

某年调节水库以灌溉为主结合发电，在其坝后兴建一坝后水电站，灌溉设计保证率 $P=75\%$，发电设计保证率为 70%，水库 $Z-V$ 曲线见表 3.3.9，确定的死水位为 111m，相应死库容 480 万 m^3，水库水量损失按照月平均蓄水量的 2.5%计算，水电站下游平均水位为 95m，水头损失 $\Delta H=1.0m$，出力系数 $K=7.5$，试用装机容量年利用小时数法确定水电站的装机容量。

3.3.8

做一做答案扫描上方二维码查看答案

课外技能训练

一、填空题

1. 水能开发利用的原理是______________。

2. 水流具有的出力计算公式为 $N=$__________。水电站的出力计算公式为 $N=$__________。水电站的发电量的计算公式为 $\overline{E}=$__________。

3. 按照集中水流落差的方式将水电站分为______________、______________和______________。

4. 小型水电站的设计保证率一般在____________范围内选择。

5. 电力系统的装机容量按作用分为____________、____________和____________。

3.3.9

课外技能训练答案扫描上方二维码查看答案

二、名词解释

1. 水电站设计保证率
2. 保证出力
3. 多年平均年发电量
4. 装机容量
5. 年利用小时数

三、简单计算

1. 某河流中游多年平均流量为 $12.5m^3/s$，河流总落差为 125m。试计算该河段水流出力。

2. 某灌溉渠道上拟建一座小型水电站，保证出力为 80kW。请采用保证出力倍比法确定水电站装机容量。

模块4 水 库 调 度

知识导入

水库调度基础

思考

1. 能否举例说明什么是水库调度？

2. 水库调度在实际工程中有什么重要意义？

导入语

水库管理运用的主要依据，是水库工程建设的可研阶段和初步设计阶段确定的水库主要参数，如各特征水位、兴利库容以及水库的调度方式、调度原则等。而在水库实际运行中，由于河流来水、用户用水、水库蓄水及自然条件等影响因素每年差异极大，需在确保水库安全的前提下，合理解决防洪和兴利之间的矛盾。这就需要在设计阶段所拟定的调度图基础上，制定每年的兴利（灌溉、发电、供水等）调度和防洪调度。以此作为水库实际运行的操作依据，从而更有效地发挥出水库的效益。

学习目标与要求

水库调度是指利用水库的调蓄能力，按一定规则有计划地对入库径流进行的蓄泄安排，本项目主要讲解两部分内容：一是年调节灌溉水库的兴利调度，二是年调节灌溉水库的防洪调度。经过本模块的学习与训练，应达到以下目标：

1. 会收集、整理及使用完成工作任务所需的基本资料。
2. 会准确绘制与应用年调节灌溉水库当年预报的兴利调度线。
3. 会准确绘制与应用年调节灌溉水库兴利调度图。
4. 能正确绘制与应用防洪调度图。
5. 能根据水库具体情况确定分期防洪限制水位。

任务4.1 水 库 兴 利 调 度

任务目标

通过本节任务的学习，使学生绘制与应用年调节灌溉水库当年预报的兴利调度线，以及年调节灌溉水库兴利调度图。

任务描述

● 任务内容

在水库规划设计阶段，已确定了指导水库运行的各个特征水位、特征库容、正常供水的保证程度、防洪调度方式及调度原则等，这些是水库管理运用的主要依据。但由于每年来水量不同、防洪和兴利要求矛盾性等问题，在水库实际运行中，仍需根据当年具体情况进行水库调度。

进行水库调度的前提是绘制水库调度线和调度图，那么，根据前几个模块的学习内容，同学们能否绘制出水库调度线和调度图呢？

● 实施条件

（1）《水库调度规程编制导则》（SL 706—2015）。

（2）学习相关课程视频和微课。

（3）已学课程中的相关知识。

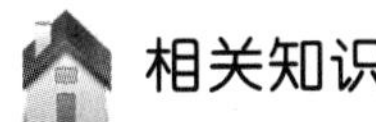

相关知识

4.1.1 基础知识

水库调度，也称水库控制运用，是指利用水库的调蓄能力，按一定规则有计划地对入库径流进行蓄泄安排。其主要作用：一是协调防洪与兴利的矛盾，并充分利用水库的库容调控天然来水，在保证水库安全的前提下，最大化发挥水库的防洪和兴利作用；二是避免因人为操作失误导致不应有的损失发生。

水库调度的分类，一是按调度对象可分为兴利（灌溉、城镇供水、发电）调度、防洪调度、综合利用水库调度；二是按调度方法，可分为预报调度和统计调度；三是按水库数量，可分为单一水库调度和库群调度。

4.1.1

水库调度知多少

4.1.2 综合利用水库调度

综合利用水库指承担两个及两个以上兴利任务的水库，如灌溉、防洪、发电、供水、养殖等。对于多数中小型水库而言，通常兼具多个兴利用途，这就需要兴利调度更加科学合理。各用水部门之间的用水要求不尽相同，需要充分考虑和协调各个部门之间的用水矛盾，确保社会效益和经济效益最大化。关于综合利用水库调度图的绘制与应用可参见相关书籍。

4.1.3 年调节灌溉水库兴利调度

年调节灌溉水库兴利调度的目的是合理调节当年来水、用水和蓄水的关系，在保证水库安全的前提下，充分利用水库库容和水资源，最大限度满足灌区用水保证作物正常生长。年调节灌溉水库兴利调度的常用方法有两种：一是利用当年预报的来水和预估的用水，绘制当年预报的兴利调度线，以此作为水库当年灌溉供水的指示线；二是利用以往的长系列来水量和用水量，编制水库调度图，以此作为年内各时刻决定水库供水情况的依据。

在制定灌溉水库兴利调度方案前，需收集整理如下资料：

（1）水库原设计文件和原设计意图。

（2）水库集水面积内和灌区内各站历年降水量、蒸发量资料及当年长期气象、水文预报资料。

（3）水库的水位-面积、水位-库容曲线，各种特征库容及其相应水位。

（4）水库蒸发、渗漏损失资料。

（5）水库历年逐月来水量。

（6）灌区历年用水资料、灌溉面积增减、作物组成变更，以及本年度计划灌溉面积和作物组成，并按计划面积将历年用水量进行换算，求得一个统一的计划灌溉用水量系列。

1. 年调节灌溉水库当年预报的兴利调度线的绘制

当年预报的兴利调度线是指根据当年预报的来水和估计用水，通过水量平衡计算，推求出的水库当年的蓄水过程线。年度供水计划是指与当年预报的兴利调度线相应的水库供水过程。

计算当年预报的水库兴利调度线之前，需估算灌溉用水量和预报水库来水量。

（1）估算灌溉用水量。毛灌溉用水量是指需要水库供给的灌溉水量。净灌溉用水量是指保证作物正常生长需要由灌溉过程供水到田间的水量。此处计算用的是毛灌溉水量，净灌溉用水量除以渠系水有效利用系数 η 即为水库供给的灌溉用水量。净灌溉用水量的计算，通常需要以日或旬为时段的降雨资料，但长期气象预报至多只能预报当年各月的降雨量，不能预报逐日、逐旬的降雨量。实际中，逐月灌溉用水量的推求常用如下方法：

1）年、月降雨相似法。即选取降雨相似年份的净灌溉用水过程，结合灌区当年的灌溉面积、农作物组成等情况，做相应修正，即为预报的本年净灌溉用水过程。净灌溉用水量除以渠系水有效利用系数 η 即为水库供给的灌溉用水量。具体工程的设施、防渗情况、渠道所在地的岩性、地下水位等都会影响渠系水有效利用系数 η 的选取，应根据灌区具体情况分析后确定，如缺乏资料，可参考表 4.1.1。

表 4.1.1　渠系水有效利用系数 η

<table>
<tr><th>分　区</th><th>衬砌情况</th><th>渠床下岩性</th><th>地下水埋深/m</th><th>渠系水有效利用系数 η</th></tr>
<tr><td rowspan="5">长江以南地区和内陆河流域农业灌溉区</td><td>未衬砌</td><td rowspan="5">亚黏土、亚砂土</td><td rowspan="2"><4</td><td>0.30～0.60</td></tr>
<tr><td rowspan="2">部分衬砌</td><td>0.45～0.80</td></tr>
<tr><td>>4</td><td>0.40～0.70</td></tr>
<tr><td rowspan="2">衬砌</td><td><4</td><td>0.50～0.80</td></tr>
<tr><td>>4</td><td>0.45～0.80</td></tr>
<tr><td rowspan="10">半干旱半湿润地区</td><td rowspan="3">未衬砌</td><td>亚黏土</td><td rowspan="4"><4</td><td>0.55</td></tr>
<tr><td>亚黏土</td><td>0.40～0.50</td></tr>
<tr><td>亚黏土、亚砂土</td><td>0.40～0.55</td></tr>
<tr><td rowspan="5">部分衬砌</td><td rowspan="2">亚黏土</td><td>0.55～0.73</td></tr>
<tr><td>>4</td><td>0.55～0.70</td></tr>
<tr><td rowspan="2">亚砂土</td><td><4</td><td>0.55～0.68</td></tr>
<tr><td>>4</td><td>0.52～0.73</td></tr>
<tr><td>亚黏土、亚砂土</td><td rowspan="3"><4</td><td>0.55～0.73</td></tr>
<tr><td rowspan="2">衬砌</td><td>亚黏土</td><td>0.65～0.88</td></tr>
<tr><td>亚砂土</td><td>0.57～0.73</td></tr>
</table>

注　表中数据摘自《水利水电工程水文计算规范》（SL 278—2002）。

2）固定灌溉制度法。即水库各年净灌溉用水量差别较小，每年采用的灌溉定额相对固定，也就是各年同一月份的净灌溉用水量为一常数，再根据当年的渠系水有效利用系数 η，可得逐月灌溉用水量。

3）逐月耗水定额法。即作物逐月总耗水定额（m^3/hm^2）可根据灌区试验及多年实践经验推求，此部分耗水由田间有效降雨量及净灌溉用水量两部分提供，因此根据预报的当年逐月降雨量，可用式（4.1.1）计算出水库供水的逐月灌溉用水量：

$$W_{用}=\frac{EA-10\alpha_{田间}HA}{\eta} \tag{4.1.1}$$

式中　$W_{用}$——逐月灌溉用水量，m^3；

E——作物月耗水定额，m^3/hm^2，确定方法在灌溉排水工程技术课程中介绍；

A——灌区总灌溉面积，hm^2；

$\alpha_{田间}$——降雨的田间有效利用系数，它与降雨强度、降雨量、土壤性质等因素有关，可根据当地试验资料确定；

H——月降雨量，mm；

η——渠系水有效利用系数；

10——单位换算系数。

（2）水库来水量的预报。如水库有长期气象预报所给的逐月降水量数据，则可通过以下方法计算各月的径流量。

1）月径流系数法，即预报的月降水量乘以各月径流系数得到各月来水量。

2）降雨径流相关法，即根据预报的各月降水量 H，由各月降雨径流相关图查得月径流深 R，利用模块1中相关公式计算各月来水量 W。

3）年、月降水量相似法，即按照长期预报的当年年降水量和各月降水量，与过去历年的年、月降水量相比，如果过去某年的年降水量、逐月降水量都与当年的相应预报值很接近，则以该年实测径流过程作为本年预报的径流过程。

4.1.2
水库兴利调度线的推求

（3）当年预报的水库兴利调度线的计算与绘制。

根据前述计算出的水库逐月灌溉用水量和来水量，同时考虑水量损失，依据水量平衡原理，逐月进行调节计算，即可推算出当年的水库兴利水位过程线，也就是当年的水库兴利调度线，此处的计算方法与规划设计时的水库调节计算方法相同，但需注意以下三点：

1）对于兴利和防洪不结合的情况，水库的兴利蓄水量 V 在死库容 $V_{死}$ 与（$V_{死}+V_{兴}$）之间；而对于二者结合的情况，则需考虑防洪限制水位的限制，即在汛期，兴利蓄水量 V 不应大于防洪限制水位的相应库容。

2）调节计算要以当年年初或上一年年末实际库水位作为计算的起始条件，按日历年顺序时序逐时段调节计算，从而推求水库的兴利蓄水过程。

3）遇供水不足的月份时，为减小破坏深度，应按比例提前缩减供水，修正供水量，并按照修正后的供水量推求水库当年的兴利调度线。

4.1.3
做一做答案扫描上方二维码查看答案

 做一做

某水库防洪与兴利无结合库容，水库集水面积 $F=20.1\text{km}^2$，灌溉面积 1300hm^2。死水位为 56.80m，相应库容为 400 万 m^3。正常蓄水位 66.7m，相应库容为 1350 万 m^3。根据气象预报的逐月降水量求得各月来水量和灌溉用水量，见表 4.1.2。已知各月损失水量为 6 万 m^3。2005 年年初水库蓄水水位是 59.81m，试推求并绘制该年兴利调度线。

表 4.1.2　　水库各月来水量和灌溉用水量

月　份	1	2	3	4	5	6	7	8	9	10	11	12	合计
来水量/万 m^3	35	13	30	24	121	135	427	295	294	92	85	40	1591
灌溉用水量/万 m^3	0	0	0	208	250	0	254	38	90	200	0	0	1040

(4) 当年预报的水库兴利调度线的应用。上述根据预报资料求得的水库兴利调度线，实际就是当年各月末水库的预报值，由于预报与实际存在一定偏差，该年实际库水位变化可能是在当年兴利调度线上下波动。水库实际运行中，如果实际库水位落在当年兴利调度线之上，则可加大供水；如果实际库水位在当年兴利调度线附近，则按原计划供水；如果实际库水位落在当年兴利调度线之下，则应缩减供水，降低破坏深度。除此之外，还要结合中、短期预报以及当时的库水位，随时做出调整。

2. 年调节灌溉水库兴利调度线的绘制和应用

(1) 定义。水库调度图是水库统计调度图的简称，是指由以往水文资料绘制的，表示水库调度方案和运行规则的图形。当下游有防洪要求、防洪和兴利部分结合时，水库调度图的一般形式如图 4.1.1 所示。图中有水库的各个特征水位以及限制供水线、加大供水线（对灌溉水库而言）等指示线。这些特征水位和指示线将调度图划分为减小供水区、正常供水区、加大供水区、防洪区、调洪区等指示区。图 4.1.1 中的限制供水线、加大供水线均为兴利调度线，此图也称为兴利调度全图，仅绘出兴利调度线和兴利特征水位时，称为兴利调度图。

(2) 水库兴利调度图的作用。

1) 对于设计保证率以内的年份（一般为年来水量大于或等于设计枯水年水量的年份），正常供水，避免人为操作不当出现供水破坏。

2) 对于设计保证率以外的年份，应及时有计划地减少供水，通常可降低灌溉用水量 20%～30%，从而减小破坏深度。

3) 当丰水年来水较多时，充分利用水量，以获取更大的效益。

4.1.4
水库兴利调度图的绘制

(3) 兴利调度图的绘制。兴利调度图的作用主要通过图中加大供水线和限制供水线来实现，因此，兴利调度图的绘制主要是加大供水线和限制供水线的绘制。

如图 4.1.1 所示，限制供水线是正常供水与限制供水的分界线。该线某一时刻对应的水量（或水位）实质是设计保证率以内年份中各年在该时刻的必需蓄水量的最小值，加大供水线是加大供水与正常供水的分界线。该线某一时刻相应的水量（或水位）实际是设计保证率以内年份中各年在该时刻的必需蓄水量（或水位）的最大值。

如果已知水库运行过程中历年各个时刻的必需蓄水量，则可得到加大供水线与限制供水线，但实际中未来用水来水情况还未发生，因此，加大供水线与限制供水线，是根据以往水文资料来概括未来的水文情势，通过分析计算绘制的。本节以代表年法为例，讲解水库兴利调度图的绘制。

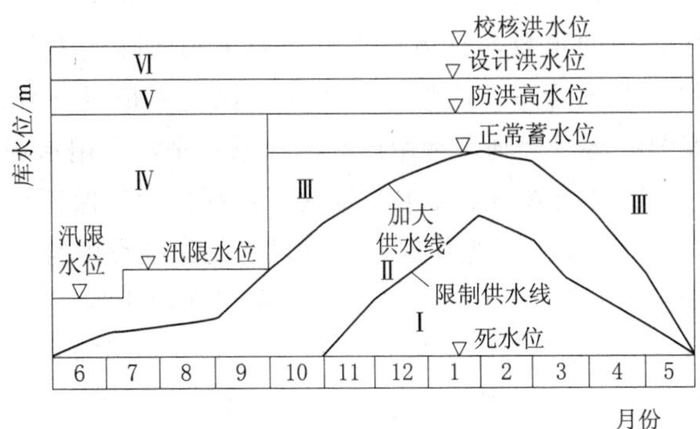

Ⅰ区—减少供水区；Ⅱ区—正常供水区；Ⅲ区—加大供水区；
Ⅳ区—防洪区；Ⅴ区—设计洪水调洪区；Ⅵ区—校核洪水调洪区

图4.1.1　年调节灌溉水库调度图示意

1）代表年的选择。代表年的选择有两种方法，即实际代表年和设计代表年。实际代表年是从实测的年来水量与年用水量系列中，选择年来水量与年用水量都接近于灌溉设计保证率的年份3～5年，其中应包括各种不同的年内分配典型；设计代表年是将上面所选年份的来水、用水过程分别按照设计年来水量和设计年用水量控制进行缩放，转换为设计保证率相应的设计年来水、用水过程。此处需要强调的是，当规划设计时，如水库的兴利库容是用代表年法确定的，则绘制调度图时的代表年中应包含该年；如果是用长系列法确定的，则代表年中应至少有一个年份的最高蓄水位要等于或略高于正常蓄水位。

2）各代表年各月初（末）的必需蓄水量的推求。对于各个代表年，从供水期末死水位（死库容）开始，逆时序调节计算，遇亏水相加，遇余水相减，出现负值取零，直至蓄水期开始，进而得到水库各年的各月初（末）的必需蓄水量及相应的库水位过程。

3）加大供水线与限制供水线的绘制。将上一步计算得到的各代表年逐月末的必需蓄水量或库水位过程绘于同一张图上，取图上的上、下包线，则可得加大供水线与限制供水线。实际绘制中，有时需结合具体情况对限制供水线进行必要的修正，详见算例。

 做一做

某年调节灌溉水库，水库死水位55.30m，死库容300万m^3，正常蓄水位60.5m，兴利库容890万m^3。灌溉设计保证率75%，已知水库设计年径流量$W_{来P}$=1895万m^3，逐年各月灌溉用水量采用固定用水量，逐月用水过程见表4.1.3，请绘制年调节灌溉水库的兴利调度图。

4.1.5

做一做答案扫描上方二维码查看答案

表 4.1.3 水库逐月用水过程

月 份	7	8	9	10	11	12	1	2	3	4	5	6	合计
用水量/万 m^3	145	0	192	0	155	15	0	0	95	402	363	272	1639

（4）兴利调度图的检查与修正。兴利调度图中，影响加大供水线与限制供水线位置的因素包括所选代表年的年数与具体年份，以及采用实际代表年还是采用设计代表年。为了使所绘制的调度图合理，应检查所绘制的调度图是否符合设计保证率，检查方法如下：根据调度图的运行规则，利用已有的长系列来水、用水资料，逐年逐月进行顺时序操作，检查正常供水能够满足要求的年数是否符合设计保证率，如果不符合，则修改调度图，直到按照所绘调度图操作时，正常供水的保证程度符合设计保证率。

（5）兴利调度图的应用。调度图可以作为水库兴利运用的基本依据，但不是唯一依据，应用时需要注意：①当资料系列较短时，代表年具有偶然性，应随资料的累积，对调度图进行修正；②调度图要与中、短期气象水文预报相结合。

课外技能训练

4.1.6

课外技能训练答案扫描上方二维码查看答案

一、概念解释

1. 水库调度
2. 兴利调度图
3. 加大供水线
4. 限制供水线
5. 保证率

二、填空题

1. 水库兴利调度图上主要有__________、__________、__________三个供水区。

2. 水库兴利调度图常以__________年为计算周期，计算时段通常为__________（或__________）。

三、简答题

1. 编制年调节灌溉水库兴利调度图前，需收集整理哪些基本资料？
2. 水库兴利调度图有哪些特征线？各有什么用途？

任务 4.2 水库防洪调度

任务目标

通过本任务的学习，使学生能够根据水库的具体情况，确定水库的防洪调度方式；能够正确绘制并应用防洪调度图。

任务描述

● **任务内容**

本任务内容主要介绍水库防洪调度方式的拟定、防洪限制水位的推求以及防洪调度图的绘制与应用等。本任务知识是洪水调节计算原理与方法的进一步应用。

● **实施条件**

（1）《水库调度设计规范》（GB/T 50587—2010）。

（2）《洪水调度方案编制导则》（SL 596—2012）。

（3）相关的微课视频。

相关知识

4.2.1　基础知识

水库的防洪调度也称水库汛期控制运用，指水库度汛过程中，有计划地对洪水进行控制、调节的蓄泄安排。进行水库防洪调度的目的，一是在确保水库安全的前提下，避免或减轻下游洪水灾害；二是在满足防洪要求的前提下，尽量多蓄水，最大限度地发挥水库的综合效益。由于洪水的随机性以及防洪和兴利之间的矛盾性，水利防洪调度不好，会出现只顾防洪而蓄不上水，或者只求蓄水而忽略防洪，导致不应有的洪水损失等。

水库防洪调度方案的编制，主要涉及六个方面的工作：①当年防洪标准的确定；②当年允许最高水位的确定；③当年下游允许安全泄量的确定；④防洪调度方式的拟定；⑤防洪限制水位的推求；⑥防洪调度图的绘制与应用等。如果水库已按设计条件运行，对于前三项工作，则是已知的。而如果工程由于一些原因，未达到设计要求时，当年的防洪标准、当年的允许最高水位则会不同于原设计情况，如工程存在隐患、入流条件发生变化、新建水库尚未经受大洪水考验等。水库当年下游允许的安全泄量也可能不同于原设计情况，如防护对象发生变化、下游行洪能力发生变化等。而水库允许的最高水位也会随着当年下游允许的安全泄量发生变化。因此，六个方面的内容都需结合实际情况具体分析确定。本任务内容主要分析后三项内容。

4.2.2　防洪调度方式的拟定

防洪调度方式是指控制和调节洪水的蓄泄规则，包括泄流方式、泄流量的规定和泄洪闸门的启闭规则等。对于不设闸门的溢洪道，泄流方式采用自由泄流；对于有闸门控制的溢洪道、泄洪隧洞等，常用的防洪调度方式有控制泄流与自由泄流相结合、分级控制固定泄流和补偿调节三大类。

1. 控制泄流与自由泄流相结合

如果水库下游没有防洪要求，泄量无具体限制，水库的防洪调度方式主要是考虑水库本身的安全和兴利蓄水要求，可采用控制泄流与自由出流相结的方式。具体方法在模块3任务3.2中小型水库防洪调节计算中已经介绍，不再赘述。

4.2.1
水库防洪调度方式

2. 分级控制固定泄流

水库运用中，其防护对象常常不止一个，相应的下游防洪标准的洪水过程和安全泄量也就不止一个。对较大河流，我国目前将水库下游防护对象的防洪标准分为三级：Ⅰ级，保护河流滩地（滩地上可种植低秆作物），防洪标准一般定位3～5年一遇，安全泄量主要依照河道主槽的过水能力来确定；Ⅱ级，保护河道两岸农田，防洪标准一般是20～50年一遇，安全泄量依据河道的设计流量（河道的安全泄量）来确定；Ⅲ级，保护乡村、城镇、交通线等的安全，防洪标准根据防护对象的具体情况和《防洪标准》（GB 50201—2014）的有关规定分析确定，安全泄量依据防洪控制点的要求而定。

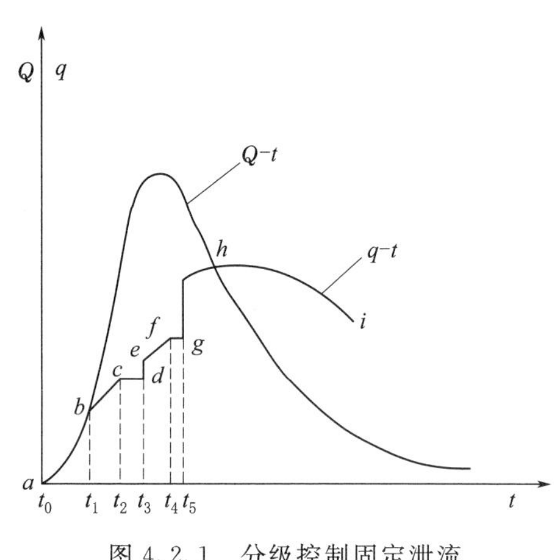

图4.2.1　分级控制固定泄流防洪调度方式示意图

对于有多个防洪对象的水库，采用分级控制固定泄流的防洪调度方式，如图4.2.1所示。图中$Q-t$曲线表示入库流量曲线，$q-t$曲线表示出库流量曲线。水库由下游的低防洪标准到高防洪标准逐级控制，控制准则是确保各级的控制泄量不大于$q_{安1}$、$q_{安2}$、…，直到t_4时刻，已判断出入库洪水超过下游最高一级防洪标准，则以保坝为主，加大泄量直到敞泄。泄流全过程如图4.2.1中曲线$abcdefghi$所示。分级控制改变泄量的标志，可以采用入库流量也可采用库水位。实际运用中，还常以$q_{安}$作为控制，开启一定孔数的闸门泄流。

3. 补偿调节

防洪补偿调节即当发生不大于下游防洪标准的洪水时，水库的泄流量加上区间来水，应不超过防洪控制点的安全泄量。水库与防护地区的区间洪水不可忽略，当发生洪水时，水库仅能控制入库洪水，因此为满足防洪要求，水库需考虑区间来水进行补偿调节。

如图4.2.2所示，假设水库A的泄流到防洪控制点B的传播时间是t_{AB}，区间洪水到防洪控制点B的传播时间是t_{CB}。分两种情况进行分析：

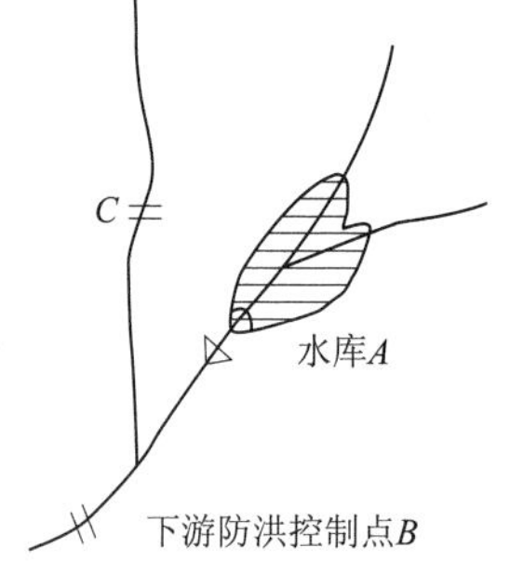

图4.2.2　水库与防洪控制点位置示意

(1) 若$t_{CB}>t_{AB}$，令$\Delta t=t_{CB}-t_{AB}$，则t时刻水库A的泄放流量$q_{A,t}$将与$t-\Delta t$时刻的区间洪水$Q_{C,t-\Delta t}$于$t+\Delta t$时刻在防洪控制点B处相遭遇，其值应不大于防洪控制点B处的安全泄量$q_{安}$，即

$$q_{A,t}+Q_{C,t-\Delta t}\leqslant q_{安} \tag{4.2.1}$$

(2) 若$t_{AB}>t_{CB}$，令$\Delta t=t_{AB}-t_{CB}$，同理，可得

$$q_{A,t}+Q_{C,t+\Delta t}\leqslant q_{安} \tag{4.2.2}$$

在此情况下，水库t时刻的放水和区间$t+\Delta t$时刻流量相遭遇，故需对区间洪水做出预报，且预见期$t_{见}\geqslant\Delta t$的情况下，才可以实现。

式（4.2.1）和式（4.2.2）未考虑区间洪水经河槽调节所导致的流量变化。若河槽调节影响较大，则不可忽略此项。相关预报方法可参见水文预报方面的书籍。

4.2.3 防洪限制水位的推求

从防洪安全角度考虑，防洪限制水位定得越低越有利，而从蓄水角度考虑，这一水位定得越高越有利于汛后兴利，因此，防洪限制水位是一个协调兴利与防洪矛盾的特征水位。规划阶段虽已确定了水库的防洪限制水位，但在运行阶段，可能因以下原因需要重新确定防洪限制水位：一是水库当年的防洪标准或当年允许的最高水位，或下游允许的安全泄量与设计条件的不同；二是进行分期洪水调度，需要确定分期的防洪限制水位。

关于洪水分期的划分，可参见相关书籍。

防洪限制水位的推求有两种方法，即顺时序试算法和逆时序计算法。

1. *顺时序试算法*

顺时序试算是最基本的推求方法，适用于有闸门或无闸门、下游有防洪要求或无防洪要求等各类情况。具体方法是，假定一个防洪限制水位 $Z'_{限}$，也是调洪计算的起调水位，按照与当年允许最高水位 $Z_{允}$ 相应的设计洪水过程线，采用拟定的防洪调度方式进行调洪计算，求得最高库水位 Z_m。将 Z_m 与当年允许最高洪水位 $Z_{允}$ 相比较，若 $Z_m=Z_{允}$，则假定的 $Z'_{限}$ 即为所求的防洪限制水位；若二者不等，可重新假定 $Z'_{限}$，继续调洪计算，直到二者相等。也可假设 3～5 次之后，根据关系值（$Z'_{限}$，Z_m）绘制 $Z'_{限}$-Z_m 曲线，在图上由当年允许最高洪水位 $Z_{允}$ 查得所求的防洪限制水位 $Z_{限}$。

2. *逆时序计算法*

推求防洪限制水位的逆时序计算法，依据的是前述章节中调洪计算原理，不同的是将当年允许最高水位 $Z_{允}$ 作为起始条件，其对应的泄流量和蓄水量作为第一个时段末的值 q_2、V_2，逆时序调节计算求出逐个时段初的 q_1、V_1，从而得到防洪限制水位。可采用列表试算法或半图解法。

逆时序调节计算半图解法的公式为

$$\frac{V_1}{\Delta t}-\frac{q_1}{2}=\frac{V_2}{\Delta t}-\frac{q_2}{2}-\frac{Q_1+Q_2}{2}+q_2 \tag{4.2.3}$$

$$q=f\left(\frac{V}{\Delta t}-\frac{q}{2}\right) \tag{4.2.4}$$

式（4.2.4）通常表示为关系曲线 $q-\left(\frac{V}{\Delta t}-\frac{q}{2}\right)$，称为辅助曲线。

此处以控制泄流与自由泄流相结合的泄流方式为例，介绍逆时序调洪计算的方法如下：

（1）确定调洪计算时段 Δt，计算并绘制辅助曲线 $q-\left(\frac{V}{\Delta t}-\frac{q}{2}\right)$。具体方法可参见顺时序调洪计算。

（2）确定调洪计算的起始条件，若当年允许最高洪水位已定，闸门全开的最大溢洪水头等于当年允许最高洪水位和溢洪道堰顶高程之差，即 $H_m=Z_{允}-Z_{堰}$。当淹没

系数和侧收缩系数均等于1时，利用式（4.2.5），可求得水库最大下泄流量 q_m，即

$$q_m = m\sqrt{2q}BH_m^{3/2} = M_1 BH_m^{3/2} \tag{4.2.5}$$

其中

$$M_1 = m\sqrt{2g}$$

式中　M_1——综合流量系数；

其他符号含义相同前。

当年允许最高洪水位相应的蓄水量及最大下泄流量 q_m，分别是最后一个时段（也为逆时序计算的第一个时段）末的值 V_2、q_2。

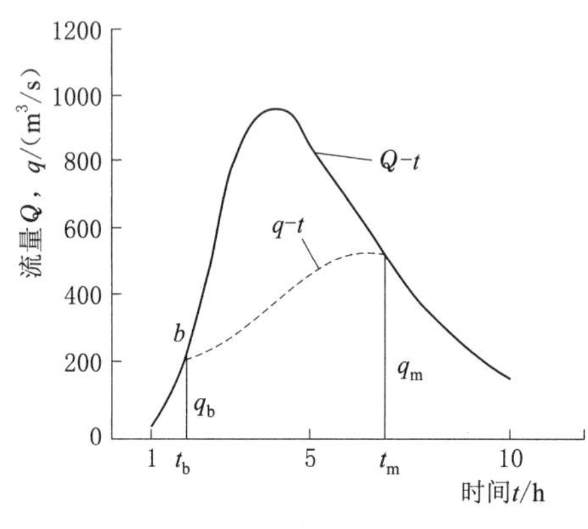

图 4.2.3　某水库入流与出流曲线

（3）逆时序逐个时段调洪计算。由上步可知，$q_2 = q_m$，在入流过程线 $Q-t$ 的退水段，找出 $q_m = Q$ 时刻，记为 t_m，如图4.2.3所示。如果 t_m 在时段分界处，则由式（4.2.3）可计算出$\dfrac{V_1}{\Delta t} - \dfrac{q_1}{2}$，进而可查辅助曲线 $q - \left(\dfrac{V}{\Delta t} - \dfrac{q}{2}\right)$，得该时段初的值 q_1。如果 t_m 不在时段分界处，则应采用试算法，求出时段初的 q_1、V_1。

将 q_1 作为前一时段末的 q_2，用半图解法依次可求得逐时段初的流量 q_1，直至某一时刻的泄流量等于涨水段的某一入流量 Q，如图4.2.3中的 b 点。而通常 b 点不在时段 Δt 的分界点上，因此需用试算法或由 $Q-t$ 线和 $q-t$ 线的交点得出该点流量。当求得 b 点的泄流量 q_b 后，即可由溢洪道的泄流量公式反求出相应堰顶水头 H_b，从而求得防洪限制水位，即 $Z_{限} = Z_{堰} + H_b$，或利用 $Z-q$ 曲线查得 $Z_{堰}$。

需要注意的是，当水库当年允许的最高水位低于设计条件下的校核洪水位时，求得的当年主汛期的防洪限制水位有可能低于堰顶高程，出现这种情况时，需结合流域暴雨特性和水库堰顶高程以下的泄流能力分析其可行性，尤其是要分析发生连续洪水时，防洪限制水位与堰顶高程之间的蓄水量的泄放时间应不大于发生连续洪水的时间间隔，且应留有余地。

4.2.3

做一做答案扫描上方二维码查看答案

做一做

某水库下游无防洪要求，溢洪道设有闸门，水库防洪设计标准为1%，对应设计洪水位为61.72m，校核标准为0.2%，校核洪水位为62.50m，已知工程已按规划设计时的标准运行，试推求后汛期防洪限制水位。

相关资料如下：

（1）该水库水位-库容曲线如图4.2.4所示。

（2）溢洪道堰顶高程57.48m，堰宽 B=35m，流量系数 $M_1 = m\sqrt{2g} = 1.78$。

（3）该水库后汛期 P=1%的设计洪水过程线见表4.2.1。

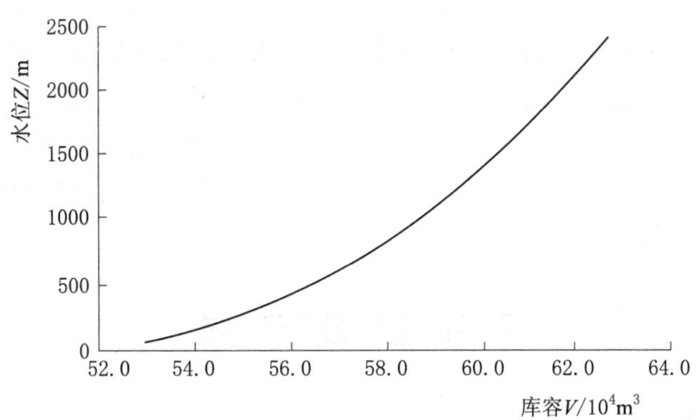

图 4.2.4 水位-库容曲线

表 4.2.1　　水库汛期 $P=1\%$ 设计洪水过程线

时间 t/h	1	2	3	4	5	6	7	8	9	10
流量 Q/(m^3/s)	40	290	780	970	860	700	540	380	270	170

4.2.4 防洪调度图的绘制与应用

防洪调度图是由分期防洪限制水位、防洪调度线、防洪高水位、校核洪水位、设计洪水位和当年允许最高洪水位等蓄水指示线，以及这些指示线划分的运行区所组成的水库汛期运行图。它用来指示水库在汛期，为了防洪安全各个时刻应当预留多少防洪库容，如图 4.2.5 所示。

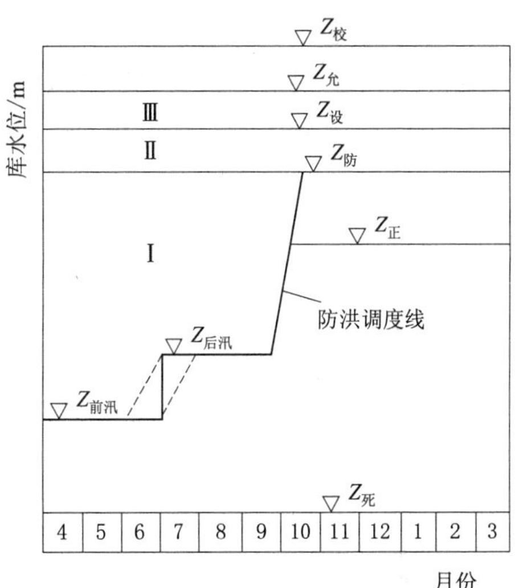

图 4.2.5 水库防洪调度图

Ⅰ区—防洪区；Ⅱ区—设计洪水调洪区；Ⅲ区—校核洪水调洪区

防洪调度图中的防洪高水位、设计洪水位和校核洪水位是规划设计中已经确定的。当年允许最高洪水位是根据当年具体情况而定的。分期防洪限制水位可采用本任务前述内容所述方法推求。而防洪调度线是由后汛期的洪水最迟发生时刻 t_k 起，用下游防洪标准的设计洪水进行顺时序调洪计算，所得的不同时刻的水库蓄水位过程线。下游防洪标准的设计洪水位可选择不同的典型缩放而得多个过程，再将调洪计算求得的水库蓄水位过程线取下包线作为防洪调度线。各分期防洪限制水位的过渡连接线可根据具体情况，采用图 4.2.5 中虚线表示的两种方式。两种方式分别对兴利与防洪有利。

绘制好防洪调度图后，就可根据汛期各时刻库水位落在哪一运行区，同时结合短期天气预报情况，决定水库如何泄流。

此处需要注意的是，水库实际运行中情况千变万化，调度图不能作为唯一的调度依据，应结合具体雨情、水情、工程具体情况及天气预报等影响因素，灵活运用。

模块4的内容分别就灌溉和防洪两方面分别介绍了年调节灌溉水库兴利调度图的绘制与应用、水库防洪调度方案的制订和防洪调度图的绘制与应用等问题。综合这两方面问题则是关于综合利用水库调度问题，水库调度全图由兴利调度图和防洪调度图组成，如图4.1.1所示。

课外技能训练

4.2.4

课外技能训练答案扫描上方二维码查看答案

一、概念解释

1. 防洪调度

2. 防洪调度方式

3. 防洪调度图

二、填空题

1. 水库的防洪调度方式主要有__________、__________、__________。

2. 水库防洪调度图上的指示线主要包括__________、__________、__________、__________、__________、__________。

3. 水库防洪调度图中对各种洪水的起调水位一般是__________。

三、简答题

1. 水库防洪调度方案的编制涉及哪些主要工作？

2. 水库防洪调度方式有哪些？分别适用于什么情况？

模块5 工程水文实训

知识导入

工程水文实训目的

思考

1. 本课程涉及哪些绘图和计算软件?
2. 工程水文实训对于水利工程规划设计的重要意义是什么?

导入语

工程水文技能实训对于提高学生的实训能力、结合工程具体情况进行水文分析和计算有非常重要的意义。本模块分两个部分：Excel 在水文水利计算中的应用和工程水文实训。实训项目共计 19 项，每个训练项目都有明确的训练目标和做法提示，通过扫描二维码还可以查阅相关实训参考答案，对学生的课下学习和计算能力的提高有很大的帮助。

学习目标与要求

1. 了解 Excel 的强大计算功能及其在水文水利计算中的主要应用。
2. 能够借助 Excel 辅助进行水文水利的相关计算。
3. 能量计流域主要特征值（F、L、J）。
4. 能用三种方法进行流域面平均雨量的计算。
5. 能进行径流常用单位之间的换算。
6. 能用流速仪进行流速监测和流量计算。
7. 能进行渠道流量计算。
8. 能用 Excel 的图表功能进行两变量直线相关计算。
9. 会利用频率格纸进行理论频率曲线的绘制。
10. 会用适线软件进行频率曲线的绘制和统计参数，以及查找特征点。
11. 能利用同倍比法和同频率法进行设计年径流的计算。
12. 当缺乏实测资料时能进行设计年径流推算。
13. 会用实测流量资料进行设计洪水的推求。
14. 能根据地区综合资料（水文手册或雨洪图集）进行设计暴雨计算。
15. 能利用降雨径流相关图进行设计净雨的计算。

16. 能用初损后损法进行设计净雨计算。

17. 会用瞬时单位线法求设计洪水。

18. 会用推理公式法推求设计洪水。

19. 能进行河流输沙量以及水库淤积的计算。

20. 能绘制水库特征曲线和确定水库死水位。

21. 能根据水库灌溉面积与灌溉制度等设计灌溉用水过程。

22. 能根据水库设计来水过程和用水过程进行年调节兴利计算。

23. 能进行无调节水电站的水能计算。

练习

根据自己所学的 Excel 相关知识，回顾 Excel 列表计算的具体方法和绘图步骤。

任务 5.1 Excel 在水文水利计算中的应用

任务目标

通过本任务的学习，使学生能够利用 Excel 的“拖动填充”“排序”“插入函数 fx”“图表”等功能，方便地解决工程水文及水利计算的有关问题。

任务描述

● **任务内容**

根据所给基本资料进行经验频率和统计参数的计算，根据已知资料进行相关分析计算。

试算法推求小流域的设计洪峰流量，利用 Excel 进行函数插值，用半图解法进行调洪计算。

● **实施条件**

(1) 已知流域的相关计算基础资料。

(2) 课程相关知识点已经学习完成。

(3) Excel 的基本应用已经掌握。

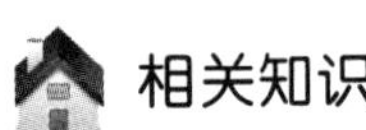

相关知识

5.1.1 经验频率与统计参数计算

设某水文变量 X 的样本系列共 n 项，由大到小递减排列为 x_1，x_2，…，x_m，x_n，计算 n 次观测中出现大于或等于 x_m 的经验频率公式为

$$P=\frac{m}{n+1}\times 100\% \tag{5.1.1}$$

样本的均值 $\overline{x}$、均方差及变差系数公式分别为

$$\overline{x}=\frac{1}{n}\sum_{i=1}^{n}x_i$$

$$s=\sqrt{\frac{\sum_{i=1}^{n}(x_i-\overline{x})^2}{n-1}}$$

$$C_v=\frac{s}{\overline{x}} \tag{5.1.2}$$

以某水库坝址断面处年径流为例，简单介绍利用 Excel 进行样本系列经验频率及统计参数的计算。

(1) 将样本系列降序排列并标注序号。新建 Excel 工作表，逐年输入年径流相关数据，选中任一数据，单击工具栏中的“降序排列”，将样本系列从大到小进行排序，在左列从上到下输入编号 1、2，利用 Excel 填充柄向下拖动直至最后一个数据。

(2) 计算经验频率。在第三列第一个单元格输入“=B4＊100/(35+1)”，然后按“Enter”键，则得到第一个数值的经验频率。选中计算结果，利用“拖动填充”则得到各序号对应的经验频率。可以右键“设置单元格格式”设计结果的小数位数，一般保留一位小数即可。

(3) 计算样本均值。利用 AVERAGE 命令，选择任一空白单元格，然后输入“=AVERAGE(B2：B36)”，再按下“Enter”键，即得到样本均值。

(4) 计算样本均方差。利用样本均方差函数 STDEV，选择要输入样本均方差函数的单元格，然后输入“=STDEV(B2：B36)”，再按下“Enter”键，即得到样本均方差。

(5) 计算样本变差系数。在样本均方差和样本均值基础上，输入“=B52/A52”，再按下“Enter”键，即得到变差系数。

本例计算结果如图 5.1.1 所示。

	A	B	C
1	序号	年径流量 (m³/s)	频率
2	1	13	2.8
3	2	12.2	5.6
4	3	10.2	8.3
5	4	9.54	11.1
6	5	9.5	13.9
7	6	9.12	16.7
8	7	9.02	19.4
9	8	8.95	22.2
10	9	8.75	25.0
11	10	8.67	27.8
12	11	8.4	30.6
13	12	8.24	33.3
14	13	7.88	36.1
15	14	7.81	38.9
16	15	7.77	41.7
17	16	7.56	44.4
18	17	6.79	47.2
19	18	6.55	50.0
20	19	6.18	52.8
21	20	5.92	55.6
22	21	5.87	58.3
23	22	5.33	61.1
24	23	5.28	63.9
25	24	5.17	66.7
26	25	4.97	69.4
27	26	4.72	72.2
28	27	4.56	75.0
29	28	4.12	77.8
30	29	3.89	80.6
31	30	3.74	83.3
32	31	3.68	86.1
33	32	3.54	88.9
34	33	3.46	91.7
35	34	3.36	94.4
36	35	3.19	97.2
37	均值	均方差	交差系数
38	6.77314	2.590096264	0.4

图 5.1.1　经验频率与统计参数计算

5.1.2　利用 Excel 频率计算简介

虽然 Excel 具有很强的表格处理及常规图形处理能力，但是仍不能直接应用于水文频率计算。因为水文频率计算中采用的海森几率格纸是特殊的坐标系统，故利用

Excel 现有功能的简单组合无法解决水文频率计算中的复杂运算与转换、绘图等问题。需要应用 Excel 表格及图形处理功能，结合水文频率计算的实际，开发 Excel 水文频率计算软件。目前，这种软件已应用于生产实际中。

图 5.1.2 为一款水文频率分布曲线适线软件，当水库的坝址断面历年洪峰流量均值为 1246.19m^3/s、变差系数为 1.34 时，理论频率曲线适线的结果如图 5.1.2 所示。使用水文频率计算软件进行适线，具有方便、规范、计算高效等优点。

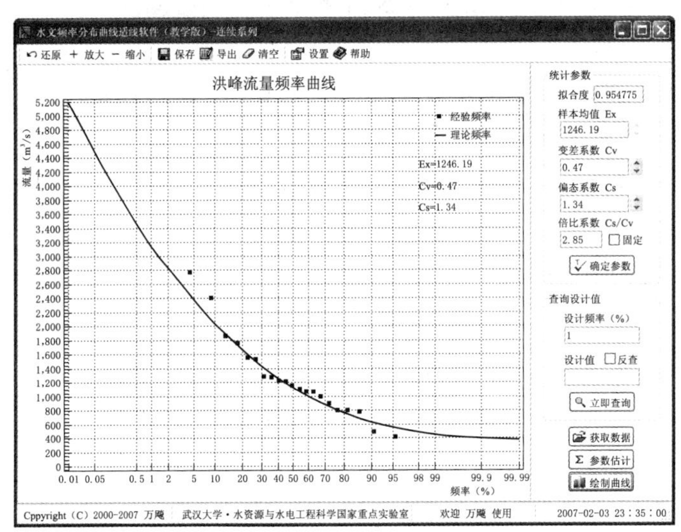

图 5.1.2　利用 Excel 水文频率计算软件的适线结果

5.1.3　相关分析计算

假设要预测的水文特征值为 y，称为倚变量；主要影响因素为 x，称为自变量。y 与 x 之间的近似关系，称为相关关系。利用变量 x、y 的同期样本系列构成 n 组观测值（x_i，y_i），$i=1\sim n$，进行相关分析计算的主要环节有：绘制散点图，根据点群分布趋势，选配相关线类型；确定近似关系式，即相关方程；判断 y 与 x 关系的密切程度，若关系密切，则利用相关方程，由 x 估计或预测 y。

数理统计中的回归分析是研究相关关系的一种数学工具，以下结合实例介绍一元线性回归计算。

相关方程
$$y=a+bx \tag{5.1.3}$$

回归系数
$$b=\frac{\sum_{i=1}^{n}(x_i-\overline{x})(y_i-\overline{y})}{\sum_{i=1}^{n}(x_i-\overline{x})^2}=r\frac{s_y}{s_x} \tag{5.1.4}$$

截距
$$a=\overline{y}-b\overline{x}=\overline{y}-r\frac{s_y}{s_x}\overline{x} \tag{5.1.5}$$

相关系数

$$r=\frac{\sum_{i=1}^{n}(x_i-\overline{x})(y_i-\overline{y})}{\sqrt{\sum_{i=1}^{n}(x_i-\overline{x})^2\sum_{i=1}^{n}(y_i-\overline{y})^2}}=\frac{\sum_{i=1}^{n}(K_{xi}-1)(K_{yi}-1)}{\sqrt{\sum_{i=1}^{n}(K_{xi}-1)^2\sum_{i=1}^{n}(K_{yi}-1)^2}} \tag{5.1.6}$$

回归线的均方误

$$\delta_y=s_y\sqrt{1-r^2} \tag{5.1.7}$$

式中　$\overline{x}$、$\overline{y}$——x、y 系列的均值；

s_x、s_y——x、y 系列的均方差；

δ_y——回归线的均方误差。

【实例】 某水库实测月平均水位与月渗漏量关系见表 5.1.1，试进行相关分析，并确定月平均水位 137.05m 时的月渗漏量。

表 5.1.1　　某水库实测月平均水位与月渗漏量关系

月平均水位/m	133.07	134.41	136.00	131.65	125.59	128.45	132.43	127.94	126.53
月渗漏量/万 m^3	860	869	791	671	488	582	634	540	473

可采用两种途径进行计算。

第一种途径是利用 Excel 的图表向导功能直接绘出相关直线，并求出相关直线方程及相关系数，其步骤如下：

(1) 新建一个 Excel 工作表，用常规数据格式在 B 列输入自变量月平均水位 x 值，C 列输入因变量即月渗漏量 y 值。

(2) 点绘散点图，判断相关趋势及选配相关线类型。其方法如下：

1) 点击菜单栏“插入”“图表”，选择 XY 散点图的图表类型，单击“下一步”。

2) 在“图表向导”中选择对应的数据区域作为系列的 X 值和 Y 值，单击“下一步”。

3) 设置图表的标题、X 轴和 Y 轴名称，设置网格线和图例形式，点击“作为其中的对象插入”选项，点击“完成”则完成图表绘制，如图 5.1.3 所示。

由图可见，点群趋势为直线，可进行简单直线回归计算。

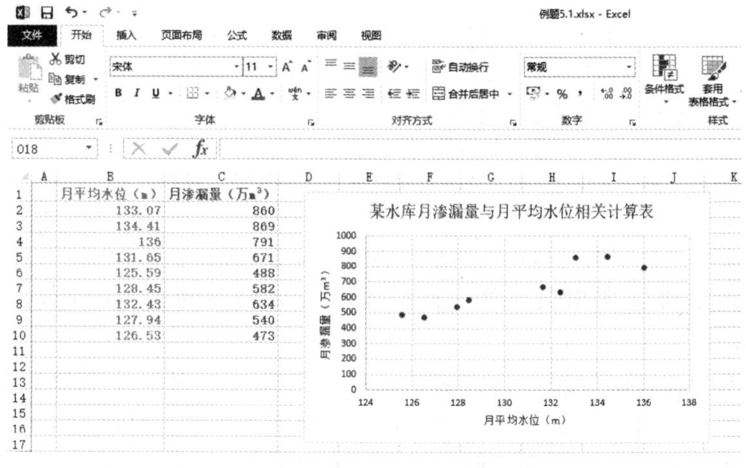

图 5.1.3　点绘散点图

（3）为散点图添加回归线及方程。在任一数据点上右击“添加趋势线”，选择“线性”，并显示公式和显示 R 平方值，如图 5.1.4 所示，图中“R 平方值”即为线性方程的相关系数的平方，故 $r=0.9095$。

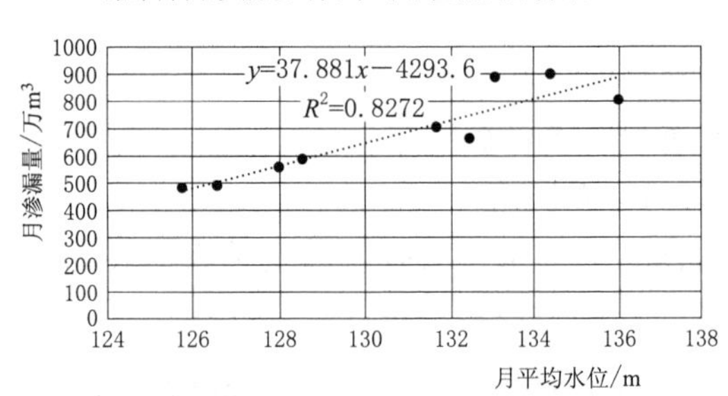

图 5.1.4　两变量的相关回归方程

第二种途径是利用 Excel 的计算功能分步完成相关计算的各项内容，操作方法如下：

（1）新建 Excel 工作表，在 B 和 C 栏输入月平均水位 x 和月渗漏量 y，点绘散点图。

（2）利用平均值函数“AVERAGE”计算月平均水位 x 和月渗漏量 y 的均值，如图 5.1.5 所示。

（3）计算 D～J 列数据。

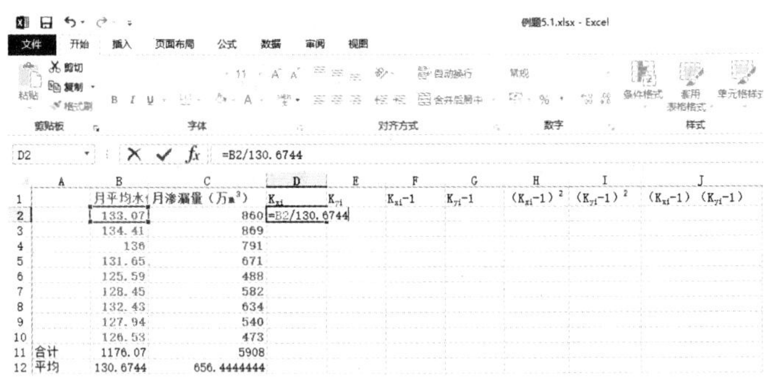

D2　=B2/130.6744

	A	B	C	D	E	F	G	H	I	J
1		月平均水	月渗漏量（万m³）	K_{xi}	K_{yi}	$K_{xi}-1$	$K_{yi}-1$	$(K_{xi}-1)^2$	$(K_{yi}-1)^2$	$(K_{xi}-1)(K_{yi}-1)$
2		133.07	860	=B2/130.6744						
3		134.41	869							
4		136	791							
5		131.65	671							
6		125.59	488							
7		128.45	582							
8		132.43	634							
9		127.94	540							
10		126.53	473							
11	合计	1176.07	5908							
12	平均	130.6744	656.4444444							

图 5.1.5　列表分别计算相关分析各个参数

（4）利用前面介绍的 STDEV 函数计算 x、y 系列的均方差；利用式（5.1.4）～式（5.1.7），分别计算相关系数、回归系数、纵轴截距、回归线的均方误，如图 5.1.6所示。

（5）判断相关密切程度。研究表明，相关系数一定时，倚变量的变差系数越大，回归方程的均方误差就越大。因此，仅用相关系数作为判别密切与否的标准不够全面，实际应用时，通常要求回归线的均方误差 δ_y 应小于 y 的 15%。本例 $n=9$，

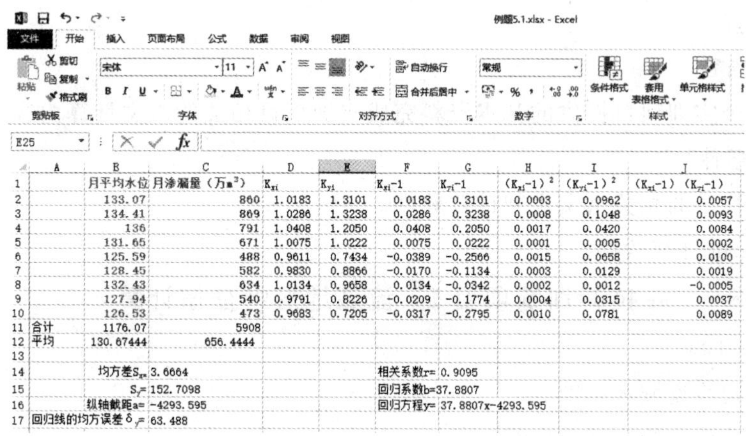

	A	B	C	D	E	F	G	H	I	J
1		月平均水位	月渗漏量（万m³）	K_{xi}	K_{yi}	$K_{xi}-1$	$K_{yi}-1$	$(K_{xi}-1)^2$	$(K_{yi}-1)^2$	$(K_{xi}-1)(K_{yi}-1)$
2		133.07	860	1.0183	1.3101	0.0183	0.3101	0.0003	0.0962	0.0057
3		134.41	869	1.0286	1.3238	0.0286	0.3238	0.0008	0.1048	0.0093
4		136	791	1.0408	1.2050	0.0408	0.2050	0.0017	0.0420	0.0084
5		131.65	671	1.0075	1.0222	0.0075	0.0222	0.0001	0.0005	0.0002
6		125.59	488	0.9611	0.7434	−0.0389	−0.2566	0.0015	0.0658	0.0100
7		128.45	582	0.9830	0.8866	−0.0170	−0.1134	0.0003	0.0129	0.0019
8		132.43	634	1.0134	0.9658	0.0134	−0.0342	0.0002	0.0012	−0.0005
9		127.94	540	0.9791	0.8226	−0.0209	−0.1774	0.0004	0.0315	0.0037
10		126.53	473	0.9683	0.7205	−0.0317	−0.2795	0.0010	0.0781	0.0089
11	合计	1176.07	5908							
12	平均	130.67444	656.4444							
13										
14		均方差S_{x}=	3.6664			相关系数r=	0.9095			
15		S_y=	152.7098			回归系数b=37.8807				
16		纵轴截距a=	−4293.595			回归方程y=	37.8807x−4293.595			
17	回归线的均方误差δ_y=		63.488							

图 5.1.6　相关分析计算

查数理统计相关系数的临界值表，取显著性水平 $\alpha=0.01$，可得相关系数的临界值 $r=0.7977$，可见 $r>r_\alpha$；计算 $\delta_y/\overline{y}=9.7\%<15\%$。相关较密切，故回归方程可用于由 x 估计 y。

（6）确定月平均水位为 137.05m 时月渗漏量 $y=37.8807\times137.05-4293.595=897.95$(万 m³)。

课外知识拓展

Microsoft Excel（简称 Excel）是 Microsoft Office 中的一个重要组件，具有强大的计算功能，为工程水文及水利计算中的有关计算提供了广阔的平台。利用 Excel 可以有效提高工程水文及水利计算的速度和精度，具有快速、简便、灵活的特点。特别是 Excel 的“拖动填充”“排序”“插入函数 f_x”“图表”等功能，充分体现其优越性，可以方便地解决工程水文及水利计算的有关问题。根据大家所掌握的 Excel 相关知识，思考下列问题：

1. 利用 Excel 如何进行函数插值？如直线内插两个数中间的某个值？
2. 当计算步骤较多时，如何尽量减少和消除 Excel 计算结果的误差？

任务 5.2　工 程 水 文 综 合 实 训

任务目标

通过本节任务的学习，使学生掌握工程水文和水利计算中基本的流域特征值量测、流域平均降雨量计算、常用径流计算单位换算、流速测量和流量计算、频率曲线的绘制、设计年径流计算、设计净雨的计算、设计洪水过程计算、河流输沙量计算、水库特征曲线绘制、水库死水位确定、年调节水库兴利调节、水库调洪计算。

任务描述

● **任务内容**

根据每个实训项目提供的基本资料完成实训项目相关的水文计算内容。

● **实施条件**

（1）所提供的相关水文水利计算软件。

（2）Excel 计算软件。

技能训练项目 1　流域地形特征值计算

1. 训练目标

（1）会勾绘流域水系图。

（2）会分析勾绘流域分水线。

（3）能用两脚规法量计河流长度 L。

（4）能计算主河道平均比降 J。

（5）会求求积仪转换常数 C。

（6）会使用求积仪量计流域面积（不规则图形面积）。

2. 资料

（1）富强水库控制流域 1∶50000 地形图（另行提供）。

（2）水库坝址位于上富强村北河道高程 923m 处。

3. 要求

（1）确定并勾绘流域分水线。

（2）量计水库坝址断面以上的集水面积 F（km^2）。

（3）量计主河道长度 L（km）。

（4）计算主河道平均比降 J（‰）。

4. 做法提示

（1）在地形图上先用蓝色笔将河流水系描绘清楚，大致了解水系及流域范围。

（2）分水线应通过山峰岭脊勾绘，可先在山岭明显处逐段绘出，最后自坝址连接成一条闭合线。

（3）用求积仪量计流域面积。量计流域面积之前，应先确定求积仪系数 C。

（4）用求积仪在地形图上沿分水线范围量计两次，两次求积仪读数的相对误差应在 1%以内，否则继续量计。

（5）主河道应用蓝色笔以虚线延伸至水分线处。

（6）量计河长用两脚规法，两脚规开距 a 调至 2mm 为宜。

（7）两脚规计量数 n 读至一位小数（估计数）。

（8）求积仪系数 C 取三位小数，F、L、J 成果取一位小数。

计算过程和结果填至表 5.2.1～表 5.2.4 中。

表 5.2.1 **求积仪系数 *C* 量计表**

量计图形实际面积	相应地形图上面积	量计图形的求积仪读数				求积仪系数
		次	始 S_1	终 S_2	$S=S_2-S_1$	
$f=$ cm²	$F=$ km²					$C=F/S=$
		两次差值相对误差小于1%的平均读数				

表 5.2.2 **富强水库流域面积量计表**

量计次数	求积仪读数		读数差 ΔS	平均读数差 $\overline{S}$	求积仪系数 C	流域面积 F/km^2
	始 S_1	终 S_2				
1						
2						

表 5.2.3 **不同比例尺地形图上长度和面积换算表**

比例尺		1∶500	1∶1000	1∶2000	1∶5000	1∶10000	1∶25000	1∶50000	1∶100000
图上 1cm 代表实际距离	m	5	10	20	50	100	250	500	1000
	km	0.005	0.01	0.02	0.05	0.10	0.25	0.50	1.00
图上 1cm² 代表实际面积	m²	25	100	400	2500	10000	63500	250000	1000000
	km²	0.000025	0.0001	0.0004	0.0025	0.0100	0.0625	0.2500	1.0000

表 5.2.4 **富强水库主河道长及平均比降计算表**

高程 Z /m	河长（自坝址起）		相邻等高线间距离 $\Delta L/\text{km}$	与起始点相对高程差 $\Delta z/\text{km}$	相邻两高程差之和 $\Delta z_i+\Delta z_{i+1}/\text{km}$	$(\Delta z_i+\Delta z_{i+1})\Delta L/\text{km}^2$
	两脚规量计次数 n	$L=an/\text{km}$				

续表

高程 Z /m	河长（自坝址起）		相邻等高线间距离 ΔL/km	与起始点相对高程差 Δz/km	相邻两高程差之和 $\Delta z_i+\Delta z_{i+1}$/km	$(\Delta z_i+\Delta z_{i+1})\Delta L$/km^2
	两脚规量计次数 n	$L=an$/km				
合计						

河长 L=______km；　　主河道平均比降 J=______‰

技能训练项目2　流域面平均降雨量计算

1. 训练目标

(1) 会用算术平均法计算流域面平均雨量。

(2) 会绘制泰森多边形。

(3) 会用面积加权法（泰森多边形法）计算流域面平均雨量。

2. 资料

富强水库控制流域内3个雨量站具体位置见流域地形图，多年平均降雨量见表5.2.5。

表5.2.5　流域平均面雨量计算表

站　名	各站雨量多年平均雨量 H/mm	求积仪读数 S	各多边形面积 f_i /km^2	H_if_i	流域平均降雨量 H_F/mm	
					算术平均法	泰森多边形法
观音庙	650					
范家卓子	550					
杜公山	620					
合计						

3. 要求

用算术平均法和泰森多边形法计算流域面平均降雨量 H_F。

4. 做法提示

(1) 根据各雨量站位置和勾绘的流域分水线，绘制泰森多边形。

(2) 用求积仪分块量计各雨量站代表（权重）面积 f_i，各块面积之和与技能训练项目1的总面积 F 相差不得超过1%，并以分块量计的面积之和为总面积计算。

(3) 雨量数值保留一位小数。

技能训练项目3　径流常用计算单位换算

1. 训练目标

(1) 能陈述常用径流表示方法及其单位。

(2) 能熟练进行径流常用单位换算。

2. 资料

富强水库流域面积 $F=$______ km^2（技能训练项目 1 的成果），流域多年平均降雨量 $H_F=$______ mm（技能训练项目 2 的成果）。由水库所在地区水文手册查得该流域多年平均径流深$\overline{y}=92.5$mm。

3. 要求

根据所提供的资料，计算 $\overline{W}$、$\overline{Q}$、$\overline{M}$ 和$\overline{\alpha}$。

4. 做法提示

(1) T 按非闰年计算，即 $T=31.54\times10^6$s。

(2) $\overline{W}$ 单位为万 m^3，$\overline{M}$ 单位为 L/(s·km^2)，$\overline{W}$、$\overline{Q}$、$\overline{M}$ 和$\overline{\alpha}$ 均取两位小数。

(3) 列出换算公式并代入数值计算。

$\overline{W}=$

$\overline{Q}=$

$\overline{M}=$

$\overline{\alpha}=$

技能训练项目 4　流速仪法测流及流量计算

1. 训练目标

(1) 能陈述流速仪测流及计算流量的步骤。

(2) 能熟练计算流速面积法测流成果。

2. 资料

某站一次流量测验记录，见表 5.2.6。

3. 要求

(1) 完成测流始、末基本水尺水位及相应水位计算。

(2) 确定各测点深。

(3) 计算测点、垂线平均和部分平均流速。

(4) 计算测深垂线间的平均水深和间距。

(5) 计算测深垂线间的部分断面面积。

(6) 计算部分流量。

(7) 计算断面流量、断面面积、平均流速和平均水深等。

4. 做法提示

(1) 水位、测点深、流速、水深、间距、部分断面面积和部分流量等保留两位小数。

(2) 断面面积和断面流量取整数（仅本技能训练项目要求）。

(3) 在计算部分面积时，最好绘出测深垂线和测速垂线的布置示意图。

(4) 表 5.2.6 为实际“测深、测速记载及流量计算表”的简化表，去掉了一些栏目。

表 5.2.6　**某站测深、测速记录及流量计算表（简化表）**

施测试间:2005 年 7 月 25 日 10 时 00 分至 10 时 15 分(平均　　日　　时　　分)　天气:　阴天　　风力风向:偏西风 3 级

流速仪型号牌号及公式:　LS68 型　　$v=0.690R/S+0.010$　　检定后使用次数:34　　停表牌号:上海

垂线号数		起点距/m	基本水尺水位/m	测得水深/m	河底高程/m	仪器位置		测速记录						流速			测深垂线间		水道断面面积/m^2		部分流量/(m^3/s)
测深	测速					相对	测点深/m				信号数	一组信号转数/总转数	总历时/s	测点	岸边系数/垂线平均	部分平均	平均水深/m	间距/m	测深垂线间	部分	
左水边	15.5		0									5									
1		20.0		0.40																	
2	1	30.0		0.70		0.6					48	240	101		0.70						
3	2	40.5		1.50		0.2					58	290	100								
						0.8					52	260	102								
4	3	50.0		2.20		0.2					67	335	101								
						0.6					60	300	100								
						0.8					54	270	101								
5	4	60.0		1.70		0.2					62	310	101								
						0.8					53	265	102								
6	5	71.0		1.00		0.6					56	280	101								
7	6	80.5		0.60		0.6					50	250	102		0.70						
右水边		99.0		0																	

断面流量	m^3/s	水面宽	m	糙率		水位记录	水尺名称	水尺读数/m		水位/m
断面面积	m^2	平均水深	m	测深方法			基本	始:0.95 终:0.99 平均:		
平均流速	m/s	最大水深	m	垂线数/测点数			测流	始:　终:　平均:		
最大测点流速	m/s	水面比降	$\times10^{-4}$	测流手段			水尺零点高程	98.35m	备注	

技能训练项目5　两变量直线相关计算

1. 训练目标

（1）能陈述相关分析法的基本原理及其在水文上的应用。

（2）能熟练应用图解法和计算法进行两变量直线相关分析的计算。

（3）能陈述图解法与计算法的优缺点。

（4）能用Excel的图表功能进行两变量直线相关计算。

（5）能用相关直线方程插补延长径流资料系列。

（6）能熟练应用Word、Excel进行专业文件处理。

2. 资料

某河甲站的流域面积$F=623\text{km}^2$，作为设计站Y，1966—1982年仅有17年的平均流量资料；甲站的相邻流域乙站作为参证站X，1950—1982年共有33年的年平均流量资料（表5.2.7）。

表5.2.7　　设计站Y与参证站X同期年平均流量成果表

年份	年平均流量/(m^3/s)		年份	年平均流量/(m^3/s)		年份	年平均流量/(m^3/s)	
	Y(设计站)	X(参证站)		Y(设计站)	X(参证站)		Y(设计站)	X(参证站)
1950	(　　)	7.25	1961	(　　)	7.40	1972	3.46	5.28
1951	(　　)	6.45	1962	(　　)	10.60	1973	5.33	7.48
1952	(　　)	12.5	1963	(　　)	9.50	1974	5.92	8.42
1953	(　　)	7.74	1964	(　　)	16.50	1975	9.54	13.5
1954	(　　)	11.10	1965	(　　)	7.49	1976	3.26	5.15
1955	(　　)	10.50	1966	3.19	4.73	1977	4.35	6.58
1956	(　　)	9.67	1967	5.17	7.92	1978	6.47	8.95
1957	(　　)	9.07	1968	8.40	11.9	1979	7.45	10.2
1958	(　　)	12.7	1969	3.74	5.32	1980	6.51	9.5
1959	(　　)	5.64	1970	6.18	9.15	1981	8.52	12.2
1960	(　　)	6.20	1971	3.89	5.74	1982	5.22	7.56

3. 要求

（1）根据设计站Y与参证站X的17年（1966—1982年）同期年径流资料，在方格纸上点绘相关图。

（2）用图解法定相关直线，并求出Y倚X的回归方程式$Y=a+bX$。

（3）用计算法（按表5.2.8的格式）推求Y倚X的回归方程式，并将相关直线点绘在相关图上，与图解法相关直线对比，分析两者的差异。

（4）用计算法求得回归方程式，以参证站X（1950—1965年）每年的平均流量插补设计站Y相应年份的年平均流量资料。

（5）用Excel的图表功能进行计算，与手工计算结果比较，并将计算过程及结果用Word整理成规范文档，发到指定邮箱。

4. 做法提示

(1) 点绘相关图时，纵横坐标比例尺可参考选用 1cm∶1m³/s；纵坐标 Y 起点为 2.0，横坐标 X 起点为 4.0。注意坐标应注明名称、符号和单位，并标出相关图的图名、图例。

5.2.1

技能训练项目5扫描上方二维码查看答案

(2) 按表 5.2.8 格式计算时，应注意验算 $\sum K_i = n$，误差不得超过 ±0.02。

(3) 计算时，K_i 和 (K_i-1) 取两位数，$(K_i-1)^2$ 和 $(K_{Xi}-1)(K_{Yi}-1)$ 取四位小数，其余项取两位小数，插补的设计年平均流量取三位有效数字。

(4) 用 Excel 的图表功能进行计算，将计算过程及结果用 Word 整理成规范文档，并发到指定邮箱。

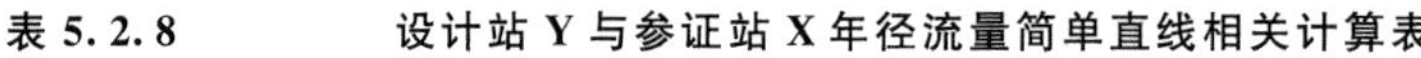

表 5.2.8　　设计站 Y 与参证站 X 年径流量简单直线相关计算表

年份	$Y/(m^3/s)$	$X/(m^3/s)$	K_Y	K_X	K_Y-1	K_X-1	$(K_Y-1)^2$	$(K_X-1)^2$	$(K_Y-1)(K_X-1)$
1966									
1967									
1968									
1969									
1970									
1971									
1972									
1973									
1974									
1975									
1976									
1977									
1978									
1979									
1980									
1981									
1982									
合计									

技能训练项目 6　经验频率曲线与理论频率曲线的绘制

1. 训练目标

(1) 能陈述频率计算法的基本原理及应用。

(2) 会根据实际样本资料系列计算 3 个统计参数（初值）。

(3) 会在频率格纸上点绘经验频率点据。

(4) 会进行频率适线，确定 3 个统计参数（终值）。

(5) 能叙述统计参数初值与终值的区别和联系。

2. 资料

某河甲站经相关分析延长后，共有33年（1950—1982年）的年平均流量资料，见表5.2.7某河甲站的资料系列。

3. 要求

（1）用矩法计算统计参数初值。

（2）用三点法计算统计参数，并与矩法成果对比（可选做）。

（3）选配理论频率曲线，确定3个统计参数（选用值）。

4. 做法提示

（1）计算时注意$\sum K_i = n$验算。

（2）三点法计算时，据资料项数n大小，宜选用$P=5\%$、$P=50\%$、$P=95\%$三点，查取值。

（3）适线时，C_s可在（2.0～3.5）C_v（年径流频率曲线的经验范围）范围内选择，通过适线确定。

（4）频率曲线图上应保留两条曲线，其中第一条是初始参数对应的皮尔逊Ⅲ型曲线，第二条是经过反复调整参数拟合经验点据，得到与经验点配合良好的皮尔逊Ⅲ型曲线。

（5）图上应标注图名、图例。

将计算结果填入表5.2.9～表5.2.11中。

5.2.2

技能训练项目6扫描上方二维码查看答案

表5.2.9　　某河甲站年径流量频率计算表

年份	$Q/(m^3/s)$	序号	Q(大⟶小)	K_i	K_i-1	$(K_i-1)^2$	$(K_i-1)^3$	$P=\frac{m}{n+1}\times 100\%$
1950		1						
1951		2						
1952		3						
1953		4						
1954		5						
1955		6						
1956		7						
1957		8						
1958		9						
1959		10						
1960		11						
1961		12						
1962		13						
1963		14						
1964		15						
1965		16						
1966		17						

续表

年份	$Q/(m^3/s)$	序号	Q(大⟶小)	K_i	K_i-1	$(K_i-1)^2$	$(K_i-1)^3$	$P=\frac{m}{n+1}\times100\%$
1967		18						
1968		19						
1969		20						
1970		21						
1971		22						
1972		23						
1973		24						
1974		25						
1975		26						
1976		27						
1977		28						
1978		29						
1979		30						
1980		31						
1981		32						
1982		33						
合计								

表 5.2.10　统计参数初始值计算表

矩法					三点法（选做）									
n	$\sum Q_i$	$\overline{Q}$	$\sum(K_i-1)^2$	C_v	P	Q	s	C_s	$\Phi_{50\%}$	$\Phi_{5\%\sim95\%}$	$\overline{s}$	$\overline{Q}$	C_v	C_s/C_v
					5%									
					50%									
					95%									

表 5.2.11　理论频率曲线选配计算表

P(%)		0.1	0.2	0.5	1	2	5	10	20	50	75	90	95
$\overline{Q}=$　m^3/s	k_P												
$C_v=$　$C_s=$	Q_P												
$\overline{Q}=$　m^3/s	k_P												
$C_v=$　$C_s=$	Q_P												
$\overline{Q}=$　m^3/s	k_P												
$C_v=$　$C_s=$	Q_P												
$\overline{Q}=$　m^3/s	k_P												
$C_v=$　$C_s=$	Q_P												
选用参数		$\overline{Q}=$　m^3/s			$C_v=$			$C_s/C_v=$					

注：表中“选用参数”应为理论频率曲线与经验点群配合最佳的一条频率曲线的3个统计参数。

技能训练项目7 设计年径流计算

1. 训练目标

(1) 能陈述设计年径流计算目的与计算内容。

(2) 能根据长期实测（或插补延长）径流资料系列推求设计年径流量。

(3) 能正确选择年径流不同频率的典型年。

(4) 能用同倍比法进行年径流年内分配计算。

2. 资料

(1) 某河甲站年径流量频率计算成果（见技能训练项目6表5.2.9）。

(2) 甲站1966—1982年共17年径流的年内分配表见表5.2.12。

表5.2.12 甲站1966—1982年径流年内分配表 单位：m^3/s

年份＼月份	1	2	3	4	5	6	7	8	9	10	11	12	年平均
1966	1.24	1.54	5.33	6.51	2.93	0.43	3.37	1.27	8.43	4.29	1.92	1.02	3.19
1967	0.95	1.22	2.94	11.7	11.8	3.41	11.9	0.70	6.67	6.69	2.79	1.27	5.17
1968	1.03	1.12	1.95	9.57	18.3	0.45	0.60	1.74	30.6	22.3	8.39	4.75	8.40
1969	2.10	1.89	4.67	18.2	3.50	0.26	1.08	0.24	4.08	5.47	2.09	1.30	3.74
1970	1.00	0.73	1.21	9.00	8.97	8.20	1.55	1.03	24.9	11.2	4.12	2.35	6.18
1971	1.51	1.23	1.39	7.84	8.47	3.94	4.38	0.68	0.80	8.73	5.93	1.78	3.89
1972	1.12	1.39	3.21	5.87	8.47	4.05	2.59	0.83	5.09	3.29	3.89	1.72	3.46
1973	1.11	1.12	0.73	9.25	5.00	8.63	7.33	4.06	6.80	15.3	3.54	1.09	5.33
1974	1.28	1.55	3.11	4.32	12.6	1.40	0.65	3.26	19.0	17.4	3.99	2.48	5.92
1975	2.10	1.31	1.11	5.01	8.21	0.51	5.24	5.39	38.0	34.5	9.08	4.02	9.54
1976	1.52	2.52	3.28	5.13	4.04	1.50	6.08	4.89	3.12	2.83	3.10	1.10	3.26
1977	1.75	1.22	1.58	3.14	4.31	0.56	5.66	6.88	14.6	8.89	2.05	1.56	4.35
1978	1.9	1.47	3.01	3.97	11.2	2.12	14.8	10.9	13.8	8.72	3.21	2.49	6.47
1979	1.21	1.03	1.98	12.4	8.17	0.48	10.5	20.6	12.8	10.9	6.78	2.58	7.45
1980	1.56	1.42	3.42	5.12	13.5	0.88	7.12	11.6	13.5	9.38	8.51	2.06	6.51
1981	1.82	1.75	2.59	15.6	18.8	5.12	14.9	5.62	17.3	11.1	4.23	3.45	8.52
1982	1.02	1.23	2.12	7.52	4.65	4.15	6.03	2.21	10.1	17.5	3.52	2.56	5.22
多年平均	1.42	1.40	2.57	8.24	9.00	2.71	6.1	4.82	13.5	11.7	4.54	2.21	5.68

3. 要求

推求丰、平、枯三种典型年（$P=25\%$，$P=50\%$，$P=75\%$）的设计年径流量及其相应得年内分配。

5.2.3

技能训练项目7扫描上方二维码查看答案

4. 做法提示

(1) 根据表5.2.11选用适线确定的统计参数（选用参数）。

(2) 由17年实测径流的年内分配表选取典型年。

(3) 计算结果填入表 5.2.13 和表 5.2.14。

表 5.2.13　　设计年径流计算成果表

统计参数	P/%	k_P	Q_p/(m^3/s)
$\overline{Q}$=　　　m^3/s C_v= C_s/C_v=	20		
	50		
	75		

表 5.2.14　　设计年径流年内分配表

典型年	缩放系数 K	项目	月平均流量/(m^3/s)												年平均流量/(m^3/s)
			1	2	3	4	5	6	7	8	9	10	11	12	
P=20% (19　年)		典型年													
		设计													
P=50% (19　年)		典型年													
		设计													
P=75% (19　年)		典型年													
		设计													

技能训练项目 8　缺乏实测资料时设计年径流计算

1. 训练目标

能进行缺乏实测径流资料时的年径流分析计算。

2. 资料

(1) 技能训练项目 3 的成果：富强水库控制流域多年平均径流量 $\overline{W}$=__万 m^3。

(2) 由该地区水文手册查得年径流的 C_v=0.55，$C_s=2C_v$。

(3) 相邻 3 个站的 3 种典型径流年内分配比 (%)，见表 5.2.15。

表 5.2.15　　富强水库设计年径流不同典型年内分配表

年份 \ 月份		1	2	3	4	5	6	7	8	9	10	11	12	全年
甲站 (1963 年)	分配比/%	3.0	1.6	1.2	2.1	28.3	6.5	2.7	2.6	42.2	5.6	2.6	1.6	100
	万 m^3													
乙站 (1955 年)	分配比/%	4.8	4.2	6.7	14.4	9.1	4.0	10.5	8.6	13.0	14.4	6.6	3.7	100
	万 m^3													
丙站 (1959 年)	分配比/%	6.1	6.4	10.6	11.1	8.5	5.3	5.0	20.8	11.2	6.9	4.7	3.4	100
	万 m^3													

3. 要求

(1) 推求富强水库 P=75%的设计年径流量 W_P (以万 m^3 计，取小数一位)。

(2) 计算设计年径流过程。

4. 做法提示

（1）每人只需做3个站中的一个站。

（2）注意应按各月径流量之和等于年径流总量来验算。

技能训练项目9 用实测流量资料推求设计洪水

1. 训练目标

（1）能陈述计算设计洪水的目的及方法途径。

（2）会进行加入特大洪水后的不连序系列的频率计算。

（3）能陈述选择典型洪水过程的原则及含义。

（4）能用同频率放大法进行设计洪水过程线的计算与修匀。

（5）能用Excel进行同频率放大设计洪水过程计算。

（6）能熟练应用Word、Excel进行专业计算及文件处理。

2. 资料

（1）某站1950—1979年共30年实测洪峰流量资料见表5.2.16。

表5.2.16　　某站洪峰流量频率计算表

年份	$Q_m/(m^3/s)$	序号	Q_m(大⟶小)	K_i	K_i-1	$(K_i-1)^2$	$P=\frac{m}{n+1}\times100\%$
1933	6650	一					
…	…	二					
1950	630	1					
1951	1310	2					
1952	840	3					
1953	822	4					
1954	5030	5					
1955	1110	6					
1956	1260	7					
1957	1320	8					
1958	892	9					
1959	3040	10					
1960	1800	11					
1961	810	12					
1962	1000	13					
1963	1670	14					
1964	2420	15					
1965	2830	16					
1966	4200	17					
1967	1290	18					
1968	2280	19					

续表

年份	$Q_m/(m^3/s)$	序号	Q_m(大⟶小)	K_i	K_i-1	$(K_i-1)^2$	$P=\frac{m}{n+1}\times100\%$
1969	900	20					
1970	3300	21					
1971	1930	22					
1972	561	23					
1973	3670	24					
1974	584	25					
1975	866	26					
1976	1480	27					
1977	2760	28					
1978	1680	29					
1979	535	30					
合计	6650/52820						

（2）经历史洪水调查，1933 年的洪峰流量为 $6650m^3/s$；经考证，其重现期 $N=100$。

5.2.4

技能训练项目9扫描上方二维码查看答案

（3）$P_{设}=1\%$、$P_{校}=0.1\%$和典型洪水的最大 1d、3d、7d 洪量（表 5.2.19）。

（4）"548 型"典型洪水过程线（表 5.2.20）。

表 5.2.17　　统计参数初始值计算表

矩法					三点法（选做）									
N/n	$\sum Q_m$	$\overline{Q}_m$	$\sum(K_i-1)^2$	C_v	P	Q_m	s	C	$\Phi_{50\%}$	$\Phi_{5\%\sim95\%}$	$\overline{s}$	$\overline{Q}_m$	C_v	C_s/C_v
					5%									
					50%									
					95%									

表 5.2.18　　各种频率洪峰流量计算表

$\overline{Q}_m$	m^3/s				C_v					C_s/C_v				
$P/\%$	0.01	0.1	0.2	0.5	1	2	5	10	20	50	75	90	95	99
k_P														
$Q_{mP}(m^3/s)$														

表 5.2.19　　洪峰流量及各时段洪量计算成果表

项目	洪峰流量 $Q_m/(m^3/s)$	不同时段洪量 W_t/亿 m^3		
		最大 1d	最大 3d	最大 7d
均值		0.866	1.751	2.752
C_v		0.62	0.55	0.55

续表

项目	洪峰流量 Q_m/(m^3/s)	不同时段洪量 W_t/亿 m^3		
		最大 1d	最大 3d	最大 7d
C_s/C_v		2.5	2.25	2.0
P=1%洪水		2.667	4.798	7.430
P=0.1%洪水		3.712	6.433	9.852
“548”型洪水	5030	2.415	3.524	5.251
修匀后洪量				
误差/%				

表 5.2.20　　100 年一遇设计洪水过程线计算表

时间		典型流量/(m^3/s)	放大倍比 K	放大流量/(m^3/s)	修匀后流量/(m^3/s)	备注
日	时					
12	10	290				
13	04	1370				
	10	935				
14	04	470				
15	10	180				
16	10	130				最大3d（16日10时至19日10时）
17	00	740				
	08	1280				最大1d（17日08时至18日08时）
	12	1800				
	16	3600				
	19	5030				
	22	3780				
18	03	2300				
	08	1200				
	11	830				
19	00	540				
	10	400				
…						

3. 要求

(1) 计算加入历史洪水后的统计参数。

(2) 用适线法推求 $P_{设}=1\%$、$P_{校}=0.1\%$的设计洪峰流量。

(3) 用同频率放大法推求 100 年一遇设计洪水流量过程。

(4) 修匀并点绘设计洪水流量过程线。

(5) 用 Excel 计算，并将计算成果用 Word 整理成规范文档发到指定邮箱。

(6) 结合本作业，进行必要的分析说明。

(7) 将计算结果填入表 5.2.16～表 5.2.20。

4. 做法提示

(1) 实测系列中的最大值 $Q_{m1}=5030m^3/s$ 是否需提出作特大值处理，可根据次大值 $Q_{m2}=4200m^3/s$，以及未考虑历史洪水的原均值$\overline{Q}_m$ ______ m^3/s，用 $Q_{m1}/\overline{Q}_m\geqslant3$ 或 $Q_{m1}/Q_{m2}\geqslant1.5$ 两个条件中满足其中一个判断。

(2) 计算模比系数 K 时，均值$\overline{Q}_m$ 应该用考虑特大值后的数值。

(3) C_s/C_v 宜选用 2.5～4.0 适线。

(4) 绘制设计洪水过程线的图幅为 25cm×40cm 方格纸，纵坐标 1cm：$200m^3/s$，横坐标 1cm：10h。

(5) 点绘经验频率点据和适线时的频率曲线，可用模比系数 K 作纵坐标。

(6) 修匀时主要针对两个时段交界处的不合理现象手工修匀，使其符合流量变化过程。

(7) 验算不同时段洪量时，可按小梯形法计算。修匀后各时段计算洪量与设计值误差不超过 1%～3%。

技能训练项目10 设计暴雨计算

1. 训练目标

(1) 能陈述设计暴雨计算的目的与方法。

(2) 能根据地区综合资料（水文手册或雨洪图集）进行设计暴雨计算。

2. 资料

(1) 长滩村站位于陕南汉江北岸秦岭南坡山区，流域内植被良好，雨量丰沛。站址以上流域面积 $F=237km^2$，主河道长度 $L=44.8km$，主河道平均比降 $J=13.7‰$。

(2) 由省《雨洪图集》查得流域形心处年最大各历时点雨量统计参数见表 5.2.21。C_s 统一取 $3.5C_v$。

表 5.2.21 各历时设计点、面雨量计算表（$P=1\%$）

t/h	H/mm	C_v	k_P	H_P/mm	a	b	α	H_{FP}
1	28.0	0.56			0.00462	0.3484		
3					0.00484	0.2866		
6	51.0	0.55			0.00504	0.2473		
12					0.00375	0.2447		
24	75.0	0.50			0.00220	0.2740		

(3) 年最大 3h、12h 设计点雨量，由 1h、6h、24h 设计点雨量按下式计算。

$$H_3=H_1^{0.387}H_6^{0.613}$$

$$H_{12}=(H_6H_{24})^{0.5}$$

(4) 据流域所属暴雨相似区，查得各历时点面系数 α 的参数 a、b 值，见表 5.2.21。

$$\alpha=\frac{1}{(1+aF)^b}$$

$$H_{FP}=\alpha H_P$$

（5）该站流域面积小于 300km²，设计历时取 12h。

（6）陕南分区的设计面暴时程分配雨型（%）列于表 5.2.22。

表 5.2.22　　设计面雨量过程计算表（$P=1\%$）

t/h	雨型/%				面雨量过程/mm
	H_1	H_3-H_1	H_6-H_3	$H_{12}-H_6$	
1				12.0	
2				13.0	
3				15.0	
4				26.0	
5		48.0			
6		52.0			
7	100				
8			52.0		
9			25.0		
10			23.0		
11				21.0	
12				13.0	
合计	100	100	100	100	

3. 要求

（1）计算 100 年一遇各历时设计点、面雨量。

（2）推求设计面雨量过程。

4. 做法提示

α 值取 3 位小数，H 成果保留 1 位小数。

5.2.5

技能训练项目 10 扫描上方二维码查看答案

技能训练项目 11　设计净雨计算（一）
——降雨径流相关法

1. 训练目标

（1）能陈述设计净雨计算的目的与方法途径。

（2）能根据地区综合资料（水文手册或雨洪图集）用降雨径流相关法进行设计净雨计算。

2. 资料

（1）技能训练项目 10 的长滩村站 $P=1\%$设计面雨量过程见表 5.2.22。

（2）本流域属湿润区，产流条件是降雨量满足流域最大蓄水量 I_m 之后，全部降雨形成径流，为“蓄满产流”。

(3) 流域最大蓄水量 $I_m=80.0$mm，设计条件下前期影响雨量 $P_{aP}=53.3$mm。

(4) 本流域所属产流区的降雨径流关系曲线（H_F+P_a-R）见表 5.2.23。

表 5.2.23　降雨径流关系曲线（H_F+P_a-R）　单位：mm

H_F+P_a	30	40	50	60	70	80	90	100	110	120	140	160	180
R	4.5	6	8	9	12	16	20	25	30	40	60	80	100

(5) 地下径流量 R_g 占总产量 R 的比例为 20%。

3. 要求

应用降雨径流相关法推求产流过程及设计净雨过程。

4. 做法提示

(1) 推求产流过程时，可查 H_F+P_a-R 曲线。由于本关系曲线的上段平行于 45°线,故可按式 $R=H_F+P_{aP}-I_m$ 计算。先算出初损量 $I_0=I_m-P_{aP}$，然后在降雨过程上“竖切一刀”，将 I_0 从降雨开始往后一次扣除，其余的降雨过程即为产流过程。

5.2.6

技能训练项目 11 扫描上方二维码查看答案

(2) 计算时段平均地下径流量 ΔR_g 时，当有时段产流量 $\Delta R<\Delta R_g$ 时,应予以修正后再计算净雨过程。

(3)全部计算成果只保留一位小数。

(4)将计算结果填入表 5.2.24 中。

表 5.2.24　设计产流过程、净雨过程计算表

t/h	1	2	3	4	5	6	7	9	10	11	12	合计
H_{Fp}/mm												
I_0/mm												
R/mm												
R_g/mm												
h/mm												

技能训练项目 12　设计净雨计算（二）
——初损后损法

5.2.7

技能训练项目 12 扫描上方二维码查看答案

1. 训练目标

(1) 能陈述初损后损法的方法原理。

(2) 能根据地区综合资料（水文手册或雨洪图集）用初损后损法进行设计净雨计算。

2. 资料

(1) 某站位于黄土高原丘陵沟壑区，雨量少、植被差，具有陕北暴雨洪水的一般特征。

(2) 站址以上流域面积 $F=187\text{km}^2$，主河道长 $L=24$km，河道平均比降 $J=7.57‰$。

(3) 经分析计算，$P=1\%$的设计面雨量过程 $\Delta t=1$h，见表 5.2.25。

表 5.2.25　　设计产流过程、净雨过程计算表

t/h	1	2	3	4	5	6	7	8	9	10	11	12	13
H_{FP}/mm	1.5	1.7	2.9	3.7	14.9	67.5	13.6	8.4	6.7	8.3	2.4	3.9	1.5
ΔI_0/mm													
$\Delta I_r=\overline{f}\Delta t_r$													
ΔR_s/mm													
t/h	14	15	16	17	18	19	20	21	22	23	24	合计	
H_{FP}/mm	2.8	1.1	0.5	1.1	0	0.4	2.6	1.1	1.1	1.5	1.7	150.9	
ΔI_0/mm													
$\Delta I_r=\overline{f}\Delta t_r$													
ΔR_s/mm													

(4) 流域最大蓄水量 $I_m=100$mm，设计条件下前期影响雨量 $P_{aP}=33.3$mm。

(5) 查该流域所属产流分区的初损后损方案，得初损 $I_0=28.5$mm，后损平均入渗率 $\overline{f}=1.2$mm/h。

(6) 地下径流量 R_g 占产流量总量 R 的比例较小，可以忽略不计。

3. 要求

用初损后损法扣损，推求设计净雨过程。

4. 做法提示

(1) 先从降雨过程中扣除初损值，确定产流开始时刻。如果产流开始于某时段中间，则需要按比例确定该时段的初损时间 Δt_0 和后损历时 Δt_r。

(2) 后损计算按 $\Delta I_r=\overline{f}\Delta t_r$，如果时段降雨小于 $\overline{f}\Delta t_r$，则全部为损失，本时段不产流。

(3) 计算结果保留一位小数。

技能训练项目 13　用瞬时单位线法推求设计洪水

1. 训练目标

(1) 能陈述设计洪水过程线计算的目的与方法途径。

(2) 能陈述瞬时单位线法的应用步骤。

(3) 能根据地区综合资料（水文手册或雨洪图集）用瞬时单位线法进行设计洪水过程计算。

2. 资料

(1) 陕南长滩村站 $P=1\%$的设计净雨过程及地下径流量 R_g 见表 5.2.24。

(2) 由陕西省《雨洪图集》查得该流域瞬时单位线参数。

$$m_1=nk=3.05$$

$$m_2=\frac{1}{n}=0.5$$

(3) 地下径流汇流过程按等腰三角形过程计算，总历时 $T_g=2T_s$，地下径流洪峰流量 Q_{mg} 出现在地面径流终止时刻。

（4）基流量 Q_b 计算公式为 $Q_b=0.31F^{0.5}(m^3/s)$，流域面积 $F=237km^2$。

3. 要求

（1）将瞬时单位线转换成 $\Delta t=1h$ 的时段单位线 q。

（2）推求流域的地面径流过程 Q_s-t 和地下径流过程 Q_g-t。

（3）加入基流量 Q_b，计算设计洪水过程线 $Q-t$。

（4）在方格纸上点绘设计洪水过程线。

（5）用 Excel 计算，并将计算成果用 Word 整理成规范文档发到指定邮箱。

4. 做法提示

（1）按表 5.2.26 计算 $\Delta t=1h$、$\Delta h=10mm$ 的时段单位线。

（2）单位线应在方格纸上绘图修匀，修匀后的过程应符合地面径流的汇流规律，总径流深应等于 10mm。

（3）按表 5.2.27 计算设计洪水过程线。

（4）地下径流过程按等腰三角形计算，即

$$W_g=10^3FR_g=\frac{1}{2}Q_{mg}T_g$$

$$Q_{mg}=\frac{2W_g}{T_g}$$

（5）在方格纸上点绘设计洪水过程线时，为了便于分析各种径流成分的汇流过程，同时在图上绘出地面径流、地下径流和基流过程。

表 5.2.26　　单位线时段转换计算表（$\Delta t=1h$）

t/h	t/k	$S(t)$	$S(t-\Delta t)$	$u(\Delta t,t)$	$q_i/(m^3/s)$	修正后 q_i
0						
1						
2						
3						
4						
5						
6						
7						
8						
9						
10						
11						
12						
13						
14						
15						
16						
合计						

表 5.2.27 设计洪水过程线计算表

t/h	q/(m^3/s)	Δh/mm	各时段净雨产生的地面径流 Q_{si}/(m^3/s)								Q_s/(m^3/s)	Q_g/(m^3/s)	Q_b/(m^3/s)	Q_P/(m^3/s)
			Q_{s1}	Q_{s2}	Q_{s3}	Q_{s4}	Q_{s5}	Q_{s6}	Q_{s7}	Q_{s8}				
0														
1														
2														
3														
4														
5														
6														
7														
8														
9														
10														
11														
12														
13														
14														
15														
16														
17														
18														
19														
20														
21														
22														
合计														

技能训练项目14 用推理公式法推求设计洪水

1. 训练目标

(1) 能陈述小流域设计洪水的特点与方法途径。

(2) 能陈述推理公式法的原理与适用条件。

(3) 能根据地区综合资料（水文手册或雨洪图集）用推理公式法进行设计洪水计算。

2. 资料

(1) 某站 $P=1\%$的设计净雨过程见表 5.2.28。

（2）据推理公式汇流参数分区，该流域的流域特征参数 θ_1 和汇流参数 m 的公式为

$$\theta_1=L/(FJ)^{1/3} \tag{5.2.1}$$

$$m=4.2\theta_1^{0.325}h^{-0.41} \tag{5.2.2}$$

式中 F——流域面积，km^2；

L——主河道长度，km；

J——主河道平均比降，以小数计；

h——总净雨量，mm。

（3）洪水过程线按三角形概化，退水历时与涨水历时的比例为1.8，即 $t_2:t_1=1.8$。

（4）本地区地下径流很小，设计时可不予考虑。

3. 要求

（1）用图解试算法-交点法推求设计洪峰流量 Q_{mp} 及汇流历时 τ。

（2）用推理公式法计算设计洪水总量 W_p。

（3）推算设计洪水过程线。

4. 做法提示

（1）将已知流域地形参数 F、L、J 代入式（5.2.1）和式（5.2.2）计算流域经验性汇流参数。

（2）由推理公式计算设计洪峰流量。将设计净雨过程由大到小排列，并逐时段进行累计，计算不同历时净雨强度 $\sum h_t/t$。

（3）将 $\sum h_t/t$ 代入推理公式 $Q_m=0.278F\sum h_t/t$，计算 Q_m，点绘 Q_m-t 曲线。

（4）再将上面计算的各个 Q_m 代入 $\tau=0.278\dfrac{L}{mJ^{1/3}Q_m^{1/4}}$，计算相应的 τ 值，并在 $Q_m-\sum h_t/t$ 图上点绘 $Q_m-\tau$ 曲线，两条曲线的交点坐标即为所求的 Q_m 和 τ 值。

（5）进行校核，将 Q_m 和 τ 值分别代入求解方程组，演算两方程是否成立。其中 h_τ 按 τ 从净雨过程中计算。

（6）计算三角形洪水过程：

$$W=10^3FR=\frac{1}{2}Q_mT$$

$$T=\frac{2W}{Q_m}$$

再按退水历时和涨水历时的比例计算 t_1 和 t_2，将过程填入表5.2.29。

表5.2.28 某站 $P=1\%$ 的 $t-Q_m-\tau$ 关系计算表

历时 t/h	1	2	3	4	5	6	7	8	9	10	11	12	合计
设计净雨过程 h_t/mm													
净雨过程(大⟶小)													
累积净雨量 $\sum h_t$/mm													

续表

历时 t/h	1	2	3	4	5	6	7	8	9	10	11	12	合计
最大时均净雨强 $\sum h_t/t$													
洪峰流量 $Q_m/(m^3/s)$													
汇流历时 τ/h													

表 5.2.29　　某站 $P=1\%$ 设计洪水过程计算表

历时 t/h	0							
设计洪水过程 $Q/(m^3/s)$								

技能训练项目 15　河流输沙量及水库淤积计算

1. 训练目标

(1) 能陈述河流泥沙计算的目的与方法途径。

(2) 能根据地区综合资料（水文手册或雨洪图集）进行河流多年平均输沙量计算与水库淤积量估算。

2. 资料

(1) 富强水库控制流域面积 $F=44.5\text{km}^2$，由地区水文手册查的流域多年平均侵蚀模数 $\overline{M}_s=200\text{t}/(\text{km}^2\cdot\text{a})$。

(2) 淤积泥沙的密度 $\gamma=1.33\text{t}/\text{m}^3$，水库泥沙的沉积率 m 按 90%估计，淤积泥沙的孔隙率按 0.3 计算。

(3) 技能训练项目 3 的计算成果 $\overline{W}$ 和 $\overline{Q}$。

3. 要求

(1) 估算流域的多年平均输沙量 $\overline{W}_s$，多年平均输沙率 $\overline{Q}_s$ 和多年平均含沙量 $\overline{\rho}$。

(2) 计算平均每年淤积容积 $V_{淤年}$、水库建成运用 20 年后的淤积库容 $V_{淤T}$（T 为水库使用年限)。

4. 做法提示

(1) 采用缺乏资料的计算方法。

(2) 计量单位：$\overline{W}_s$ (t)，$\overline{Q}_s$ (kg/s)，$\overline{\rho}$ (kg/m^3)，$V_淤$ (m^3)。

(3) 计算结果：$\overline{W}_s$ 和 $V_{淤年}$ 取整数，$\overline{Q}_s$ 和 $\overline{\rho}$ 取 3 位小数；$\overline{V}_{淤T}$ 以万 m^3 计，取一位小数。

(4) 计算时需列出公式。

技能训练项目 16　水库特征曲线绘制及水库死水位确定

1. 训练目标

(1) 能陈述水库的特征水位及库容。

(2) 能根据库区地形图量计绘制水库水位-面积曲线和水位-库容曲线。

(3) 会根据水库用途分析确定水库的死水位及死库容。

2. 资料

(1) 富强水库水位与库容关系见表 5.2.30。

表 5.2.30　　　　富强水库水位与库容关系计算表

库水位 Z/m	923	924	925	926	928	930	932.5	935	937.5
水库水面面积 $F_{水}$/km^2	0.20	0.35	0.50	0.65	1.00	1.50	2.50	3.78	5.50
部分库容 ΔV/万 m^3									
库容 V/万 m^3									
库水位 Z/m	940	942.5	945	947.5	950	952.5	955	957.5	960
水库水面面积 $F_{水}$/km^2	7.32	9.00	10.8	12.5	14.62	17.5	19.75	23.5	27.3
部分库容 ΔV/万 m^3									
库容 V/万 m^3									

5.2.8

技能训练项目16 扫描上方二维码查看答案

(2) 满足自流引水灌溉要求的死水位为 935m。

3. 要求

(1) 按表 5.2.30 格式计算不同库水位 Z 时的库容 V。

(2) 绘制水库特性曲线（$Z-F_{水}$ 和 $Z-V$）。

(3) 确定水库死水位 $Z_{死}$ 和死库容 $V_{死}$。

4. 做法提示

(1) 用 $\Delta V=1/3(F_1+F_2+\sqrt{F_1F_2})\Delta Z$ 计算部分库容。

(2) 绘制特性曲线的方格纸尺寸为 25cm×35cm，比例尺 Z 为 1cm∶2m，F 为 1cm∶1 万 m^2，V 为 1cm∶20 万 m^3。

(3) $V_{淤年}$ 采用技能训练项目 15 的成果，并重新估算水库工作年限。

技能训练项目 17　设计用水过程计算

1. 训练目标

(1) 能陈述水库用水过程计算的目的与方法途径。

(2) 能根据水库灌溉面积与灌溉制度等计算设计灌溉用水过程。

2. 资料

(1) 富强水库灌区的灌溉制度见表 5.2.31。

表 5.2.31　　　　富强水库灌区灌溉用水过程计算表

时间		各种作物净灌水定额 $m_{净i}$/(m^3/亩)						综合净灌水定额 $m_{综净}$/(m^3/亩)	综合毛灌水定额 $m_{综毛}$/(m^3/亩)	全灌区毛灌溉用水量		
月	旬	夏杂 $\alpha_1=15\%$	小麦 $\alpha_2=15\%$	棉花 $\alpha_3=15\%$	早秋 $\alpha_4=15\%$	晚秋 $\alpha_5=15\%$	其他 $\alpha_6=15\%$			水量/万 m^3	流量/(m^3/s)	月平均流量/(m^3/s)
3	中	45										
	下		20.9									
4	上		19.1									
	中											
	下		20									
5	上		20									
	中				23.8							
	下				26.2							

续表

时间		各种作物净灌水定额 $m_{净i}$/(m³/亩)						综合净灌水定额 $m_{综净}$/(m³/亩)	综合毛灌水定额 $m_{综毛}$/(m³/亩)	全灌区毛灌溉用水量		
月	旬	夏杂 $\alpha_1=15\%$	小麦 $\alpha_2=15\%$	棉花 $\alpha_3=15\%$	早秋 $\alpha_4=15\%$	晚秋 $\alpha_5=15\%$	其他 $\alpha_6=15\%$			水量/万 m³	流量/(m³/s)	月平均流量/(m³/s)
6	上					25						
	中					25						
	下				40							
7	上					40						
	中			40			45					
	下				40							
8	上					40						
	中			40	40							
	下					40						
9												
10												
11	上		20									
	中		20									
	下		20									
12	上											
	中			23.8								
	下			26.2								
合计												

（2）灌溉水有效利用系数为 $\eta=0.60$。

（3）富强水库设计年径流总量 W_p 见技能训练项目 8 的成果。

（4）要求水库灌溉的面积很大，设计来水远小于设计用水。

5.2.9

技能训练项目17 扫描上方二维码查看答案

3. 要求

（1）根据表 5.2.31 的灌溉制度，计算综合净灌水定额和综合毛灌水定额。

（2）根据设计来水量 W_p，并考虑蒸发和渗漏损失，估算可灌溉面积 $F_{可}$（万亩）。

（3）根据可灌溉面积（即设计灌溉面积），计算全灌区的设计用水过程。

4. 做法提示

（1）计算综合净灌水定额 $m_{综净}=\sum_{i=1}^{n} a_i m_{净i}$。

（2）计算综合毛灌水定额 $m_{综毛}=m_{综净}/\eta$。

（3）计算灌溉用水量 $W_{用}=m_{综毛}F_{可}$。

（4）因来水小于用水，兴利库容按 $V_{兴}=0.40W_p$ 估算。

（5）因本水库水文地质等条件较差，水库蒸发、渗漏损失水量 ΔW 可按 $0.2V_{兴}$ 估计。

（6）可灌溉面积 $F_{可}$ 按 $(W_p-\Delta W)/m_{综毛}$ 计算，宜取偏小数值。

技能训练项目18 年调节水库兴利调节计算

1. 训练目标

(1) 能陈述水库年调节兴利计算的目的与原理。

(2) 能根据水库设计来水过程与设计用水过程进行年调节兴利计算。

(3) 会用不计损失法和计入损失法进行年调节兴利库容计算。

2. 资料

(1) 富强水库 $P=75\%$ 的设计年径流量 W_p 及其年内分配见表5.2.15。

(2) 水库的设计灌溉用水过程见表5.2.31。

(3) 水库所在地的多年平均蒸发量 $\overline{E}_m=1533\text{mm}$，相应的年内分配百分数见表5.2.33，水面蒸发折算系数 $K=0.75$。

(4) 流域的多年平均降雨量 $\overline{H}_F$，见表5.2.5，多年平均年径流深 $\overline{y}$ 见技能训练项目3。

(5) 本水库水文地质条件较差，月渗漏损失量 $W_{渗}$ 按平均库容 $\overline{V}$ 的1.5%计。

(6) $Z-F_{水}$ 和 $Z-V$ 曲线见技能训练项目16的成果。

3. 要求

(1) 用列表计算法，计算不计损失的年调节兴利库容 $V_{兴}$。

(2) 用列表计算法，计算计入损失的年调节兴利库容 $V_{兴}$。

(3) 确定正常蓄水位 $Z_{正}$。

4. 做法提示

(1) 死库容 $V_{死}$ 值见技能训练项目16的成果。

(2) 来水过程宜选以甲站1963年为典型的设计年径流过程，见表5.2.15。

(3) 计算兴利库容时可采用顺时序列表计算，计算起点一般选在最大一个蓄水期初或最大一个供水期末。

(4) 计算时，应注意水量平衡验算，将计算结果填入表5.2.31～表5.2.34中。

表5.2.32 不计损失的年调节兴利库容计算表

月份	$W_{来}$/万 m^3	$W_{用}$/万 m^3	$W_{来}-W_{用}$/万 m^3		$\sum(W_{来}-W_{用})$ (月末)/万 m^3	V(末)/万 m^3	C/万 m^3
			+	−			
1							
2							
3							
4							
5							
6							
7							
8							
9							
10							

续表

月份	$W_{来}$/万 m^3	$W_{用}$/万 m^3	$W_{来}-W_{用}$/万 m^3		$\sum(W_{来}-W_{用})$(月末)/万 m^3	V(末)/万 m^3	C/万 m^3
			+	−			
11							
12							
全年							

表 5.2.33　　水库蒸发损失计算表

月份	1	2	3	4	5	6	7	8	9	10	11	12	全年
分配比/%	2.9	4.1	7.1	11.0	12.2	15.6	13.1	11.0	9.2	7.6	3.3	2.9	100
损失深度/mm													

表 5.2.34　　计入损失的年调节兴利库容计算表

月份	$W_{来}$/万 m^3	$W_{用}$/万 m^3	V(末)/万 m^3	$\overline{V}$/万 m^3	$\overline{F}_{水}$/万 m^3	$E_{蒸}$/mm	损失水量/万 m^3			$W'_{用}$/万 m^3	$W_{来}-W_{用}$		$\sum(W_{来}-W'_{用})$(月末)/万 m^3	$V'_{末}$/万 m^3	C'/万 m^3
							$W_{蒸}$	$W_{渗}$	合计		+	−			
1															
2															
3															
4															
5															
6															
7															
8															
9															
10															
11															
12															
全年															

表 5.2.35　　富强水库兴利调节计算成果表

P/%	W_p/万 m^3	$W_{用}$/万 m^3	$Z_{死}$/m	$V_{死}$/万 m^3	$V_{兴}$/万 m^3	$V'_{兴}$/万 m^3	$V_{正}$/万 m^3	$Z_{正}$/m

技能训练项目 19　水库调洪计算——简化三角形法

1. 训练目标

（1）能陈述简化三角形法调洪计算的原理与适用条件。

（2）会用简化三角形法进行水库调洪计算，推求最大下泄流量、最大调洪库容、最高库水位，估算坝顶高程。

2. 资料

（1）富强水库设计（$P=2\%$）和校核（$P=0.2\%$）洪峰流量 Q_{mp} 和洪水总量 W_{mp} 见表 5.2.36。

表 5.2.36　　富强水库设计洪水计算成果表

项目	洪峰流量 Q_{mp} /(m^3/s)	洪量 W_p /$10^4 m^3$	汇流时间 t/h	总历时 T/h	退水历时 t_2 /h
设计洪水(P=2%)	312	241.2	2.14	4.31	2.17
校核洪水(P=0.2%)	619	413.0	1.8	3.7	1.9

(2) 水库特性曲线 ($Z-F_{水}$ 和 $Z-V$) 见表 5.2.30。

(3) 溢洪道为宽顶式无闸门控制的实用堰，堰顶高程 $G_{堰}=G_{正}$(见技能训练项目18 的成果)。

(4) 溢洪道宽的两个待选方案为 $B_1=30$m 和 $B_2=40$m，流量系数 $M=1.55$。

(5) 坝基高程 $Z_{基}=923$m；风浪爬高 $h_{浪}$ 暂按 1.0m 考虑；设计与校核情况下，坝顶安全超高 Δh 分别为 0.5m 和 0.3m。

3. 要求

(1) 计算并点绘 $q-V$ 曲线。

(2) 用简化三角形法，求解设计与校核两种情况下的相应调洪库容 V_m 和最大泄量 q_m，并确定设计洪水位和校核洪水位，选定溢洪道宽 B。

(3) 估算坝顶高程 $Z_{坝}$，确定坝高 $H_{坝}$。

4. 做法提示

(1) 点绘 $Q-t$ 与 $q-V$ 综合图时，图纸大小不应小于 20cm×35cm。比例尺选用：q 为 1cm：40m^3/s，V 为 1cm：20 万 m^3，t 为 1cm：0.5h。

(2) 应注意设计和校核两套图解线的区别，以免混淆。

(3) 将计算结果填入表 5.2.36 至表 5.2.38。

表 5.2.37　　富强水库 $q=f(V)$ 曲线计算表

水库水位 Z/m													
总库容 $V_{总}$/万 m^3													
堰上水头 h/m		0	0.5	1.0	1.5	2.0	2.5	3.0	3.5	4.0	4.5	5.0	5.5
下泄流量 q /(m^3/s)	$B_1=30$m												
	$B_2=40$m												

表 5.2.38　　富强水库简化三角形图解法调洪计算成果

设计标准 P	设计洪峰流量 Q_{mp} /(m^3/s)	设计洪水总量 W_{mp} /万 m^3	$B_1=30$m		$B_2=40$m	
			q_m/(m^3/s)	V_m/万 m^3	q_m/(m^3/s)	V_m/万 m^3
2%	312	241.2				
0.2%	619	413.0				

表 5.2.39　　富强水库设计水位、坝顶高程估算表

频率 P	堰宽 B /m	调洪库容 V/万 m^3	总库容 $V_{总}$ /万 m^3	最高洪水位 Z_{mp}/m	风浪爬高 $h_{浪}$/m	安全超高 Δh/m	坝顶高程 $Z_{坝}$/m	选定堰宽 B_p/m	坝顶高程 $Z_{坝p}$/m	坝高 $H_{坝}$/m
2%	30				1.0	0.5				
	40									
0.2%	30				1.0	0.3				
	40									

附　　录

附录 1　皮尔逊Ⅲ型曲线的离均系数 Φ_P 值表

C_v \ P/%	0.001	0.01	0.10	0.20	0.33	0.50	1.0	2.0	3.0	5.0	10.0	20.0	25.0	30.0	40.0	50.0	60.0	70.0	75.0	80.0	85.0	90.0	95.0	97.0	99.0	99.9
0.0	4.26	3.72	3.09	2.88	2.71	2.58	2.33	2.05	1.88	1.64	1.28	0.84	0.67	0.52	0.25	0.00	−0.25	−0.52	−0.67	−0.84	−1.04	−1.28	−1.64	−1.88	−2.33	−3.09
0.1	4.56	3.94	3.23	3.00	2.82	2.67	2.40	2.11	1.92	1.67	1.29	0.84	0.66	0.51	0.24	−0.02	−0.27	−0.53	−0.68	−0.85	−1.04	−1.27	−1.62	−1.84	−2.25	−2.95
0.2	4.86	4.16	3.38	3.12	2.92	2.76	2.47	2.16	1.96	1.70	1.30	0.83	0.65	0.50	0.22	−0.03	−0.28	−0.55	−0.69	−0.85	−1.03	−1.26	−1.59	−1.79	−2.18	−2.81
0.3	5.16	4.38	3.52	3.24	3.03	2.86	2.54	2.21	2.00	1.73	1.31	0.82	0.64	0.48	0.20	−0.05	−0.30	−0.56	−0.70	−0.85	−1.03	−1.24	−1.55	−1.75	−2.10	−2.67
0.4	5.47	4.61	3.67	3.36	3.14	2.95	2.62	2.26	2.04	1.75	1.32	0.82	0.64	0.47	0.19	−0.07	−0.31	−0.57	−0.71	−0.85	−1.03	−1.23	−1.52	−1.70	−2.03	−2.54
0.5	5.78	4.83	3.81	3.48	3.25	3.04	2.68	2.31	2.08	1.77	1.32	0.81	0.62	0.46	0.17	−0.08	−0.33	−0.58	−0.71	−0.85	−1.02	−1.22	−1.49	−1.66	−1.96	−2.40
0.6	6.09	5.05	3.96	3.60	3.35	3.13	2.75	2.35	2.12	1.80	1.33	0.80	0.61	0.44	0.16	−0.10	−0.34	−0.59	−0.72	−0.85	−1.02	−1.20	−1.45	−1.61	−1.88	−2.27
0.7	6.40	5.28	4.10	3.72	3.45	3.22	2.82	2.40	2.15	1.82	1.33	0.79	0.59	0.43	0.14	−0.12	−0.36	−0.60	−0.72	−0.85	−1.01	−1.18	−1.42	−1.57	−1.81	−2.14
0.8	6.71	5.50	4.24	3.85	3.55	3.31	2.89	2.45	2.18	1.84	1.34	0.78	0.58	0.41	0.12	−0.13	−0.37	−0.60	−0.73	−0.85	−1.00	−1.17	−1.38	−1.52	−1.74	−2.02
0.9	7.02	5.73	4.39	3.97	3.65	3.40	2.96	2.50	2.22	1.86	1.34	0.77	0.57	0.40	0.11	−0.15	−0.38	−0.61	−0.73	−0.85	−0.99	−1.15	−1.35	−1.47	−1.66	−1.90
1.0	7.33	5.96	4.53	4.09	3.76	3.49	3.02	2.54	2.25	1.88	1.34	0.76	0.55	0.38	0.09	−0.16	−0.39	−0.62	−0.73	−0.85	−0.98	−1.13	−1.32	−1.42	−1.59	−1.79
1.1	7.65	6.18	4.67	4.20	3.86	3.58	3.09	2.58	2.28	1.89	1.34	0.74	0.54	0.36	0.07	−0.18	−0.41	−0.62	−0.74	−0.85	−0.97	−1.10	−1.28	−1.38	−1.52	−1.68
1.2	7.97	6.41	4.81	4.32	3.95	3.66	3.15	2.62	2.31	1.91	1.34	0.73	0.52	0.35	0.05	−0.19	−0.42	−0.63	−0.74	−0.84	−0.96	−1.08	−1.24	−1.33	−1.45	−1.58
1.3	8.29	6.64	4.95	4.44	4.05	3.74	3.21	2.67	2.34	1.92	1.34	0.72	0.51	0.33	0.04	−0.21	−0.43	−0.63	−0.74	−0.84	−0.95	−1.06	−1.20	−1.28	−1.38	−1.48
1.4	8.61	6.87	5.09	4.56	4.15	3.83	3.27	2.71	2.37	1.94	1.33	0.71	0.49	0.31	0.02	−0.22	−0.44	−0.64	−0.73	−0.83	−0.93	−1.04	−1.17	−1.23	−1.32	−1.39
1.5	8.93	7.09	5.23	4.68	4.24	3.91	3.33	2.74	2.39	1.95	1.33	0.69	0.47	0.30	0.00	−0.24	−0.45	−0.64	−0.73	−0.82	−0.92	−1.02	−1.13	−1.19	−1.26	−1.31
1.6	9.25	7.31	5.37	4.80	4.34	3.99	3.39	2.78	2.42	1.96	1.33	0.68	0.46	0.28	−0.02	−0.25	−0.46	−0.64	−0.73	−0.81	−0.90	−0.99	−1.10	−1.14	−1.20	−1.24
1.7	9.57	7.54	5.50	4.91	4.43	4.07	3.44	2.82	2.44	1.97	1.32	0.66	0.44	0.26	−0.03	−0.27	−0.47	−0.64	−0.72	−0.81	−0.89	−0.97	−1.06	−1.10	−1.14	−1.17

续表

C_v \ $P/\%$	0.001	0.01	0.10	0.20	0.33	0.50	1.0	2.0	3.0	5.0	10.0	20.0	25.0	30.0	40.0	50.0	60.0	70.0	75.0	80.0	85.0	90.0	95.0	97.0	99.0	99.9
1.8	9.89	7.76	5.64	5.01	4.52	4.15	3.50	2.85	2.46	1.98	1.32	0.64	0.42	0.24	−0.05	−0.28	−0.48	−0.64	−0.72	−0.80	−0.87	−0.94	−1.02	−1.06	−1.09	−1.11
1.9	10.20	7.98	5.77	5.12	4.61	4.23	3.55	2.88	2.49	1.99	1.31	0.63	0.40	0.22	−0.07	−0.29	−0.48	−0.64	−0.72	−0.79	−0.85	−0.92	−0.98	−1.01	−1.04	−1.05
2.0	10.51	8.21	5.91	5.22	4.70	4.30	3.61	2.91	2.51	2.00	1.30	0.61	0.39	0.20	−0.08	−0.310	−0.490	−0.640	−0.710	−0.780	−0.840	−0.895	−0.949	−0.970	−0.989	−0.999
2.1	10.83	8.43	6.04	5.33	4.79	4.37	3.66	2.93	2.53	2.00	1.29	0.59	0.37	0.19	−0.10	−0.320	−0.490	−0.640	−0.710	−0.760	−0.820	−0.869	−0.914	−0.935	−0.945	−0.952
2.2	11.14	8.65	6.17	5.43	4.88	4.44	3.71	2.96	2.55	2.00	1.28	0.57	0.38	0.17	−0.11	−0.330	−0.500	−0.640	−0.700	−0.750	−0.800	−0.844	−0.879	−0.900	−0.908	−0.909
2.3	11.45	8.87	6.30	5.53	4.97	4.51	3.76	2.99	2.56	2.00	1.27	0.55	0.33	0.15	−0.13	−0.340	−0.500	−0.640	−0.680	−0.740	−0.780	−0.820	−0.849	−0.865	−0.867	−0.870
2.4	11.76	9.08	6.42	5.63	5.05	4.58	3.81	3.02	2.57	2.01	1.26	0.54	0.31	0.13	−0.15	−0.350	−0.510	−0.640	−0.680	−0.720	−0.770	−0.785	−0.820	−0.830	−0.833	−0.833
2.5	12.07	9.30	6.55	5.73	5.13	4.65	0.85	3.04	2.59	2.01	1.25	0.52	0.23	0.11	−0.16	−0.360	−0.510	−0.630	−0.670	−0.710	−0.750	−0.772	−0.791	−0.800	−0.800	−0.800
2.6	12.38	9.51	6.67	5.82	5.20	4.72	3.39	3.06	2.60	2.01	1.23	0.50	0.27	0.09	−0.17	−0.370	−0.510	−0.620	−0.660	−0.700	−0.730	−0.748	−0.764	−0.769	−0.769	−0.769
2.7	12.69	9.72	6.79	5.92	5.28	4.78	3.93	3.09	2.61	2.01	1.22	0.48	0.25	0.08	−0.18	−0.370	−0.510	−0.610	−0.650	−0.680	−0.710	−0.726	−0.736	−0.740	−0.740	−0.740
2.8	13.00	9.93	6.91	6.01	5.36	4.84	3.97	3.11	2.62	2.01	1.21	0.46	0.23	0.06	−0.20	−0.380	−0.510	−0.610	−0.640	−0.670	−0.690	−0.702	−0.710	−0.714	−0.714	−0.714
2.9	13.31	10.14	7.03	6.10	5.44	4.90	4.01	3.13	2.63	2.01	1.20	0.44	0.21	0.04	−0.21	−0.390	−0.510	−0.600	−0.630	−0.660	−0.670	−0.680	−0.687	−0.690	−0.690	−0.690
3.0	13.61	10.35	7.15	6.20	5.51	4.96	4.05	3.15	2.64	2.00	1.18	0.42	0.19	0.03	−0.23	−0.390	−0.510	−0.590	−0.620	−0.640	−0.650	−0.658	−0.665	−0.667	−0.667	−0.667
3.1	13.92	10.56	7.26	6.30	5.59	5.02	4.08	3.17	2.64	2.00	1.16	0.40	0.17	0.01	−0.24	−0.400	−0.510	−0.580	−0.600	−0.620	−0.630	−0.639	−0.644	−0.645	−0.645	−0.645
3.2	14.22	10.77	7.38	6.39	5.66	5.08	4.12	3.15	2.65	2.00	1.14	0.38	0.15	−0.01	−0.25	−0.400	−0.510	−0.570	−0.590	−0.610	−0.620	−0.621	−0.625	−0.655	−0.655	−0.655
3.3	14.52	10.97	7.49	6.48	5.74	5.14	4.15	3.21	2.65	1.99	1.12	0.36	0.14	−0.02	−0.26	−0.400	−0.500	−0.560	−0.580	−0.590	−0.600	−0.604	−0.606	−0.606	−0.606	−0.606
3.4	14.81	11.17	7.60	6.56	5.80	5.20	4.18	3.22	2.65	1.98	1.11	0.34	0.12	−0.04	−0.27	−0.410	−0.500	−0.550	−0.570	−0.580	−0.580	−0.587	−0.588	−0.588	−0.588	−0.588
3.5	15.11	11.37	7.72	6.65	5.86	5.25	4.22	3.23	2.65	1.97	1.09	0.32	0.10	−0.06	−0.28	−0.410	−0.500	−0.540	−0.550	−0.580	−0.860	−0.570	−0.571	−0.571	−0.571	−0.571
3.6	15.43	11.57	7.83	6.73	5.93	5.30	4.25	3.24	2.66	1.96	1.08	0.30	0.09	−0.07	−0.29	−0.410	−0.490	−0.530	−0.540	−0.550	−0.552	−0.555	−0.556	−0.556	−0.556	−0.556
3.7	15.70	11.77	7.94	6.81	5.99	5.35	4.28	3.25	2.66	1.95	1.06	0.28	0.07	−0.09	−0.29	−0.420	−0.480	−0.520	−0.530	−0.535	−0.537	−0.540	−0.541	−0.541	−0.541	−0.541
3.8	16.00	11.37	5.05	6.89	6.05	5.40	4.31	3.26	2.66	1.94	1.04	0.26	0.06	−0.10	−0.30	−0.420	−0.480	−0.510	−0.520	−0.522	−0.524	−0.525	−0.526	−0.526	−0.526	−0.526
3.9	16.29	12.16	8.15	6.97	6.11	5.45	4.34	3.27	2.66	1.93	1.02	0.24	0.04	−0.11	−0.30	−0.410	−0.470	−0.500	−0.506	−0.510	−0.511	−0.512	−0.513	−0.513	−0.513	−0.513
4.0	16.56	12.36	8.25	7.05	6.18	5.50	4.37	3.27	2.66	1.92	1.00	0.23	0.02	−0.13	−0.31	−0.410	−0.460	−0.490	−0.495	−0.498	−0.499	−0.500	−0.500	−0.500	−0.500	−0.500
4.1	16.87	12.55	8.35	7.13	6.24	5.54	4.39	3.28	2.66	1.91	0.98	0.21	0.00	−0.14	−0.32	−0.410	−0.460	−0.480	−0.484	−0.486	−0.487	−0.488	−0.488	−0.488	−0.488	−0.488

续表

P/% C_v	0.001	0.01	0.10	0.20	0.33	0.50	1.0	2.0	3.0	5.0	10.0	20.0	25.0	30.0	40.0	50.0	60.0	70.0	75.0	80.0	85.0	90.0	95.0	97.0	99.0	99.9
4.2	17.16	12.74	8.45	7.21	6.30	5.59	4.41	3.29	2.65	1.90	0.96	0.15	-0.02	-0.15	-0.32	-0.410	-0.450	-0.470	-0.473	-0.475	-0.475	-0.476	-0.476	-0.476	-0.476	-0.476
4.3	17.44	12.00	8.55	7.29	6.36	5.63	4.44	3.29	2.65	1.88	0.94	0.17	-0.03	-0.16	-0.33	-0.410	-0.440	-0.460	-0.462	-0.484	-0.484	-0.465	-0.465	-0.465	-0.465	-0.465
4.4	17.72	13.12	8.65	7.36	6.41	5.68	4.46	3.30	2.65	1.87	0.92	0.16	-0.04	-0.17	-0.33	-0.400	-0.440	-0.450	-0.453	-0.454	-0.454	-0.455	-0.455	-0.455	-0.455	-0.455
4.5	18.01	13.30	5.75	7.43	6.46	5.72	4.48	3.30	2.64	1.85	0.90	0.14	-0.05	-0.18	-0.33	-0.400	-0.430	-0.440	-0.444	-0.444	-0.444	-0.444	-0.444	-0.444	-0.444	-0.444
4.6	18.29	13.49	8.85	7.50	6.52	5.76	4.50	3.30	2.63	1.84	0.85	0.13	-0.06	-0.18	-0.33	-0.400	-0.420	-0.430	-0.435	-0.435	-0.435	-0.435	-0.435	-0.435	-0.435	-0.435
4.7	18.57	13.67	5.95	7.56	6.57	5.80	4.52	3.30	2.62	1.82	0.86	0.11	-0.07	-0.19	-0.33	-0.390	-0.420	-0.420	-0.426	-0.426	-0.426	-0.426	-0.426	-0.426	-0.426	-0.426
4.8	18.85	13.85	9.04	7.63	6.63	5.84	4.54	3.30	2.61	1.80	0.34	0.09	-0.08	-0.20	-0.33	-0.390	-0.410	-0.410	-0.417	-0.417	-0.417	-0.417	-0.417	-0.417	-0.417	-0.417
4.9	19.13	14.04	9.13	7.70	6.68	5.88	4.55	3.30	2.60	1.76	0.82	0.08	-0.10	-0.21	-0.33	-0.380	-0.400	-0.400	-0.408	-0.408	-0.408	-0.408	-0.408	-0.408	-0.408	-0.408
5.0	19.41	14.22	9.22	7.77	6.73	5.92	4.57	3.30	2.60	1.77	0.80	0.06	-0.11	-0.22	-0.33	-0.379	-0.395	-0.399	-0.400	-0.400	-0.400	-0.400	-0.400	-0.400	-0.400	-0.400
5.1	19.68	14.40	9.31	7.84	5.78	5.95	4.58	3.30	2.59	1.75	0.78	0.05	-0.12	-0.22	-0.32	-0.374	-0.387	-0.391	-0.392	-0.392	-0.392	-0.392	-0.392	-0.392	-0.392	-0.392
5.2	19.95	14.57	9.40	7.90	6.83	5.99	4.59	3.30	2.58	1.73	0.76	0.03	-0.13	-0.22	-0.32	-0.369	-0.380	-0.384	-0.385	-0.385	-0.385	-0.385	-0.385	-0.385	-0.385	-0.385
5.3	20.22	14.75	9.45	7.96	6.87	6.02	4.60	3.30	2.57	1.72	0.74	0.02	-0.14	-0.22	-0.32	-0.363	-0.373	-0.376	-0.377	-0.377	-0.377	-0.377	-0.377	-0.377	-0.377	-0.377
5.4	20.46	14.92	9.57	8.02	6.91	6.05	4.62	3.29	2.56	1.70	0.72	0.00	-0.14	-0.23	-0.32	-0.358	-0.366	-0.369	-0.370	-0.370	-0.370	-0.370	-0.370	-0.370	-0.370	-0.370
5.5	20.76	15.10	9.66	8.08	6.96	6.08	4.63	3.28	2.55	1.65	0.70	-0.01	-0.15	-0.23	-0.32	-0.353	-0.360	-0.363	-0.364	-0.364	-0.364	-0.364	-0.364	-0.364	-0.364	-0.364
5.6	21.03	15.27	9.74	8.14	7.00	6.11	4.64	3.28	2.53	1.66	0.67	-0.03	-0.16	-0.24	-0.32	-0.349	-0.355	-0.356	-0.357	-0.357	-0.357	-0.357	-0.357	-0.357	-0.357	-0.357
5.7	21.31	15.45	9.82	8.21	7.04	6.14	4.65	3.27	2.52	1.65	0.65	-0.04	-0.17	-0.24	-0.32	-0.344	-0.349	-0.350	-0.351	-0.351	-0.351	-0.351	-0.351	-0.351	-0.351	-0.351
5.8	21.58	15.62	9.91	8.27	7.08	6.17	4.67	3.27	2.51	1.63	0.63	-0.05	-0.18	-0.25	-0.32	-0.339	-0.344	-0.345	-0.345	-0.345	-0.345	-0.345	-0.345	-0.345	-0.345	-0.345
5.9	21.84	15.78	9.93	8.32	7.12	6.20	4.68	3.26	2.49	1.61	0.81	-0.06	-0.18	-0.25	-0.31	-0.334	-0.338	-0.339	-0.339	-0.339	-0.339	-0.339	-0.339	-0.339	-0.339	-0.339
6.0	22.10	15.94	10.07	8.38	7.15	6.23	4.65	3.25	2.48	1.59	0.80	-0.07	-0.19	-0.25	-0.31	-0.329	-0.333	-0.333	-0.333	-0.333	-0.333	-0.333	-0.333	-0.333	-0.333	-0.333
6.1	22.37	16.11	10.15	8.43	7.19	6.26	4.69	3.24	2.46	1.57	0.87	-0.08	-0.19	-0.26	-0.31	-0.325	-0.328	-0.328	-0.323	-0.338	-0.328	-0.328	-0.328	-0.328	-0.328	-0.328
6.2	22.63	16.28	10.22	8.49	7.23	6.28	4.70	3.23	2.45	1.55	0.55	-0.09	-0.20	-0.26	-0.30	-0.320	-0.322	-0.323	-0.323	-0.323	-0.323	-0.323	-0.323	-0.323	-0.323	-0.323
6.3	22.89	16.45	10.30	8.54	7.26	6.30	4.70	3.22	2.43	1.53	0.53	-0.10	-0.20	-0.26	-0.30	-0.315	-0.317	-0.317	-0.317	-0.317	-0.317	-0.317	-0.317	-0.317	-0.317	-0.317
6.4	23.15	16.61	10.38	8.60	7.30	6.32	4.71	3.21	2.41	1.51	0.51	-0.11	-0.21	-0.26	-0.30	-0.311	-0.312	-0.313	-0.313	-0.313	-0.313	-0.313	-0.313	-0.313	-0.313	-0.313

附录 2　皮尔逊Ⅲ型曲线的模比系数 k_P 值表

（1）$C_s=2.0C_v$

P/% ╲ C_v	0.001	0.002	0.005	0.01	0.1	0.2	0.33	0.5	1	2	5	10	20	50	75	90	95	99	P/% ╲ C_s
0.05	1.23	1.22	1.21	1.20	1.16	1.15	1.14	1.13	1.12	1.11	1.08	1.06	1.04	1.00	0.97	0.94	0.92	0.89	0.10
0.06	1.28	1.27	1.25	1.24	1.20	1.19	1.17	1.16	1.14	1.13	1.10	1.08	1.05	1.00	0.96	0.92	0.90	0.87	0.12
0.07	1.33	1.32	1.29	1.29	1.23	1.22	1.20	1.19	1.17	1.15	1.12	1.09	1.06	1.00	0.95	0.91	0.89	0.85	0.14
0.08	1.38	1.36	1.34	1.34	1.27	1.25	1.23	1.22	1.20	1.17	1.14	1.10	1.07	1.00	0.94	0.90	0.87	0.82	0.16
0.09	1.43	1.41	1.39	1.38	1.30	1.28	1.26	1.24	1.22	1.19	1.15	1.12	1.07	1.00	0.94	0.89	0.86	0.80	0.18
0.10	1.49	1.46	1.44	1.42	1.34	1.31	1.29	1.27	1.25	1.21	1.17	1.13	1.08	1.00	0.93	0.87	0.84.	0.78	0.20
0.11	1.54	1.52	1.49	1.47	1.38	1.35	1.33	1.30	1.27	1.24	1.19	1.14	1.09	1.00	0.92	0.86	0.83	0.76	0.22
0.12	1.60	1.57	1.54	1.52	1.42	1.38	1.36	1.34	1.30	1.26	1.21	1.16	1.10	1.00	0.92	0.85	0.81	0.74	0.24
0.13	1.66	1.62	1.59	1.57	1.46	1.42	1.39	1.37	1.33	1.29	1.22	1.17	1.11	0.99	0.91	0.54	0.80	0.73	0.26
0.14	1.71	1.68	1.64	1.62	1.50	1.45	1.42	1.40	1.36	1.31	1.24	1.18	1.12	0.99	0.90	0.83	0.78	0.71	0.28
0.15	1.77	1.74	1.70	1.67	1.54	1.48	1.46	1.43	1.38	1.33	1.26	1.20	1.12	0.99	0.90	0.81	0.77	0.69	0.30
0.16	1.83	1.80	1.75	1.72	1.57	1.52	1.49	1.46	1.41	1.35	1.28	1.21	1.13	0.99	0.89	0.80	0.75	0.67	0.32
0.17	1.89	1.86	1.81	1.77	1.61	1.56	1.53	1.49	1.44	1.38	1.30	1.22	1.14	0.99	0.88	0.79	0.74	0.65	0.34
0.18	1.96	1.92	1.86	1.82	1.65	1.60	1.56	1.52	1.47	1.40	1.31	1.24	1.15	0.99	0.88	0.78	0.72	0.63	0.36
0.19	2.02	1.98	1.92	1.87	1.69	1.63	1.59	1.56	1.49	1.43	1.33	1.25	1.16	0.99	0.87	0.77	0.71	0.61	0.38
0.20	2.09	2.04.	1.97	1.92	1.73	1.67	1.63	1.59	1.52	1.45	1.35	1.26	1.16	0.99	0.86	0.75	0.70	0.59	0.40
0.21	2.16	2.11	2.03	1.98	1.78	1.71	1.67	1.62	1.55	1.48	1.37	1.28	1.17	0.98	0.85	0.74	0.68	0.58	0.42
0.22	2.23	2.17	20.90	2.04	1.82	1.75	1.70	1.66	1.58	1.50	1.39	1.29	1.18	0.98	0.84	0.73	0.67	0.56	0.44
0.23	2.30	2.23	2.15	2.10	1.87	1.79	1.74	1.69	1.61	1.53	1.41	1.30	1.19	0.98	0.84	0.72	0.66	0.55	0.46

续表

C_v \ $P/\%$	0.001	0.002	0.005	0.01	0.1	0.2	0.33	0.5	1	2	5	10	20	50	75	90	95	99	$P/\%$ / C_s
0.24	2.37	2.30	2.21	2.16	1.91	1.83	1.77	1.73	1.64	1.55	1.43	1.32	1.19	0.98	0.83	0.71	0.64	0.53	0.48
0.25	2.44	2.37	2.28	2.22	1.96	1.87	1.81	1.77	1.67	1.58	1.45	1.33	1.20	0.98	0.82	0.70	0.63	0.52	0.50
0.26	2.51	2.44	2.34	2.28	2.01	1.91	1.85	1.80	1.70	1.60	1.46	1.34	1.21	0.98	0.82	0.69	0.62	0.50	0.52
0.27	2.59	2.51	2.41	2.34	2.05	1.95	1.89	1.84	1.73	1.63	1.48	1.35	1.21	0.98	0.80	0.67	0.61	0.48	0.54
0.28	2.67	2.58	2.47	2.40	2.10	2.00	1.93	1.87	1.76	1.66	1.50	1.37	1.22	0.97	0.79	0.66	0.59	0.47	0.56
0.29	2.75	2.66	2.54	2.46	2.14	2.04	1.97	1.90	1.80	1.69	1.52	1.39	1.23	0.97	0.79	0.65	0.58	0.45	0.58
0.30	2.82	2.73	2.61	2.52	2.19	2.08	2.01	1.94	1.83	1.71	1.54	1.40	1.24	0.97	0.78	0.64	0.56	0.44	0.60
0.31	2.90	2.81	2.68	2.58	2.24	2.13	2.05	1.98	1.86	1.74	1.56	1.41	1.25	0.97	0.78	0.63	0.55	0.43	0.62
0.32	2.98	2.88	2.75	2.65	2.29	2.17	2.09	2.01	1.90	1.76	1.58	1.43	1.26	0.97	0.77	0.62	0.54	0.41	0.64
0.33	3.07	2.96	2.82	2.72	2.34	2.22	2.13	2.05	1.93	1.79	1.60	1.44	1.26	0.96	0.76	0.61	0.53	0.40	0.66
0.34	3.15	3.04	2.89	2.79	2.39	2.26	2.17	2.09	1.96	1.81	1.62	1.45	1.27	0.96	0.76	0.60	0.52	0.38	0.68
0.35	3.23	3.12	2.97	2.86	2.44	2.31	2.22	2.13	2.00	1.84	1.64	1.47	1.28	0.96	0.75	0.59	0.51	0.37	0.70
0.36	3.32	3.20	3.04	2.93	2.49	2.36	2.26	2.17	2.03	1.86	1.66	1.48	1.28	0.96	0.74	0.58	0.50	0.36	0.72
0.37	3.41	3.29	3.12	2.99	2.54	2.40	2.30	2.21	2.06	1.89	1.68	1.50	1.29	0.96	0.73	0.56	0.48	0.34	0.74
0.38	3.50	3.37	3.19	3.06	2.59	2.45	2.34	2.24	2.09	1.92	1.70	1.51	1.30	0.95	0.73	0.55	0.47	0.33	0.76
0.39	3.59	3.46	3.27	3.13	2.65	2.49	2.38	2.28	2.13	1.95	1.72	1.52	1.31	0.95	0.72	0.54	0.46	0.31	0.78
0.40	3.68	3.54	3.35	3.20	2.70	2.54	2.42	2.32	2.16	1.98	1.74	1.54	1.31	0.95	0.71	0.53	0.45	0.30	0.80
0.41	3.78	3.63	3.43	3.28	2.75	2.59	2.47	2.37	2.19	2.01	1.76	1.55	1.32	0.95	0.70	0.52	0.44	0.29	0.82
0.42	3.87	3.71	3.51	3.36	2.81	2.64	2.51	2.40	2.23	2.04	1.78	1.56	1.32	0.95	0.69	0.51	0.43	0.28	0.84
0.43	3.97	3.80	3.59	3.43	2.87	2.69	2.56	2.45	2.26	2.07	1.80	1.58	1.33	0.94	0.68	0.50	0.42	0.28	0.86
0.44	4.06	3.89	3.67	3.51	2.92	2.74	2.60	2.49	2.30	2.10	1.82	1.59	1.34	0.94	0.68	0.49	0.41	0.26	0.88
0.45	4.16	3.99	3.76	3.59	2.98	2.80	2.65	0.53	2.33	2.13	1.84	1.60	1.35	0.93	0.67	0.48	0.40	0.26	0.90
0.46	4.26	4.08	3.84	3.67	3.04	2.85	2.70	2.57	2.37	2.15	1.86	1.62	1.35	0.93	0.66	0.47	0.38	0.24	0.92

续表

C_v \ P/%	0.001	0.002	0.005	0.01	0.1	0.2	0.33	0.5	1	2	5	10	20	50	75	90	95	99	P/% \ C_s
0.47	4.36	4.18	3.93	3.75	3.10	2.90	2.74	2.61	2.40	2.18	1.88	1.63	1.36	0.92	0.66	0.47	0.37	0.24	0.94
0.48	4.46	4.27	4.01	3.82	3.15	2.95	2.79	2.65	2.44	2.21	1.90	1.64	1.36	0.92	0.65	0.46	0.36	0.23	0.96
0.49	4.57	4.37	4.10	3.90	3.21	3.00	2.83	2.69	2.48	2.24	1.92	1.66	1.37	0.92	0.65	0.45	0.35	0.22	0.98
0.50	4.67	4.46	4.19	3.98	3.27	3.05	2.88	2.74	2.51	2.27	1.94	1.67	1.38	0.92	0.64	0.44	0.34	0.21	1.00
0.52	4.88	4.66	4.37	4.15	3.39	3.16	2.98	2.83	2.59	2.33	1.98	1.70	1.39	0.91	0.62	0.42	0.32	0.19	1.04
0.54	5.09	4.87	4.55	4.33	3.52	3.27	3.08	2.94	2.66	2.39	2.02	1.72	1.40	0.90	0.60	0.40	0.31	0.18	1.08
0.55	5.21	4.97	4.65	4.42	3.58	3.32	3.12	2.97	2.70	2.42	2.04	1.74	1.41	0.90	0.59	0.40	0.30	0.16	1.10
0.56	5.32	5.07	4.74	4.50	3.64	3.37	3.18	3.01	2.74	2.45	2.06	1.75	1.41	0.89	0.58	0.39	0.29	0.14	1.12
0.58	5.55	5.29	4.93	4.68	3.77	3.48	3.28	3.10	2.81	2.51	2.10	1.78	1.43	0.89	0.57	0.39	0.27	0.13	1.16
0.60	5.78	5.50	5.13	4.85	3.89	3.59	3.37	3.20	2.89	2.57	2.15	1.80	1.44	0.89	0.56	0.35	0.26	0.13	1.20
0.62	6.02	5.72	5.33	5.04	4.02	3.71	3.48	3.30	2.97	2.63	2.19	1.83	1.45	0.88	0.55	0.34	0.24	0.12	1.24
0.64	6.27	5.95	5.54	5.23	4.16	3.83	3.59	3.39	3.06	2.70	2.23	1.86	1.46	0.87	0.54	0.32	0.23	0.11	1.28
0.65	6.39	6.07	5.65	5.33	4.22	3.89	3.64	3.44	3.09	2.74	2.25	1.87	1.47	0.87	0.52	0.31	0.22	0.10	1.30
0.66	6.51	6.18	5.75	5.43	4.29	3.95	3.70	3.49	3.13	2.76	2.27	1.88	1.47	0.86	0.51	0.30	0.21	0.10	1.32
0.68	6.77	6.42	5.96	5.62	4.43	4.07	3.80	3.58	3.21	2.83	2.32	1.91	1.48	0.86	0.50	0.03	0.20	0.09	1.36
0.70	7.03	6.66	6.18	5.81	4.56	4.19	3.91	3.68	3.29	2.90	2.36	1.94	1.50	0.85	0.49	0.27	0.18	0.08	1.40
0.72	7.29	6.90	6.40	6.02	4.71	4.32	4.02	3.78	3.38	2.96	2.40	1.96	1.51	0.84	0.48	0.26	0.17	0.07	1.44
0.74	7.56	7.15	6.62	6.23	4.86	4.45	4.13	3.88	3.46	3.02	2.44	1.99	1.52	0.83	0.47	0.25	0.16	0.06	1.48
0.75	7.69	7.28	6.74	6.33	4.93	4.52	4.19	3.93	3.50	3.06	2.46	2.00	1.52	0.82	0.45	0.24	0.15	0.06	1.50
0.76	7.83	7.41	6.85	6.43	5.00	4.58	4.25	3.98	3.54	3.09	2.48	2.01	1.53	0.81	0.44	0.23	0.14	0.05	1.52
0.78	8.12	7.67	7.08	6.64	5.15	4.71	4.36	4.08	3.63	3.16	2.53	2.04	1.54	0.80	0.43	0.22	0.13	0.05	1.56
0.80	8.40	7.93	7.32	6.85	5.30	4.84	4.47	4.19	3.71	3.22	2.57	2.06	1.54	0.80	0.42	0.21	0.12	0.04	1.60
0.82	8.68	8.20	7.56	7.08	5.46	4.97	4.59	4.29	3.80	3.29	2.61	2.09	1.55	0.79	0.41	0.20	0.11	0.04	1.64

续表

C_v \ P/%	0.001	0.002	0.005	0.01	0.1	0.2	0.33	0.5	1	2	5	10	20	50	75	90	95	99	P/% \ C_s
0.84	8.98	8.48	7.81	7.30	5.61	5.11	4.71	4.40	3.89	3.36	2.65	2.11	1.56	0.78	0.40	0.19	0.10	0.03	1.68
0.85	9.13	8.62	7.93	7.41	5.69	5.17	4.77	4.46	3.93	3.39	2.68	2.12	1.56	0.77	0.39	0.18	0.10	0.03	1.70
0.86	9.27	8.75	8.05	7.53	5.77	5.24	4.83	4.50	3.97	3.42	2.70	2.14	1.56	0.76	0.37	0.17	0.09	0.03	1.72
0.88	9.58	9.03	8.31	7.75	5.92	5.38	4.95	4.62	4.06	3.49	2.74	2.16	1.57	0.75	0.36	0.16	0.08	0.02	1.76
0.90	9.89	9.32	8.56	7.98	6.08	5.51	5.07	4.74	4.15	3.56	2.78	2.19	1.58	0.75	0.35	0.15	0.08	0.02	1.80
0.92	10.21	9.62	8.82	8.23	6.25	5.65	5.20	4.85	4.24	3.63	2.82	2.21	1.58	0.74	0.34	0.14	0.08	0.02	1.84
0.94	10.52	9.91	9.09	8.47	6.41	5.79	5.32	4.96	4.33	3.70	2.87	2.23	1.59	0.73	0.33	0.13	0.07	0.01	1.88
0.95	10.69	10.06	9.23	8.59	6.49	5.86	5.38	5.02	4.38	3.74	2.89	2.25	1.60	0.72	0.31	0.13	0.07	0.01	1.90
0.96	10.85	10.21	9.36	8.72	6.58	5.94	5.44	5.07	4.43	3.77	2.91	2.26	1.60	0.70	0.30	0.12	0.06	0.01	1.92
0.98	11.18	10.52	9.63	8.96	6.74	6.08	5.57	5.18	4.52	3.84	2.95	2.28	1.60	0.69	0.30	0.12	0.06	0.01	1.96
1.00	11.51	10.82	9.90	9.21	6.91	6.22	5.70	5.30	4.61	3.91	3.00	2.30	1.61	0.69	0.29	0.11	0.05	0.01	2.00
1.02	11.85	11.13	10.18	9.47	7.09	6.37	5.83	5.42	4.70	3.98	3.04	2.32	1.62	0.68	0.28	0.10	0.05	0.01	2.04
1.04	12.20	11.45	10.47	9.73	7.26	6.52	5.97	5.53	4.80	4.05	3.08	2.34	1.62	0.67	0.27	0.09	0.04	0.01	2.08
1.05	12.37	11.61	10.61	9.86	7.35	6.59	6.03	5.59	4.84	4.08	3.10	2.35	1.62	0.66	0.26	0.09	0.04	0.01	2.10
1.06	12.54	11.77	10.75	10.00	7.44	6.67	6.10	5.65	4.89	4.12	3.12	2.36	1.63	0.65	0.25	0.08	0.03	0.01	2.12
1.08	12.90	12.10	11.04	10.26	7.61	6.82	6.24	5.76	4.99	4.19	3.16	2.39	1.63	0.64	0.24	0.07	0.30	0.01	2.16
1.10	13.26	12.43	11.34	10.52	7.79	6.97	6.37	5.88	5.08	4.26	3.20	2.41	1.63	0.64	0.23	0.07	0.03	0.00	2.20
1.12	13.62	12.77	11.64	10.80	7.97	7.13	6.51	6.00	5.18	4.33	3.24	2.43	1.63	0.63	0.22	0.07	0.02	0.00	2.24
1.14	13.99	13.10	11.94	11.07	8.15	7.29	6.65	6.13	5.28	4.40	3.28	2.45	1.63	0.62	0.21	0.06	0.02	0.00	2.28
1.15	14.18	13.28	12.10	11.21	8.24	7.36	6.71	6.19	5.32	4.44	3.30	2.46	1.64	0.61	0.21	0.06	0.02	0.00	2.30
1.16	14.36	13.45	12.25	11.35	8.34	7.44	6.78	6.25	5.37	4.48	3.33	2.47	1.64	0.59	0.21	0.06	0.02	0.00	2.32
1.18	14.74	13.80	12.55	11.62	8.53	7.60	6.92	6.38	5.47	4.55	3.37	2.49	1.64	0.58	0.20	0.05	0.02	0.00	2.36
1.20	15.12	14.15	12.87	11.90	8.70	7.76	7.06	6.50	5.57	4.62	3.41	2.51	1.65	0.58	0.18	0.05	0.02	0.00	2.40

续表

C_v \ P/%	0.001	0.002	0.005	0.01	0.1	0.2	0.33	0.5	1	2	5	10	20	50	75	90	95	99	P/% \ C_s
1.22	15.51	14.51	13.18	12.19	8.89	7.92	7.20	6.63	5.67	4.69	3.45	2.53	1.65	0.57	0.17	0.04	0.02	0.00	2.44
1.24	15.90	14.87	13.51	12.48	9.09	8.08	7.34	6.76	5.76	4.76	3.49	2.55	1.65	0.56	0.16	0.04	0.01	0.00	2.48
1.25	16.10	15.05	13.67	12.63	9.18	8.16	7.41	6.82	5.81	4.80	3.51	2.56	1.65	0.55	0.16	0.04	0.01	0.00	2.50
1.26	16.30	15.23	13.83	12.78	9.28	8.25	7.48	6.89	5.86	4.84	3.53	2.56	1.65	0.54	0.15	0.03	0.01	0.00	2.52
1.28	16.70	15.60	14.16	13.07	9.48	8.41	7.62	7.02	5.96	4.91	3.57	2.58	1.65	0.53	0.15	0.03	0.01	0.00	2.56
1.30	17.10	15.98	14.49	13.36	9.67	8.57	7.76	7.14	6.06	4.98	3.61	2.60	1.65	0.52	0.14	0.03	0.01	0.00	2.60
1.32	17.51	16.35	14.82	13.67	9.87	8.74	7.89	7.27	6.16	5.05	3.65	2.62	1.65	0.51	0.13	0.03	0.01	0.00	2.64
1.34	17.93	16.74	15.16	13.98	10.07	8.91	8.04	7.40	6.26	5.13	3.69	2.64	1.65	0.51	0.13	0.02	0.01	0.00	2.68
1.35	18.14	16.93	15.33	14.13	10.17	8.99	8.13	7.46	6.31	5.16	3.71	2.65	1.65	0.50	0.12	0.02	0.01	0.00	2.70
1.36	18.35	17.12	15.50	14.28	10.27	9.07	8.19	7.52	6.36	5.20	3.73	2.66	1.65	0.49	0.12	0.02	0.01	0.00	2.72
1.38	18.77	17.51	15.85	14.59	10.47	9.24	8.34	7.65	6.46	5.28	3.77	2.68	1.64	0.48	0.11	0.02	0.01	0.00	2.76
1.40	19.20	17.91	16.20	14.90	10.67	9.41	8.50	7.78	6.56	5.35	3.81	2.69	1.64	0.47	0.10	0.02	0.01	0.00	2.80
1.42	19.64	18.31	16.55	15.23	10.88	9.59	8.64	7.91	6.66	5.43	3.85	2.71	1.64	0.46	0.10	0.02	0.01	0.00	2.84
1.44	20.08	18.71	16.91	15.55	11.09	9.77	8.79	8.04	6.77	5.50	3.89	2.72	1.64	0.45	0.09	0.01	0.00	0.00	2.88
1.45	20.30	18.91	17.09	15.71	11.20	9.85	8.89	8.11	6.82	5.54	3.91	2.73	1.64	0.44	0.09	0.01	0.00	0.00	2.90
1.46	20.52	19.11	17.27	15.88	11.31	9.94	8.95	8.18	6.87	5.58	3.92	2.74	1.63	0.44	0.08	0.01	0.00	0.00	2.92
1.48	20.97	19.53	17.63	16.20	11.52	10.12	9.10	8.31	6.98	5.65	3.96	2.75	1.63	0.43	0.07	0.01	0.00	0.00	2.96
1.50	21.42	19.94	18.00	16.53	11.73	10.30	9.27	8.48	7.08	5.73	4.00	2.77	1.63	0.42	0.07	0.01	0.00	0.00	3.00
1.55	22.57	21.00	18.93	17.37	12.26	10.76	9.66	8.78	7.33	5.91	4.10	2.80	1.62	0.38	0.07	0.01	0.00	0.00	3.10
1.60	23.75	22.08	19.88	18.23	12.81	11.22	10.06	9.13	7.59	6.10	4.19	2.82	1.61	0.36	0.06	0.01	0.00	0.00	3.20
1.65	24.95	23.18	20.85	19.10	13.36	11.69	10.46	9.48	7.85	6.29	4.28	2.85	1.59	0.34	0.05	0.00	0.00	0.00	3.30
1.70	26.19	24.31	21.85	19.99	13.92	12.16	10.86	9.84	8.11	6.47	4.37	2.88	1.58	0.31	0.04	0.00	0.00	0.00	3.40
1.75	27.45	25.47	22.86	20.90	14.50	12.63	11.26	10.19	8.38	6.65	4.45	2.91	1.56	0.28	0.04	0.00	0.00	0.00	3.50

续表

C_v \ P/%	0.001	0.002	0.005	0.01	0.1	0.2	0.33	0.5	1	2	5	10	20	50	75	90	95	99	C_s
1.80	28.74	26.64	23.90	21.83	15.09	13.11	11.67	10.54	8.65	6.83	4.53	2.94	1.54	0.25	0.03	0.00	0.00	0.00	3.60
1.85	30.05	27.85	24.95	22.77	15.69	13.60	12.08	10.90	8.92	7.01	4.61	2.96	1.52	0.22	0.02	0.00	0.00	0.00	3.70
1.90	31.39	29.07	26.03	23.73	16.29	14.09	12.50	11.26	9.19	7.19	4.69	2.98	1.50	0.20	0.01	0.00	0.00	0.00	3.80
1.95	32.76	30.32	27.12	24.71	16.89	14.59	12.92	11.63	9.46	7.37	4.76	2.99	1.48	0.19	0.01	0.00	0.00	0.00	3.90
2.00	34.16	31.60	28.24	25.72	17.50	15.10	13.36	12.00	9.74	7.54	4.84	3.00	1.46	0.18	0.01	0.00	0.00	0.00	4.00

(2) $C_s = 2.5C_v$

C_v \ P/%	0.001	0.002	0.005	0.01	0.1	0.2	0.33	0.5	1	2	5	10	20	50	75	90	95	99	C_s
0.05	1.23	1.22	1.21	1.20	1.16	1.15	1.14	1.14	1.12	1.11	1.08	1.07	1.04	1.00	0.97	0.94	0.92	0.89	0.13
0.06	1.28	1.27	1.26	1.25	1.20	1.19	1.17	1.16	1.15	1.13	1.10	1.08	1.05	1.00	0.96	0.92	0.90	0.87	0.15
0.07	1.34	1.32	1.31	1.29	1.24	1.22	1.20	1.19	1.17	1.15	1.12	1.09	1.06	1.00	0.95	0.91	0.89	0.85	0.18
0.08	1.39	1.37	1.35	1.34	1.28	1.25	1.23	1.22	1.20	1.17	1.14	1.10	1.07	1.00	0.94	0.90	0.87	0.83	0.20
0.09	1.44	1.43	1.40	1.38	1.31	1.28	1.26	1.25	1.22	1.20	1.15	1.12	1.08	1.00	0.94	0.89	0.86	0.81	0.23
0.10	1.50	1.48	1.45	1.43	1.35	1.31	1.29	1.28	1.25	1.22	1.17	1.13	1.08	1.00	0.93	0.88	0.84	0.79	0.25
0.11	1.56	1.53	1.56	1.48	1.39	1.50	1.33	1.31	1.28	1.25	1.19	1.14	1.09	1.00	0.92	0.87	0.83	0.77	0.28
0.12	1.62	1.59	1.55	1.54	1.43	1.39	1.36	1.34	1.30	1.27	1.21	1.16	1.10	0.99	0.92	0.86	0.81	0.75	0.30
0.13	1.68	1.65	1.60	1.59	1.47	1.43	1.40	1.38	1.33	1.29	1.22	1.17	1.11	0.99	0.91	0.84	0.80	0.74	0.33
0.14	1.74	1.71	1.66	1.65	1.51	1.47	1.43	1.41	1.36	1.31	1.24	1.18	1.11	0.99	0.90	0.83	0.79	0.72	0.35
0.15	1.81	1.77	1.72	1.70	1.55	1.50	1.47	1.44	1.39	1.34	1.26	1.20	1.12	0.99	0.89	0.82	0.77	0.70	0.38
0.16	1.87	1.83	1.78	1.75	1.60	1.54	1.51	1.47	1.42	1.36	1.28	1.21	1.13	0.99	0.89	0.81	0.76	0.68	0.40
0.17	1.94	1.90	1.84	1.81	1.64	1.58	1.54	1.51	1.45	1.39	1.30	1.22	1.14	0.99	0.88	0.80	0.74	0.66	0.43
0.18	2.01	1.96	1.90	1.86	1.68	1.62	1.58	1.54	1.48	1.41	1.32	1.24	1.15	0.99	0.87	0.78	0.73	0.65	0.45

续表

C_v \ P/%	0.001	0.002	0.005	0.01	0.1	0.2	0.33	0.5	1	2	5	10	20	50	75	90	95	99	P/% \ C_s
0.19	2.08	2.03	1.96	1.92	1.72	1.66	1.61	1.58	1.51	1.44	1.34	1.25	1.16	0.99	0.86	0.77	0.72	0.63	0.48
0.20	2.15	2.10	2.02	1.97	1.76	1.70	1.65	1.61	1.54	1.46	1.35	1.26	1.16	0.98	0.86	0.76	0.70	0.61	0.50
0.21	2.23	2.17	2.09	2.03	1.81	1.74	1.69	1.65	1.57	1.49	1.37	1.28	1.17	0.98	0.85	0.75	0.69	0.60	0.53
0.22	2.30	2.24	2.15	2.10	1.86	1.79	1.73	1.68	1.60	1.51	1.39	1.29	1.18	0.98	0.84	0.74	0.68	0.58	0.55
0.23	2.38	2.31	2.22	2.16	1.91	1.83	1.77	1.72	1.64	1.54	1.41	1.31	1.19	0.98	0.84	0.73	0.66	0.57	0.58
0.24	2.46	2.38	2.29	2.23	1.96	1.88	1.81	1.75	1.67	1.57	1.43	1.32	1.19	0.98	0.83	0.72	0.65	0.55	0.60
0.25	2.54	2.46	2.36	2.29	2.00	1.92	1.85	1.79	1.70	1.60	1.45	1.33	1.20	0.97	0.82	0.70	0.64	0.54	0.63
0.26	2.62	2.54	2.43	2.36	2.05	1.96	1.89	1.83	1.73	1.62	1.47	1.35	1.21	0.97	0.81	0.69	0.63	0.53	0.65
0.27	2.71	2.62	2.50	2.42	2.10	2.01	1.93	1.87	1.76	1.65	1.49	1.36	1.21	0.97	0.80	0.68	0.62	0.51	0.68
0.28	2.79	2.70	2.57	2.49	2.15	2.05	1.97	1.90	1.80	1.68	1.51	1.37	1.22	0.97	0.80	0.67	0.60	0.50	0.70
0.29	2.88	2.78	2.65	2.55	2.20	2.10	2.01	1.94	1.83	1.70	1.53	1.39	1.23	0.97	0.79	0.66	0.59	0.48	0.73
0.30	2.96	2.86	2.72	2.62	2.25	2.14	2.05	1.98	1.86	1.73	1.55	1.40	1.24	0.96	0.78	0.65	0.58	0.47	0.75
0.31	3.05	2.95	2.80	2.70	2.31	2.19	2.09	2.02	1.89	1.76	1.57	1.41	1.24	0.96	0.77	0.64	0.57	0.46	0.78
0.32	3.14	3.03	2.88	2.77	2.36	2.24	2.13	2.06	1.93	1.79	1.59	1.43	1.25	0.96	0.76	0.63	0.56	0.44	0.80
0.33	3.24	3.12	2.96	2.85	2.42	2.29	2.17	2.11	1.96	1.82	1.61	1.44	1.26	0.96	0.76	0.62	0.55	0.43	0.83
0.34	3.33	3.21	3.04	2.92	2.47	2.34	2.22	2.15	1.99	1.84	1.63	1.46	1.26	0.95	0.75	0.61	0.54	0.42	0.85
0.35	3.43	3.30	3.12	3.00	2.53	2.39	2.27	2.19	2.03	1.87	1.65	1.47	1.27	0.95	0.75	0.60	0.53	0.41	0.88
0.36	3.53	3.39	3.20	3.08	2.59	2.44	2.31	2.23	2.07	1.90	1.67	1.48	1.28	0.95	0.74	0.59	0.51	0.40	0.90
0.37	3.63	3.49	3.29	3.15	2.64	2.49	2.36	2.27	2.10	1.93	1.69	1.49	1.28	0.94	0.73	0.58	0.50	0.39	0.93
0.38	3.73	3.58	3.37	3.23	2.70	2.54	2.41	2.32	2.14	1.96	1.71	1.51	1.29	0.94	0.73	0.57	0.49	0.38	0.95
0.39	3.83	3.67	3.46	3.30	2.75	2.59	2.46	2.36	2.17	1.99	1.73	1.52	1.30	0.94	0.72	0.56	0.48	0.37	0.98
0.40	3.93	3.77	3.55	3.38	2.81	2.64	2.50	2.40	2.21	2.02	1.75	1.54	1.30	0.94	0.71	0.55	0.47	0.36	1.00

续表

C_v \ P/%	0.001	0.002	0.005	0.01	0.1	0.2	0.33	0.5	1	2	5	10	20	50	75	90	95	99	P/% \ C_s
0.41	4.04	3.87	3.64	3.47	2.87	2.69	2.55	2.44	2.25	2.05	1.77	1.55	1.31	0.93	0.70	0.54	0.46	0.35	1.03
0.42	4.15	3.97	3.73	3.56	2.93	2.75	2.60	2.48	2.28	2.08	1.79	1.56	1.32	0.93	0.69	0.53	0.45	0.34	1.05
0.43	4.26	4.07	3.83	3.64	2.99	2.80	2.65	2.53	2.32	2.11	1.81	1.58	1.32	0.93	0.69	0.53	0.45	0.34	1.08
0.44	4.37	4.17	3.92	3.73	3.05	2.86	2.70	2.57	2.36	2.14	1.83	1.59	1.33	0.92	0.68	0.52	0.44	0.33	1.10
0.45	4.48	4.28	4.02	3.82	3.12	2.91	2.75	2.62	2.40	2.17	1.85	1.60	1.33	0.92	0.67	0.51	0.43	0.32	1.13
0.46	4.59	4.39	4.11	3.91	3.18	2.97	2.80	2.67	2.44	2.20	1.87	1.62	1.34	0.92	0.66	0.50	0.42	0.32	1.15
0.47	4.71	4.50	4.21	4.00	3.24	3.02	2.85	2.72	2.47	2.23	1.90	1.63	1.34	0.91	0.65	0.49	0.41	0.31	1.18
0.48	4.83	4.60	4.30	4.08	3.31	3.08	2.90	2.76	2.51	2.26	1.92	1.64	1.35	0.91	0.65	0.49	0.40	0.30	1.20
0.49	4.95	4.71	4.41	4.17	3.37	3.13	2.95	2.81	2.55	2.29	1.94	1.66	1.36	0.90	0.64	0.48	0.40	0.30	1.23
0.50	5.06	4.82	4.51	4.26	3.44	3.19	3.00	2.85	2.59	2.32	1.96	1.67	1.36	0.90	0.63	0.47	0.39	0.29	1.25
0.52	5.31	5.05	4.71	4.46	3.58	3.31	3.11	2.95	2.67	2.38	2.00	1.70	1.37	0.89	0.62	0.45	0.38	0.28	1.30
0.54	5.55	5.29	4.92	4.66	3.72	3.44	3.22	3.05	2.75	2.45	2.04	1.72	1.38	0.88	0.61	0.44	0.36	0.27	1.35
0.55	5.69	5.41	5.03	4.75	3.79	3.50	3.27	3.10	2.79	2.48	2.07	1.73	1.39	0.88	0.60	0.43	0.35	0.26	1.38
0.56	5.82	5.53	5.14	4.85	3.86	3.56	3.32	3.15	2.83	2.51	2.09	1.75	1.40	0.87	0.59	0.42	0.34	0.26	1.40
0.58	6.08	5.77	5.36	5.05	4.00	3.69	3.43	3.25	2.92	2.58	2.13	1.78	1.41	0.87	0.58	0.41	0.33	0.25	1.45
0.60	6.36	6.03	5.59	5.25	4.14	3.81	3.54	3.35	3.00	2.64	2.17	1.80	1.42	0.86	0.56	0.39	0.32	0.24	1.50
0.62	6.63	6.27	5.82	5.47	4.29	3.94	3.66	3.46	3.08	2.71	2.21	1.83	1.43	0.85	0.55	0.38	0.31	0.24	1.55
0.64	6.92	6.55	6.06	5.69	4.44	4.07	3.78	3.56	3.17	2.78	2.25	1.85	1.44	0.84	0.54	0.37	0.30	0.24	1.60
0.65	7.07	6.69	6.18	5.80	4.52	4.14	3.83	3.61	3.21	2.81	2.27	1.86	1.44	0.83	0.53	0.36	0.30	0.23	1.63
0.66	7.21	6.82	6.30	5.92	4.60	4.21	3.89	3.67	3.26	2.85	2.29	1.87	1.44	0.83	0.52	0.35	0.29	0.23	1.65
0.68	7.50	7.09	6.54	6.14	4.75	4.34	4.01	3.77	3.34	2.92	2.34	1.90	1.45	0.82	0.51	0.34	0.28	0.23	1.70
0.70	7.81	7.37	6.79	6.36	4.90	4.47	4.13	3.88	3.43	2.98	2.39	1.92	1.46	0.81	0.50	0.33	0.27	0.22	1.75
0.72	8.11	7.66	7.05	6.60	5.06	4.61	4.26	3.99	3.52	3.05	2.43	1.94	1.46	0.80	0.49	0.32	0.27	0.22	1.80

续表

C_v \ P/%	0.001	0.002	0.005	0.01	0.1	0.2	0.33	0.5	1	2	5	10	20	50	75	90	95	99	P/% \ C_s
0.74	8.43	7.95	7.31	6.84	5.22	4.75	4.38	4.10	3.61	3.12	2.47	1.97	1.47	0.79	0.47	0.31	0.26	0.22	1.85
0.75	8.59	8.10	7.45	6.96	5.31	4.82	4.44	4.16	3.66	3.15	2.49	1.98	1.47	0.78	0.46	0.31	0.26	0.21	1.88
0.76	8.75	8.24	7.58	7.09	5.39	4.90	4.51	4.22	3.71	3.19	2.51	1.99	1.48	0.78	0.45	0.30	0.25	0.21	1.90
0.78	9.08	8.55	7.85	7.33	5.56	5.04	4.63	4.33	6.80	3.26	2.56	2.02	1.48	0.76	0.44	0.30	0.25	0.21	1.95
0.80	9.41	8.86	8.12	7.57	5.73	5.18	4.76	4.44	3.89	3.33	2.60	2.04	1.49	0.75	0.43	0.28	0.24	0.21	2.00
0.82	9.75	9.17	8.40	7.83	5.91	5.33	4.89	4.56	3.98	3.40	2.64	2.06	1.49	0.74	0.42	0.28	0.23	0.21	2.05
0.84	10.10	9.49	8.69	8.09	6.08	5.48	5.03	4.68	4.08	3.47	2.68	2.08	1.49	0.73	0.41	0.27	0.23	0.21	2.10
0.85	10.27	9.65	8.83	8.22	6.17	5.55	5.09	4.73	4.12	3.50	2.70	2.10	1.50	0.72	0.40	0.27	0.23	0.20	2.13
0.86	10.45	9.81	8.98	8.36	6.26	5.63	5.16	4.79	4.17	3.54	2.72	2.11	1.50	0.72	0.39	0.26	0.23	0.20	2.15
0.88	10.81	10.14	9.27	8.62	6.43	5.78	5.30	4.91	4.27	3.61	2.76	2.13	1.50	0.71	0.38	0.26	0.23	0.20	2.20
0.90	11.17	10.48	9.57	8.88	6.61	5.93	5.43	5.03	4.36	3.68	2.80	2.15	1.50	0.70	0.37	0.25	0.22	0.20	2.25
0.92	11.54	10.82	9.87	9.16	6.80	6.09	5.57	5.15	4.46	3.75	2.84	2.17	1.51	0.69	0.36	0.25	0.22	0.20	2.30
0.94	11.91	11.17	10.18	9.45	6.99	6.25	5.71	5.28	4.56	3.82	2.88	2.19	1.51	0.68	0.35	0.24	0.22	0.20	2.35
0.95	12.10	11.35	10.33	9.59	7.09	6.33	5.78	5.34	4.60	3.86	2.90	2.20	1.51	0.67	0.35	0.24	0.21	0.20	2.38
0.96	12.30	11.52	10.49	9.73	7.17	6.41	5.85	5.40	4.65	3.90	2.93	2.21	1.52	0.66	0.35	0.24	0.21	0.20	2.40
0.98	12.68	11.89	10.81	10.02	7.36	6.57	5.99	5.53	4.75	3.97	2.97	2.23	1.52	0.65	0.34	0.23	0.21	0.20	2.45
1.00	13.08	12.24	11.13	10.30	7.55	6.73	6.13	5.65	4.85	4.04	3.01	2.25	1.52	0.64	0.33	0.23	0.21	0.20	2.50
1.02	13.48	12.61	11.46	10.60	7.75	6.90	6.27	5.78	4.95	4.11	3.05	2.27	1.52	0.63	0.32	0.22	0.20	0.20	2.55
1.04	13.88	12.98	11.79	10.90	7.95	7.06	6.42	5.91	5.05	4.19	3.09	2.29	1.52	0.62	0.31	0.22	0.20	0.20	2.60
1.05	14.08	13.17	11.96	11.05	8.04	7.14	6.49	5.97	5.00	4.22	3.11	2.29	1.52	0.61	0.31	0.22	0.20	0.20	2.63
1.06	14.29	13.36	12.13	11.20	8.14	7.23	6.56	6.03	5.15	4.26	3.13	2.30	1.52	0.60	0.30	0.22	0.20	0.20	2.65
1.08	14.72	13.74	12.47	11.50	8.34	7.39	6.71	6.16	5.20	4.34	3.17	2.32	1.52	0.59	0.30	0.21	0.20	0.20	2.70

续表

C_v \ P/%	0.001	0.002	0.005	0.01	0.1	0.2	0.33	0.5	1	2	5	10	20	50	75	90	95	99	P/% \ C_s
1.10	15.13	14.13	12.81	11.80	8.54	7.56	6.85	6.29	5.35	4.41	3.21	2.34	1.52	0.58	0.29	0.21	0.20	0.20	2.75
1.12	15.56	14.53	13.16	12.12	8.75	7.74	7.00	6.42	5.45	4.48	3.25	2.36	1.52	0.57	0.28	0.21	0.20	0.20	2.80
1.14	16.00	14.92	13.51	12.45	8.96	7.91	7.15	6.55	5.55	4.56	3.29	2.37	1.51	0.56	0.27	0.21	0.20	0.20	2.85
1.15	16.22	15.12	13.69	12.61	9.06	8.00	7.23	6.62	5.60	4.59	3.30	2.38	1.51	0.56	0.27	0.21	0.20	0.20	2.88
1.16	16.44	15.33	13.87	12.77	9.16	8.09	7.31	6.69	5.66	4.63	3.32	2.39	1.51	0.55	0.27	0.21	0.20	0.20	2.90
1.18	16.88	15.74	14.23	13.10	9.37	8.26	7.46	6.82	5.76	4.71	3.36	2.40	1.50	0.54	0.26	0.21	0.20	0.20	2.95
1.20	17.33	16.16	14.60	13.42	9.58	8.44	7.61	6.95	5.86	4.78	3.40	2.42	1.50	0.53	0.26	0.21	0.20	0.20	3.00
1.22	17.79	16.57	14.97	13.76	9.80	8.63	7.77	7.09	5.96	4.86	3.44	2.43	1.50	0.52	0.25	0.21	0.20	0.20	3.05
1.24	18.26	17.00	15.34	14.10	10.02	8.81	7.93	7.23	6.07	4.93	3.48	2.44	1.49	0.51	0.25	0.21	0.20	0.20	3.10
1.25	18.49	17.21	15.53	14.27	10.12	8.90	8.01	7.29	6.12	4.97	3.50	2.44	1.49	0.50	0.25	0.21	0.20	0.20	3.13
1.26	18.72	17.43	15.72	14.45	10.23	9.00	8.09	7.36	6.17	5.01	3.52	2.45	1.49	0.49	0.24	0.21	0.20	0.20	3.15
1.28	19.20	17.86	16.10	14.79	10.45	9.18	8.25	7.50	6.27	5.08	3.56	2.46	1.48	0.48	0.24	0.21	0.20	0.20	3.20
1.30	19.68	18.30	16.49	15.13	10.67	9.37	8.41	7.64	6.38	5.16	2.60	2.47	1.48	0.48	0.24	0.20	0.20	0.20	3.25
1.32	20.16	18.75	16.88	15.49	10.90	9.56	8.57	7.78	6.49	5.23	3.63	2.48	1.47	0.47	0.24	0.20	0.20	0.20	3.30
1.34	20.65	19.19	17.28	15.85	11.13	9.75	8.73	7.92	6.59	5.30	3.66	2.49	1.47	0.46	0.24	0.20	0.20	0.20	3.35
1.35	20.90	19.42	17.48	16.05	11.24	9.84	8.80	8.00	6.64	5.34	3.68	2.50	1.46	0.45	0.23	0.20	0.20	0.20	3.38
1.36	21.15	19.65	17.68	16.20	11.35	9.93	8.88	8.07	6.70	5.38	3.70	2.51	1.46	0.45	0.23	0.20	0.20	0.20	3.40
1.38	21.65	20.11	18.08	16.46	11.58	10.12	9.04	8.21	6.80	5.45	3.73	2.52	1.45	0.44	0.23	0.20	0.20	0.20	3.45
1.40	22.16	20.57	18.49	16.92	11.81	10.31	9.20	8.35	6.91	5.52	3.76	2.53	1.45	0.43	0.23	0.20	0.20	0.20	3.50
1.42	22.67	21.04	18.90	17.30	12.05	10.50	9.37	8.49	7.02	5.29	3.78	2.54	1.44	0.42	0.23	0.20	0.20	0.20	3.55
1.44	23.09	21.53	19.32	17.68	12.28	10.70	9.53	8.63	7.12	5.66	3.82	2.55	1.43	0.41	0.23	0.20	0.20	0.20	3.60
1.45	23.45	21.75	19.53	17.86	12.40	10.79	9.61	8.70	7.17	5.70	3.83	2.56	1.42	0.40	0.22	0.20	0.20	0.20	3.63
1.46	23.71	21.99	19.74	18.05	12.52	10.89	9.70	8.78	7.23	5.74	3.85	2.56	1.42	0.39	0.22	0.20	0.20	0.20	3.65

续表

C_v \ P/%	0.001	0.002	0.005	0.01	0.1	0.2	0.33	0.5	1	2	5	10	20	50	75	90	95	99	C_s
1.48	24.24	22.48	20.16	18.43	12.75	11.09	9.85	8.92	7.33	5.81	3.88	2.57	1.42	0.38	0.22	0.20	0.20	0.20	3.70
1.50	24.78	22.97	20.59	18.81	12.99	11.28	10.03	9.06	7.44	5.88	3.91	2.58	1.41	0.37	0.22	0.20	0.20	0.20	3.75
1.55	26.13	24.21	21.68	19.79	13.59	11.77	10.46	9.43	7.71	6.06	3.99	2.59	1.38	0.36	0.21	0.20	0.20	0.20	3.88
1.60	27.53	25.48	22.79	20.78	14.20	12.28	10.89	9.80	7.98	6.23	4.07	2.60	1.36	0.34	0.21	0.20	0.20	0.20	4.00
1.65	28.95	26.78	23.92	21.79	14.82	12.80	11.32	10.17	8.25	6.41	4.14	2.62	1.34	0.32	0.20	0.20	0.20	0.20	4.13
1.70	30.41	28.11	25.09	22.82	15.45	13.32	11.76	10.54	8.52	6.59	4.21	2.62	1.31	0.31	0.20	0.20	0.20	0.20	4.25
1.75	31.90	29.46	26.27	23.87	16.10	13.85	12.20	10.92	8.79	6.77	4.28	2.62	1.28	0.30	0.20	0.20	0.20	0.20	4.38
1.80	33.42	30.85	27.18	24.94	16.75	14.38	12.64	11.30	9.06	6.94	4.34	2.62	1.25	0.28	0.20	0.20	0.20	0.20	4.50
1.85	34.97	32.26	28.71	26.02	17.41	14.91	13.08	11.68	9.33	7.11	4.39	2.62	1.23	0.27	0.20	0.20	0.20	0.20	4.63
1.90	36.55	33.70	29.96	27.14	18.08	15.45	13.54	12.06	9.60	7.27	4.44	2.62	1.20	0.26	0.20	0.20	0.20	0.20	4.75
1.95	38.17	35.17	31.23	28.28	18.76	16.00	14.00	12.45	9.87	7.44	4.49	2.61	1.16	0.25	0.20	0.20	0.20	0.20	4.88
2.00	39.81	36.66	32.53	29.44	19.44	16.54	14.46	12.84	10.14	7.60	4.54	2.60	1.12	0.24	0.20	0.20	0.20	0.20	5.00

(3) $C_s=3.0C_v$

C_v \ P/%	0.001	0.002	0.005	0.01	0.1	0.2	0.33	0.5	1	2	5	10	20	50	75	90	95	99	C_s
0.05	1.24	1.23	1.21	1.20	1.17	1.15	1.14	1.14	1.12	1.11	1.08	1.07	1.04	1.00	0.97	0.94	0.92	0.89	0.15
0.06	1.29	1.28	1.26	1.25	1.20	1.18	1.18	1.16	1.15	1.13	1.10	1.08	1.05	1.00	0.96	0.92	0.90	0.87	0.18
0.07	1.35	1.33	1.31	1.29	1.24	1.22	1.21	1.19	1.17	1.15	1.12	1.09	1.06	1.00	0.95	0.91	0.89	0.85	0.21
0.08	1.40	1.38	1.36	1.34	1.28	1.26	1.24	1.22	1.20	1.17	1.14	1.11	1.07	1.00	0.94	0.90	0.87	0.83	0.24
0.09	1.46	1.43	1.41	1.39	1.31	1.29	1.27	1.26	1.23	1.20	1.15	1.12	1.07	1.00	0.94	0.89	0.86	0.81	0.27
0.10	1.52	1.49	1.46	1.44	1.35	1.32	1.30	1.29	1.25	1.22	1.17	1.13	1.08	0.99	0.93	0.88	0.85	0.79	0.30

续表

C_v \ P/%	0.001	0.002	0.005	0.01	0.1	0.2	0.33	0.5	1	2	5	10	20	50	75	90	95	99	P/% / C_s
0.11	1.58	1.55	1.52	1.49	1.39	1.36	1.34	1.32	1.28	1.25	1.19	1.14	1.09	0.99	0.92	0.86	0.84	0.77	0.33
0.12	1.64	1.61	1.57	1.54	1.43	1.39	1.37	1.35	1.31	1.27	1.21	1.16	1.10	0.99	0.92	0.85	0.82	0.75	0.36
0.13	1.71	1.67	1.63	1.60	1.48	1.43	1.41	1.39	1.34	1.30	1.23	1.17	1.11	0.99	0.91	0.84	0.81	0.74	0.39
0.14	1.77	1.74	1.69	1.65	1.52	1.47	1.44	1.42	1.37	1.32	1.25	1.19	1.12	0.99	0.90	0.83	0.79	0.72	0.42
0.15	1.84	1.80	1.75	1.71	1.56	1.51	1.48	1.45	1.40	1.35	1.26	1.20	1.12	0.99	0.89	0.82	0.78	0.70	0.45
0.16	1.91	1.87	1.81	1.77	1.60	1.55	1.52	1.48	1.43	1.37	1.28	1.21	1.13	0.98	0.89	0.81	0.77	0.69	0.48
0.17	1.98	1.94	1.87	1.83	1.65	1.59	1.55	1.52	1.46	1.40	1.30	1.23	1.14	0.98	0.88	0.79	0.75	0.67	0.51
0.18	2.06	2.01	1.94	1.89	1.70	1.63	1.59	1.55	1.49	1.42	1.32	1.25	1.15	0.98	0.87	0.78	0.74	0.65	0.54
0.19	2.14	2.08	2.01	1.95	1.74	1.68	1.63	1.59	1.52	1.45	1.34	1.26	1.15	0.98	0.86	0.77	0.72	0.64	0.57
0.20	2.21	2.15	2.07	2.02	1.79	1.72	1.67	1.63	1.55	1.47	1.36	1.27	1.16	0.98	0.86	0.76	0.71	0.62	0.60
0.21	2.29	2.23	2.14	2.08	1.84	1.76	1.71	1.67	1.58	1.50	1.38	1.28	1.17	0.98	0.85	0.75	0.70	0.61	0.63
0.22	2.38	2.31	2.21	2.14	1.89	1.81	1.75	1.70	1.62	1.52	1.40	1.29	1.18	0.98	0.84	0.74	0.69	0.60	0.66
0.23	2.47	2.39	2.28	2.21	1.94	1.86	1.79	1.74	1.65	1.55	1.42	1.31	1.18	0.97	0.84	0.73	0.67	0.58	0.69
0.24	2.55	2.47	2.36	2.28	1.99	1.90	1.84	1.78	1.68	1.58	1.44	1.32	1.19	0.97	0.83	0.72	0.66	0.57	0.72
0.25	2.64	2.55	2.43	2.35	2.05	1.95	1.88	1.82	1.72	1.61	1.46	1.34	1.20	0.97	0.82	0.71	0.65	0.56	0.75
0.26	2.73	2.63	2.51	2.42	2.10	2.00	1.92	1.86	1.75	1.63	1.48	1.35	1.21	0.97	0.81	0.70	0.64	0.54	0.78
0.27	2.82	2.72	2.59	2.49	2.15	2.04	1.96	1.90	1.78	1.66	1.50	1.36	1.21	0.96	0.80	0.69	0.63	0.53	0.81
0.28	2.91	2.81	2.67	2.57	2.20	2.09	2.01	1.94	1.82	1.69	1.52	1.37	1.22	0.96	0.80	0.68	0.62	0.52	0.84
0.29	3.00	2.90	2.75	2.64	2.26	2.14	2.05	1.98	1.85	1.72	1.54	1.39	1.22	0.96	0.79	0.67	0.61	0.51	0.87
0.30	3.10	2.99	2.84	2.72	2.32	2.19	2.10	2.02	1.89	1.75	1.56	1.40	1.23	0.96	0.78	0.66	0.60	0.50	0.90
0.31	3.21	3.09	2.92	2.80	2.37	2.24	2.14	2.06	1.92	1.78	1.58	1.42	1.24	0.95	0.77	0.65	0.59	0.49	0.93
0.32	3.31	3.19	3.01	2.88	2.43	2.29	2.19	2.10	1.96	1.81	1.60	1.43	1.24	0.95	0.77	0.64	0.58	0.48	0.96

续表

C_v \ P/%	0.001	0.002	0.005	0.01	0.1	0.2	0.33	0.5	1	2	5	10	20	50	75	90	95	99	P/% \ C_s
0.33	3.41	3.27	3.09	2.96	2.49	2.34	2.24	1.15	2.00	1.84	1.62	1.44	1.25	0.95	0.76	0.63	0.57	0.47	0.99
0.34	3.51	3.37	3.18	3.04	2.55	2.10	2.29	2.19	2.03	1.87	1.64	1.46	1.26	0.94	0.75	0.62	0.56	0.46	1.02
0.35	3.62	3.47	3.27	3.12	2.61	2.46	2.33	2.24	2.07	1.90	1.66	1.47	1.26	0.94	0.74	0.61	0.55	0.46	1.05
0.36	3.73	3.58	3.37	3.21	2.67	2.51	2.38	2.28	2.11	1.93	1.68	1.48	1.27	0.94	0.73	0.60	0.54	0.45	1.08
0.37	3.84	3.69	3.67	3.30	2.73	2.56	2.43	2.33	2.15	1.96	1.70	1.50	1.27	0.93	0.73	0.59	0.53	0.44	1.11
0.38	3.96	3.79	3.56	3.38	2.80	2.62	2.48	2.37	2.19	1.99	1.72	1.51	1.28	0.93	0.72	0.58	0.52	0.43	1.14
0.39	4.07	3.90	3.66	3.47	2.86	2.67	2.53	2.42	2.22	2.02	1.74	1.52	1.29	0.92	0.71	0.58	0.51	0.43	1.17
0.40	4.19	4.00	3.75	3.56	2.92	2.73	2.58	2.46	2.26	2.05	1.76	1.54	1.29	0.92	0.70	0.57	0.50	0.42	1.20
0.41	4.31	4.11	3.85	3.66	2.99	2.79	2.64	2.51	2.30	2.08	1.79	1.55	1.30	0.92	0.70	0.56	0.50	0.41	1.23
0.42	4.43	4.23	3.96	3.75	3.06	2.85	2.69	2.56	2.34	2.11	1.81	1.56	1.31	0.91	0.69	0.55	0.49	0.41	1.26
0.43	4.55	4.34	4.06	3.85	3.12	2.91	5.74	2.61	2.38	2.14	1.83	1.58	1.31	0.91	0.68	0.54	0.48	0.40	1.29
0.44	4.67	4.46	4.16	3.94	3.19	2.97	2.80	2.65	2.42	2.17	1.85	1.59	1.32	0.91	0.67	0.54	0.47	0.40	1.32
0.45	4.80	4.57	4.27	4.04	3.26	3.03	2.85	2.70	2.46	2.21	1.87	1.60	1.32	0.90	0.67	0.53	0.47	0.39	1.35
0.46	4.93	4.69	4.38	4.14	3.33	3.09	2.90	2.75	2.50	2.24	1.89	1.61	1.33	0.90	0.66	0.52	0.46	0.39	1.38
0.47	5.06	4.81	4.49	4.24	3.40	3.15	2.96	2.80	2.54	2.28	1.91	1.63	1.33	0.90	0.66	0.52	0.45	0.38	1.41
0.48	5.19	4.94	4.60	4.34	3.47	3.21	3.01	2.85	2.58	2.31	1.93	1.65	1.34	0.89	0.65	0.51	0.45	0.38	1.44
0.49	5.32	5.07	4.71	4.44	3.54	3.28	3.07	2.91	2.62	2.34	1.95	1.66	1.34	0.89	0.64	0.50	0.44	0.37	1.47
0.50	5.46	5.19	4.82	4.55	3.62	3.34	3.12	2.96	2.67	2.37	1.98	1.67	1.35	0.88	0.64	0.49	0.44	0.37	1.50
0.52	5.74	5.45	5.06	4.76	3.76	3.46	3.24	3.06	2.75	2.44	2.02	1.69	1.36	0.87	0.62	0.48	0.42	0.36	1.56
0.54	6.03	5.71	5.29	4.98	3.91	3.60	3.36	3.16	2.84	2.51	2.06	1.72	1.36	0.86	0.61	0.47	0.41	0.36	1.62
0.55	6.17	5.85	5.42	5.09	3.99	3.66	3.42	3.21	2.88	2.54	2.08	1.73	1.36	0.86	0.60	0.46	0.41	0.36	1.65
0.56	6.32	5.98	5.54	5.20	4.07	3.73	3.48	3.27	2.93	2.57	2.10	1.74	1.37	0.85	0.59	0.46	0.40	0.35	1.68

续表

C_v \ P/%	0.001	0.002	0.005	0.01	0.1	0.2	0.33	0.5	1	2	5	10	20	50	75	90	95	99	P/% / C_s
0.58	6.62	6.26	5.79	5.43	4.23	3.86	3.59	3.38	3.01	2.64	2.14	1.77	1.38	0.84	0.58	0.45	0.40	0.35	1.74
0.60	6.93	6.55	6.04	5.66	4.38	4.01	3.71	3.49	3.10	2.71	2.19	1.79	1.38	0.83	0.57	0.44	0.39	0.35	1.80
0.62	7.24	6.84	6.30	5.90	4.55	4.15	3.84	3.60	3.19	2.78	2.23	1.82	1.39	0.82	0.55	0.43	0.38	0.34	1.86
0.64	7.57	7.14	6.57	6.14	4.71	4.29	3.96	3.71	3.28	2.85	2.27	1.84	1.40	0.81	0.54	0.42	0.37	0.34	1.92
0.65	7.73	7.29	6.71	6.26	4.81	4.36	4.03	3.77	3.33	2.88	2.29	1.85	1.40	0.80	0.53	0.41	0.37	0.34	1.95
0.66	7.90	7.44	6.84	6.39	4.88	4.43	4.09	3.83	3.38	2.92	2.32	1.86	1.41	0.80	0.53	0.41	0.37	0.34	1.98
0.68	8.23	7.76	7.12	6.64	5.06	4.58	4.22	3.94	3.47	2.99	2.36	1.88	1.41	0.79	0.52	0.40	0.36	0.34	2.04
0.70	8.58	8.07	7.41	6.90	5.23	4.73	4.35	4.06	3.58	3.05	2.40	1.90	1.41	0.78	0.50	0.39	0.36	0.34	2.10
0.72	8.93	8.40	7.70	7.16	5.41	4.89	4.48	4.18	3.66	3.12	2.44	1.93	1.42	0.77	0.49	0.38	0.35	0.34	2.16
0.74	9.29	8.73	7.99	7.43	5.59	5.04	4.62	4.30	3.75	3.20	2.48	1.95	1.42	0.76	0.48	0.38	0.35	0.34	2.22
0.75	9.47	8.90	8.14	7.57	5.68	5.12	4.69	4.36	3.80	3.24	2.50	1.96	1.42	0.76	0.48	0.38	0.35	0.34	2.25
0.76	9.66	9.07	8.29	7.71	5.77	5.20	4.76	4.43	3.85	3.27	2.52	1.97	1.42	0.75	0.47	0.37	0.35	0.34	2.28
0.78	10.03	9.41	8.60	7.98	5.95	5.35	4.90	4.55	3.95	3.34	2.56	1.99	1.43	0.73	0.47	0.37	0.34	0.34	2.34
0.80	10.41	9.77	8.91	8.25	6.14	5.50	5.04	4.66	4.05	3.42	2.61	2.01	1.43	0.72	0.46	0.36	0.34	0.34	2.40
0.82	10.80	10.12	9.23	8.55	6.33	5.67	5.18	4.79	4.14	3.49	2.65	2.03	1.43	0.71	0.45	0.36	0.34	0.34	2.46
0.84	11.20	10.49	9.55	8.85	6.52	5.84	5.33	4.92	4.24	3.56	2.69	2.05	1.43	0.70	0.44	0.36	0.34	0.34	2.52
0.85	11.40	10.67	9.71	9.00	6.62	5.92	5.40	4.98	4.29	3.59	2.71	2.06	1.43	0.69	0.44	0.35	0.34	0.34	2.55
0.86	11.60	10.86	9.88	9.15	6.72	6.00	5.47	5.04	4.34	3.63	2.73	2.06	1.43	0.68	0.43	0.35	0.34	0.34	2.58
0.88	12.01	11.24	10.22	9.45	6.91	6.16	5.61	5.17	4.44	3.70	2.77	2.08	1.43	0.67	0.42	0.35	0.34	0.33	2.64
0.90	12.43	11.62	10.55	9.75	7.11	6.33	5.75	5.30	4.54	3.78	2.81	2.10	1.43	0.67	0.42	0.35	0.34	0.33	2.70
0.92	12.85	12.01	10.90	10.06	7.31	6.50	5.90	5.43	4.64	3.85	2.85	2.12	1.43	0.65	0.41	0.34	0.34	0.33	2.76
0.94	13.28	12.40	10.25	10.38	7.51	6.38	6.05	5.56	4.75	3.93	2.89	2.14	1.43	0.64	0.40	0.34	0.34	0.33	2.82

续表

C_v \ P/%	0.001	0.002	0.005	0.01	0.1	0.2	0.33	0.5	1	2	5	10	20	50	75	90	95	99	C_s
0.95	13.50	12.60	11.37	10.54	7.62	6.76	6.13	5.62	4.80	3.96	2.91	2.14	1.43	0.64	0.39	0.34	0.34	0.33	2.85
0.96	13.72	12.81	11.50	10.70	7.72	6.85	6.21	5.69	4.84	4.00	2.93	2.15	1.42	0.63	0.39	0.34	0.34	0.33	2.88
0.98	14.17	13.22	11.96	11.02	7.94	7.03	6.36	5.83	4.94	4.08	2.97	2.17	1.42	0.62	0.38	0.34	0.34	0.33	2.94
1.00	14.61	13.63	12.33	11.35	8.15	7.20	6.51	5.96	5.05	4.15	3.00	2.18	1.42	0.61	0.38	0.34	0.34	0.33	3.00
1.02	15.07	14.05	12.70	11.68	8.36	7.39	6.67	6.10	5.15	4.22	3.04	2.20	1.42	0.60	0.38	0.34	0.33	0.33	3.06
1.04	15.53	14.47	13.08	12.02	8.57	7.57	6.82	6.24	5.26	4.31	3.08	2.20	1.42	0.59	0.38	0.34	0.33	0.33	3.12
1.05	15.77	14.68	13.27	12.20	8.68	7.66	6.90	6.31	5.32	4.34	3.10	2.21	1.41	0.58	0.37	0.34	0.33	0.33	3.15
1.06	16.01	14.90	13.45	12.37	8.79	7.75	6.98	6.38	5.37	4.38	3.12	2.21	1.41	0.58	0.37	0.34	0.33	0.33	3.18
1.08	16.48	15.34	13.84	12.71	9.01	7.94	7.14	6.51	5.47	4.45	3.16	2.22	1.40	0.57	0.36	0.34	0.33	0.33	3.24
1.10	16.97	15.79	14.23	13.07	9.24	8.13	7.31	6.65	5.57	4.53	3.19	2.23	1.40	0.55	0.36	0.34	0.33	0.33	3.30
1.12	17.46	16.24	14.63	13.42	9.47	8.31	7.47	6.79	5.67	4.60	3.22	2.25	1.39	0.54	0.36	0.34	0.33	0.33	3.36
1.14	17.96	16.69	15.03	13.78	9.70	8.50	7.63	6.93	5.78	4.67	3.25	2.26	1.39	0.53	0.35	0.34	0.33	0.33	3.42
1.15	18.21	16.92	15.24	13.96	9.81	8.59	7.70	7.00	5.83	4.70	3.26	2.26	1.38	0.53	0.35	0.34	0.33	0.33	3.45
1.16	18.46	17.61	15.44	14.14	9.93	8.69	7.78	7.07	5.89	4.74	3.28	2.27	1.37	0.52	0.35	0.34	0.33	0.33	3.48
1.18	18.97	17.62	15.85	14.51	10.17	8.88	7.95	7.21	6.00	4.81	3.32	2.28	1.37	0.52	0.35	0.34	0.33	0.33	3.54
1.20	19.49	18.10	16.26	14.88	10.40	9.07	8.12	7.36	6.10	4.89	3.35	2.30	1.36	0.51	0.35	0.33	0.33	0.33	3.60
1.22	20.03	18.58	16.68	15.26	10.64	9.27	8.28	7.51	6.21	4.96	3.38	2.30	1.35	0.50	0.35	0.33	0.33	0.33	3.66
1.24	20.55	19.06	17.11	15.64	10.88	9.47	8.45	7.65	6.31	5.03	3.42	2.31	1.35	0.49	0.35	0.33	0.33	0.33	3.72
1.25	20.81	19.31	17.32	15.84	11.00	9.57	8.53	7.72	6.36	5.07	3.44	2.31	1.34	0.49	0.35	0.33	0.33	0.33	3.75
1.26	21.08	19.55	17.54	16.03	11.12	9.67	8.61	7.79	6.42	5.10	3.45	2.32	1.33	0.48	0.35	0.33	0.33	0.33	3.78
1.28	21.63	20.05	17.97	16.42	11.36	9.87	8.78	7.94	6.53	5.17	3.48	2.32	1.32	0.47	0.35	0.33	0.33	0.33	3.84
1.30	22.18	20.55	18.41	16.81	11.30	10.06	8.94	8.09	6.64	5.25	3.51	2.33	1.31	0.47	0.34	0.33	0.33	0.33	3.90

续表

C_v \ P/%	0.001	0.002	0.005	0.01	0.1	0.2	0.33	0.5	1	2	5	10	20	50	75	90	95	99	C_s
1.32	22.73	21.06	18.86	17.21	11.84	10.26	9.12	8.24	6.75	5.32	3.54	2.33	1.31	0.46	0.34	0.33	0.33	0.33	3.96
1.34	23.29	21.57	16.93	17.60	12.08	10.47	9.30	8.38	6.86	5.38	3.57	2.34	1.30	0.45	0.34	0.33	0.33	0.33	4.02
1.35	23.58	21.83	19.53	17.80	12.21	10.57	9.38	8.45	6.91	5.42	3.59	2.34	1.30	0.45	0.34	0.33	0.33	0.33	4.05
1.36	23.86	22.09	19.76	18.01	12.33	10.67	9.47	8.52	6.96	5.46	3.60	2.34	1.29	0.44	0.34	0.33	0.33	0.33	4.08
1.38	24.44	22.61	20.22	18.42	12.57	10.88	9.64	8.67	7.07	5.53	3.63	2.34	1.28	0.43	0.34	0.33	0.33	0.33	4.14
1.40	25.02	23.14	20.68	18.84	12.82	11.10	9.82	8.82	7.18	5.60	3.66	2.34	1.27	0.43	0.34	0.33	0.33	0.33	4.20
1.42	25.60	23.68	21.15	19.24	13.08	11.31	10.00	8.97	7.29	5.67	3.68	2.35	1.26	0.43	0.34	0.33	0.33	0.33	4.26
1.44	26.20	24.22	21.62	19.66	13.34	11.52	10.17	9.12	7.40	5.74	3.71	2.35	1.24	0.42	0.34	0.33	0.33	0.33	4.32
1.45	26.50	24.49	21.86	19.88	13.47	11.62	10.26	9.20	7.45	5.77	3.72	2.35	1.23	0.42	0.34	0.33	0.33	0.33	4.35
1.46	26.80	24.76	22.10	20.09	13.60	11.72	10.34	9.28	7.50	5.81	3.73	2.35	1.23	0.42	0.34	0.33	0.33	0.33	4.38
1.48	27.40	25.32	22.58	20.52	13.86	11.93	10.52	9.44	7.61	5.88	3.76	2.35	1.22	0.41	0.34	0.33	0.33	0.33	4.44
1.50	28.02	25.87	2306.00	20.95	14.12	12.14	10.69	9.59	7.72	5.95	3.78	2.35	1.21	0.40	0.34	0.33	0.33	0.33	4.50
1.55	29.57	27.29	24.30	22.05	14.79	12.68	11.14	9.96	7.99	6.12	3.83	2.35	1.19	0.39	0.33	0.33	0.33	0.33	4.65
1.60	31.10	28.74	25.56	23.17	15.46	13.22	11.60	10.34	8.26	6.28	3.88	2.34	1.14	0.38	0.33	0.33	0.33	0.33	4.80
1.65	32.79	30.22	26.84	24.31	16.14	13.77	12.06	10.73	8.53	6.45	3.93	2.34	1.11	0.37	0.33	0.33	0.33	0.33	4.95
1.70	34.46	31.73	28.16	25.48	16.83	14.32	12.53	11.12	8.79	6.61	3.98	2.33	1.08	0.36	0.33	0.33	0.33	0.33	5.10
1.75	36.16	33.28	29.50	26.66	17.53	14.88	12.99	11.51	9.05	6.77	4.02	2.31	1.04	0.36	0.33	0.33	0.33	0.33	5.25
1.80	37.90	34.85	30.86	27.86	18.23	15.45	13.45	11.89	9.32	6.92	4.06	2.29	1.00	0.36	0.33	0.33	0.33	0.33	5.40
1.85	39.68	36.46	32.25	29.09	18.94	16.02	13.91	12.28	9.58	7.07	4.10	2.27	0.96	0.35	0.33	0.33	0.33	0.33	5.55
1.90	41.49	38.10	33.67	30.35	19.66	16.60	14.38	12.67	9.83	7.22	4.13	2.24	0.92	0.35	0.33	0.33	0.33	0.33	5.70
1.95	43.33	39.77	35.11	31.61	20.40	17.18	14.84	13.06	10.11	7.36	4.16	2.21	0.89	0.34	0.33	0.33	0.33	0.33	5.85
2.00	45.21	41.47	36.57	32.88	21.14	17.76	15.30	13.46	10.36	7.50	4.18	2.18	0.86	0.34	0.33	0.33	0.33	0.33	6.00

(4) $C_s=3.5C_v$

C_v \ P/%	0.001	0.002	0.005	0.01	0.1	0.2	0.33	0.5	1	2	5	10	20	50	75	90.0	95	99	P/% \ C_s
0.05	1.24	1.23	1.22	1.20	1.17	1.16	1.15	1.14	1.12	1.11	1.09	1.07	1.04	1.00	0.97	0.94	0.92	0.89	0.18
0.06	1.29	1.28	1.26	1.25	1.20	1.19	1.18	1.17	1.15	1.13	1.10	1.08	1.05	1.00	0.96	0.92	0.91	0.87	0.21
0.07	1.35	1.34	1.32	1.30	1.24	1.23	1.21	1.20	1.18	1.16	1.12	1.09	1.06	1.00	0.95	0.91	0.89	0.85	0.25
0.08	1.41	1.39	1.37	1.35	1.28	1.26	1.24	1.23	1.20	1.18	1.14	1.11	1.07	1.00	0.94	0.90	0.88	0.83	0.28
0.09	1.47	1.45	1.42	1.40	1.32	1.30	1.28	1.26	1.23	1.20	1.16	1.12	1.07	1.00	0.94	0.89	0.86	0.82	0.32
0.10	1.53	1.51	1.47	1.45	1.36	1.33	1.31	1.29	1.26	1.22	1.17	1.13	1.08	0.99	0.93	0.88	0.85	0.79	0.35
0.11	1.60	1.57	1.53	1.50	1.40	1.37	1.35	1.33	1.29	1.25	1.19	1.14	1.09	0.99	0.92	0.86	0.83	0.78	0.39
0.12	1.66	1.63	1.59	1.56	1.44	1.41	1.38	1.36	1.32	1.27	1.21	1.15	1.10	0.99	0.92	0.85	0.82	0.76	0.42
0.13	1.73	1.70	1.65	1.62	1.49	1.45	1.42	1.39	1.35	1.30	1.23	1.17	1.11	0.99	0.91	0.84	0.80	0.74	0.46
0.14	1.80	1.76	1.71	1.67	1.53	1.48	1.45	1.42	1.38	1.32	1.25	1.18	1.11	0.99	0.90	0.83	0.79	0.72	0.49
0.15	1.87	1.84	1.78	1.73	1.58	1.52	1.49	1.46	1.41	1.35	1.27	1.20	1.12	0.99	0.89	0.82	0.78	0.71	0.53
0.16	1.95	1.91	1.84	1.79	1.62	1.56	1.53	1.49	1.44	1.38	1.29	1.21	1.13	0.99	0.88	0.81	0.77	0.70	0.56
0.17	2.06	1.98	1.91	1.86	1.67	1.61	1.57	1.53	1.47	1.40	1.31	1.23	1.14	0.98	0.88	0.80	0.75	0.68	0.60
0.18	2.11	2.06	1.98	1.92	1.72	1.66	1.61	1.57	1.50	1.43	1.33	1.24	1.14	0.98	0.87	0.78	0.74	0.66	0.63
0.19	2.20	2.13	2.05	1.99	1.77	1.70	1.65	1.61	1.53	1.46	1.34	1.25	1.15	0.98	0.86	0.77	0.73	0.65	0.67
0.20	2.28	2.21	2.12	2.06	1.82	1.74	1.69	1.64	1.56	1.48	1.36	1.27	1.16	0.98	0.86	0.76	0.72	0.64	0.70
0.21	2.36	2.30	2.20	2.13	1.87	1.79	1.73	1.68	1.60	1.51	1.38	1.28	1.17	0.97	0.85	0.75	0.71	0.63	0.74
0.22	2.45	2.38	2.27	2.20	1.92	1.84	1.77	1.72	1.63	1.54	1.40	1.29	1.17	0.97	0.84	0.74	0.69	0.61	0.77
0.23	2.54	2.46	2.35	2.26	1.98	1.89	1.82	1.76	1.66	1.56	1.42	1.31	1.18	0.97	0.83	0.73	0.68	0.60	0.81
0.24	2.64	2.55	2.43	2.34	2.03	1.94	1.86	1.80	1.70	1.59	1.44	1.32	1.19	0.97	0.82	0.72	0.67	0.59	0.84
0.25	2.73	2.64	2.52	2.42	2.09	1.99	1.91	1.85	1.74	1.62	1.46	1.34	1.19	0.96	0.82	0.71	0.66	0.58	0.88

续表

C_v \ P/%	0.001	0.002	0.005	0.01	0.1	0.2	0.33	0.5	1	2	5	10	20	50	75	90.0	95	99	P/% \ C_s
0.26	2.83	2.73	2.60	2.50	2.14	2.04	1.96	1.89	1.77	1.65	1.48	1.35	1.20	0.96	0.81	0.70	0.65	0.57	0.91
0.27	2.93	2.82	2.68	2.58	2.20	2.09	2.00	1.93	1.81	1.68	1.50	1.36	1.21	0.96	0.80	0.69	0.64	0.56	0.95
0.28	3.03	2.92	2.77	2.66	2.26	2.14	2.05	1.97	1.84	1.71	1.52	1.38	1.21	0.96	0.80	0.68	0.63	0.55	0.98
0.29	3.14	3.02	2.86	2.73	2.32	2.19	2.10	2.02	1.88	1.74	1.55	1.39	1.22	0.95	0.79	0.67	0.62	0.54	1.02
0.30	3.25	3.12	2.95	2.82	2.38	2.24	2.14	2.06	1.92	1.77	1.57	1.40	1.22	0.95	0.78	0.67	0.61	0.53	1.05
0.31	3.36	3.22	3.04	2.90	2.44	2.30	2.19	2.11	1.95	1.80	1.59	1.42	1.23	0.95	0.77	0.66	0.60	0.53	1.09
0.32	3.47	3.33	3.14	2.99	2.50	2.35	2.24	2.15	1.99	1.83	1.61	1.43	1.24	0.94	0.76	0.65	0.59	0.52	1.12
0.33	3.58	3.43	3.23	3.08	2.56	2.40	2.29	2.20	2.03	1.86	1.63	1.44	1.24	0.94	0.76	0.64	0.59	0.51	1.16
0.34	3.70	3.54	3.33	3.17	2.63	2.46	2.34	2.24	2.07	1.89	1.65	1.46	1.25	0.94	0.75	0.63	0.58	0.51	1.19
0.35	3.82	3.65	3.43	3.26	2.70	2.52	2.39	2.29	2.11	1.92	1.67	1.47	1.26	0.93	0.74	0.62	0.57	0.50	1.23
0.36	3.94	6.76	3.53	3.35	2.76	2.58	2.44	2.34	2.15	1.95	1.69	1.48	1.26	0.93	0.73	0.62	0.56	0.50	1.26
0.37	4.06	3.88	3.63	3.46	2.83	2.64	2.50	2.38	2.19	1.99	1.71	1.50	1.27	0.92	0.73	0.61	0.56	0.49	1.30
0.38	4.19	4.00	3.74	3.55	2.90	2.70	2.55	2.43	2.23	2.02	1.73	1.51	1.27	0.92	0.72	0.60	0.54	0.48	1.33
0.39	4.31	4.11	3.85	3.65	2.97	2.76	2.60	2.48	2.27	2.05	1.75	1.52	1.28	0.92	0.71	0.59	0.54	0.48	1.37
0.40	4.44	4.23	3.96	3.75	3.04	2.82	2.66	2.53	2.31	2.08	1.78	1.53	1.28	0.91	0.71	0.58	0.53	0.47	1.40
0.41	4.58	4.36	4.07	3.85	3.11	2.88	2.72	2.58	2.35	2.12	1.80	1.55	1.29	0.91	0.70	0.58	0.53	0.47	1.44
0.42	4.71	4.48	4.18	3.95	3.18	2.95	2.77	2.63	2.39	2.15	1.82	1.56	1.29	0.90	0.69	0.57	0.52	0.46	1.47
0.43	4.85	4.61	4.30	4.05	3.25	3.01	2.82	2.68	2.43	2.18	1.84	1.57	1.30	0.90	0.69	0.56	0.51	0.46	1.51
0.44	4.98	4.74	4.41	4.16	3.33	3.08	2.88	2.73	2.48	2.21	1.86	1.59	1.30	0.89	0.68	0.56	0.51	0.46	1.54
0.45	5.12	4.87	4.53	4.27	3.40	3.14	2.94	2.79	2.52	2.25	1.88	1.60	1.31	0.89	0.67	0.55	0.50	0.45	1.58
0.46	5.27	5.00	4.65	4.37	3.48	3.21	3.00	2.84	2.56	2.28	1.90	1.61	1.31	0.88	0.66	0.54	0.50	0.45	1.61
0.47	5.41	5.13	4.77	4.48	3.55	3.28	3.06	2.89	2.60	2.32	1.93	1.62	1.32	0.88	0.66	0.54	0.49	0.45	1.65

续表

C_v \ P/%	0.001	0.002	0.005	0.01	0.1	0.2	0.33	0.5	1	2	5	10	20	50	75	90.0	95	99	C_s
0.48	5.56	5.27	4.89	4.60	3.63	3.35	3.12	2.94	2.65	2.35	1.95	1.64	1.32	0.87	0.65	0.53	0.49	0.45	1.68
0.49	5.71	5.41	5.01	4.71	3.71	3.42	3.18	3.00	2.69	2.38	1.97	1.65	1.32	0.87	0.65	0.53	0.48	0.45	1.72
0.50	5.86	5.55	5.14	4.82	3.78	3.48	3.24	3.06	2.40	2.42	1.99	1.66	1.32	0.86	0.64	0.52	0.48	0.44	1.75
0.52	6.17	5.84	5.40	5.06	3.95	3.62	3.36	3.16	2.83	2.48	2.03	1.69	1.33	0.85	0.63	0.51	0.47	0.44	1.82
0.54	6.49	6.13	5.66	5.30	4.11	3.76	3.48	3.28	2.91	2.55	2.07	1.71	1.34	0.84	0.61	0.50	0.47	0.44	1.89
0.55	6.65	6.28	5.79	5.41	4.20	3.83	3.55	3.34	2.96	2.58	2.10	1.72	1.34	0.84	0.60	0.50	0.46	0.44	1.93
0.56	6.82	6.43	5.93	5.55	4.28	3.91	3.61	3.39	3.01	2.62	2.12	1.73	1.35	0.83	0.60	0.49	0.46	0.43	1.96
0.58	7.15	6.75	6.21	5.80	4.45	4.05	3.74	3.51	3.10	2.69	2.16	1.75	1.35	0.82	0.58	0.48	0.46	0.43	2.03
0.60	7.50	7.06	6.49	6.06	4.62	4.20	3.87	3.62	3.20	2.76	2.20	1.77	1.35	0.81	0.57	0.48	0.45	0.43	2.10
0.62	7.85	7.39	6.78	6.32	4.80	4.35	4.01	3.74	3.29	2.83	2.24	1.79	1.36	0.80	0.56	0.47	0.45	0.43	2.17
0.64	8.21	7.72	7.08	6.59	4.98	4.50	4.15	3.86	3.39	2.90	2.28	1.82	1.36	0.79	0.55	0.47	0.44	0.43	2.24
0.65	8.40	7.89	7.23	6.73	5.08	4.58	4.22	3.92	3.44	2.94	2.30	1.83	1.36	0.78	0.55	0.46	0.44	0.43	2.28
0.66	8.58	8.06	7.38	6.87	5.17	4.66	4.29	3.98	3.48	2.98	2.32	1.84	1.36	0.78	0.54	0.46	0.44	0.43	2.31
0.68	8.96	8.41	7.69	7.14	5.35	4.82	4.42	4.11	3.58	3.05	3.36	1.86	1.36	0.76	0.53	0.46	0.44	0.43	2.38
0.70	9.35	8.77	8.01	7.43	5.54	4.98	4.56	4.23	3.68	3.12	2.41	1.88	1.37	0.75	0.53	0.45	0.44	0.43	2.45
0.72	9.74	9.13	8.33	7.73	5.74	5.14	4.70	4.36	3.78	3.19	2.45	1.90	1.37	0.74	0.52	0.45	0.43	0.43	2.52
0.74	10.14	9.50	8.66	8.02	5.93	5.30	4.84	4.49	3.88	3.26	2.49	1.91	1.37	0.73	0.51	0.44	0.43	0.43	2.59
0.75	10.35	9.69	8.83	8.16	6.02	5.38	4.92	4.55	3.92	3.30	2.51	1.92	1.37	0.72	0.50	0.44	0.43	0.43	2.63
0.76	10.56	9.88	9.00	8.32	6.12	5.47	4.99	4.62	3.98	3.34	2.53	1.93	1.37	0.72	0.50	0.44	0.43	0.43	2.66
0.78	10.97	10.27	8.34	8.63	6.32	5.64	5.14	4.74	4.08	3.42	2.57	1.95	1.37	0.71	0.49	0.44	0.43	0.43	2.73
0.80	11.40	10.66	9.68	8.94	6.53	5.81	5.29	4.87	4.18	3.49	2.61	1.97	1.37	0.70	0.49	0.44	0.43	0.43	2.80
0.82	11.54	11.06	10.04	9.26	6.73	5.98	5.45	5.00	4.28	3.56	2.65	1.98	1.37	0.68	0.48	0.44	0.43	0.43	2.87
0.84	12.28	11.47	10.40	9.59	6.94	6.06	5.60	5.13	4.38	3.64	2.69	2.00	1.36	0.67	0.47	0.44	0.43	0.43	2.94

续表

C_v \ P/%	0.001	0.002	0.005	0.01	0.1	0.2	0.33	0.5	1	2	5	10	20	50	75	90.0	95	99	C_s
0.85	12.50	11.67	10.58	9.75	7.05	6.25	5.67	5.20	4.43	3.67	2.70	2.00	1.36	0.67	0.47	0.44	0.43	0.43	2.98
0.86	12.73	11.88	10.76	9.91	7.16	6.31	5.75	5.27	4.49	3.71	2.72	2.01	1.36	0.66	0.47	0.43	0.43	0.43	3.01
0.88	13.19	12.30	11.14	10.25	7.37	6.53	5.90	5.41	4.58	3.79	2.76	2.02	1.36	0.65	0.47	0.43	0.43	0.43	3.08
0.90	13.66	12.73	11.51	10.60	7.59	6.71	6.06	5.54	4.69	3.86	2.80	2.04	1.35	0.64	0.46	0.43	0.43	0.43	3.15
0.92	14.13	13.17	11.90	10.94	7.81	6.90	6.23	5.68	4.80	3.94	2.84	2.04	1.35	0.63	0.46	0.43	0.43	0.43	3.22
0.94	14.62	13.61	12.29	11.29	8.03	7.08	6.39	5.82	4.90	4.02	2.87	2.05	1.34	0.61	0.46	0.43	0.43	0.43	3.29
0.95	14.86	13.83	12.48	11.46	8.15	7.18	6.47	5.89	4.95	4.05	2.89	2.06	1.34	0.61	0.45	0.43	0.43	0.43	3.33
0.96	15.11	14.06	12.68	11.65	8.26	7.27	6.55	5.97	5.00	4.09	2.90	2.07	1.34	0.61	0.45	0.43	0.43	0.43	3.36
0.98	15.60	14.52	13.09	12.00	8.49	7.46	6.70	6.11	5.11	4.16	2.94	2.08	1.33	0.60	0.45	0.43	0.43	0.43	3.43
1.00	16.11	14.98	13.49	12.37	8.72	7.65	6.86	6.25	5.22	4.23	2.97	2.09	1.32	0.59	0.45	0.43	0.43	0.43	3.50
1.02	16.63	15.45	13.90	12.74	8.95	7.84	7.03	6.39	5.32	4.30	3.00	2.10	1.32	0.58	0.45	0.43	0.43	0.43	3.57
1.04	17.15	15.93	14.32	13.12	9.19	8.03	7.19	6.53	5.43	4.37	3.03	2.11	1.30	0.57	0.45	0.43	0.43	0.43	3.64
1.05	17.41	16.17	14.53	13.31	9.31	8.13	7.27	6.60	5.49	4.41	3.05	2.11	1.29	0.56	0.44	0.43	0.43	0.43	3.68
1.06	17.68	16.41	14.75	13.50	9.53	8.23	7.36	6.67	5.54	4.44	3.07	2.12	1.29	0.55	0.44	0.43	0.43	0.43	3.71
1.08	18.21	16.90	15.18	13.89	9.67	8.42	7.52	6.82	5.65	4.51	3.10	2.12	1.28	0.55	0.44	0.43	0.43	0.43	3.78
1.10	18.76	17.40	15.61	14.28	9.91	8.62	7.69	6.97	5.76	4.59	3.13	2.13	1.28	0.54	0.44	0.43	0.43	0.43	3.85
1.12	19.31	17.90	16.05	14.66	10.15	8.83	7.86	7.11	5.87	4.66	3.16	2.14	1.27	0.54	0.44	0.43	0.43	0.43	3.92
1.14	19.87	18.41	16.50	15.07	10.39	9.03	8.04	7.25	5.98	4.73	3.19	2.14	1.26	0.53	0.43	0.43	0.43	0.43	3.99
1.15	20.15	18.67	16.72	15.26	10.51	9.13	8.12	7.33	6.03	4.76	3.20	2.14	1.26	0.53	0.43	0.43	0.43	0.43	4.03
1.16	20.43	18.93	16.95	15.47	10.64	9.23	8.21	7.40	6.08	4.80	3.22	2.15	1.26	0.52	0.43	0.43	0.43	0.43	4.06
1.18	21.01	19.45	17.41	15.88	10.89	9.44	8.38	7.56	6.19	4.88	3.25	2.15	1.24	0.52	0.43	0.43	0.43	0.43	4.13
1.20	21.59	19.98	17.87	16.29	11.14	9.65	8.56	7.71	6.29	4.95	3.28	2.15	1.23	0.51	0.43	0.43	0.43	0.43	4.20
1.22	22.17	20.52	18.34	16.70	11.40	9.87	8.74	7.86	6.40	5.01	3.30	2.15	1.22	0.50	0.43	0.43	0.43	0.43	4.27

续表

C_v \ P/%	0.001	0.002	0.005	0.01	0.1	0.2	0.33	0.5	1	2	5	10	20	50	75	90.0	95	99	P/% \ C_s
1.24	22.77	21.06	18.81	17.13	11.65	10.08	8.91	8.02	6.51	5.08	3.33	2.16	1.21	0.50	0.43	0.43	0.43	0.43	4.34
1.25	23.07	21.33	19.05	17.33	11.78	10.18	8.99	8.10	6.56	5.12	3.34	2.16	1.20	0.50	0.43	0.43	0.43	0.43	4.38
1.26	23.37	21.61	19.29	17.56	11.91	10.29	9.08	8.17	6.62	5.15	3.35	2.16	1.20	0.49	0.43	0.43	0.43	0.43	4.41
1.28	23.98	22.16	19.77	17.89	12.17	10.50	9.26	8.31	6.73	5.22	3.37	2.16	1.19	0.49	0.43	0.43	0.43	0.43	4.48
1.30	24.60	22.72	20.26	18.41	12.44	10.70	9.44	8.46	6.84	5.29	3.40	2.16	1.18	0.48	0.43	0.43	0.43	0.43	4.55
1.32	25.22	23.29	20.75	18.85	12.71	10.92	9.62	8.61	6.94	5.35	3.42	2.16	1.17	0.48	0.43	0.43	0.43	0.43	4.62
1.34	25.85	23.86	21.26	19.29	12.98	11.13	9.80	8.77	7.06	5.42	3.44	2.16	1.15	0.48	0.43	0.43	0.43	0.43	4.69
1.35	26.17	24.15	21.50	19.50	13.11	11.24	9.89	8.84	7.11	5.45	3.44	2.16	1.14	0.47	0.43	0.43	0.43	0.43	4.73
1.36	26.49	24.44	21.76	19.74	13.24	11.35	9.98	8.92	7.16	5.49	3.45	2.16	1.13	0.47	0.43	0.43	0.43	0.43	4.76
1.38	27.13	25.03	22.27	20.20	13.51	11.57	10.17	9.08	7.26	5.55	3.47	2.16	1.12	0.47	0.43	0.43	0.43	0.43	4.83
1.40	27.78	25.62	22.78	20.66	13.78	11.78	10.35	9.23	7.37	5.62	3.49	2.15	1.11	0.47	0.43	0.43	0.43	0.43	4.90
1.42	28.44	26.22	23.30	21.12	14.05	12.00	10.54	9.39	7.48	5.68	3.52	2.14	1.09	0.46	0.43	0.43	0.43	0.43	4.97
1.44	29.11	26.82	23.82	21.58	14.33	12.23	10.72	6.54	7.59	5.75	3.54	2.14	1.08	0.46	0.43	0.43	0.43	0.43	5.04
1.45	29.44	27.12	24.08	21.80	14.46	12.34	10.81	9.61	7.64	5.78	3.55	2.14	1.07	0.46	0.43	0.43	0.43	0.43	5.08
1.46	29.78	27.43	24.35	22.05	14.60	12.46	10.91	9.69	7.69	5.81	3.55	2.14	1.06	0.46	0.43	0.43	0.43	0.43	5.11
1.48	30.46	28.04	24.89	22.51	14.88	12.67	11.09	9.85	7.79	5.88	3.57	2.13	1.05	0.45	0.43	0.43	0.43	0.43	5.18
1.50	31.44	28.67	25.42	23.00	15.17	12.90	11.28	10.01	7.89	5.95	3.59	2.12	1.04	0.45	0.43	0.43	0.43	0.43	5.25
1.55	32.88	30.25	26.79	24.18	15.86	13.45	11.73	10.39	8.16	6.10	3.63	2.10	1.00	0.45	0.43	0.43	0.43	0.43	5.43
1.60	34.67	31.86	28.19	25.43	16.58	14.02	12.20	10.78	8.43	6.25	3.66	2.07	0.96	0.44	0.43	0.43	0.43	0.43	5.60
1.65	36.49	33.51	19.62	26.70	17.32	14.61	12.67	11.17	8.70	6.39	3.70	2.05	0.92	0.44	0.43	0.43	0.43	0.43	5.78
1.70	38.36	35.20	31.07	27.96	18.08	15.20	13.13	11.57	8.96	6.53	3.72	2.02	0.89	0.44	0.43	0.43	0.43	0.43	5.95
1.75	40.26	36.92	32.55	29.26	18.79	15.78	13.60	11.96	9.21	6.67	3.74	1.99	0.86	0.43	0.43	0.43	0.43	0.43	6.13
1.80	42.21	38.68	34.07	30.61	19.54	16.37	14.07	12.34	9.46	6.80	3.75	1.95	0.82	0.43	0.43	0.43	0.43	0.43	6.30

附录3　三点法用表——S 与 C_s 关系表

(1) P=1%—50%—99%

S	0	1	2	3	4	5	6	7	8	9
0.0	0.00	0.03	0.05	0.07	0.10	0.12	0.15	0.17	0.20	0.23
0.1	0.26	0.28	0.31	0.34	0.36	0.39	0.41	0.44	0.47	0.49
0.2	0.52	0.54	0.57	0.59	0.62	0.65	0.67	0.70	0.73	0.76
0.3	0.78	0.81	0.84	0.86	0.89	0.92	0.94	0.97	1.00	1.02
0.4	1.05	1.08	1.10	1.13	1.16	1.18	1.21	1.24	1.27	1.30
0.5	1.32	1.36	1.39	1.42	1.45	1.48	1.51	1.55	1.58	1.61
0.6	1.64	1.68	1.71	1.74	1.78	1.81	1.84	1.88	1.92	1.95
0.7	1.99	2.03	2.07	2.11	2.16	2.20	2.25	2.30	2.34	2.39
0.8	2.44	2.50	2.55	2.61	2.67	2.74	2.81	2.89	2.97	3.05
0.9	3.14	3.22	3.33	3.46	3.59	3.73	3.92	4.14	4.44	4.90

注：此表用法，如当 S=0.54 时，C_s=1.45。

(2) P=3%—50%—97%

S	0	1	2	3	4	5	6	7	8	9
0.0	0.00	0.04	0.08	0.11	0.14	0.17	0.20	0.23	0.26	0.29
0.1	0.32	0.35	0.38	0.42	0.45	0.48	0.51	0.54	0.57	0.60
0.2	0.63	0.66	0.70	0.73	0.76	0.79	0.82	0.86	0.89	0.92
0.3	0.95	0.98	1.01	1.04	1.08	1.11	1.14	1.17	1.20	1.24
0.4	1.27	1.30	1.33	1.36	1.40	1.43	1.46	1.49	1.52	1.56
0.5	1.59	1.63	1.66	1.70	1.73	1.76	1.80	1.83	1.87	1.90
0.6	1.94	1.97	2.00	2.04	2.08	2.12	2.16	2.20	2.23	2.27
0.7	2.31	2.36	2.40	2.44	2.49	2.54	2.58	2.63	2.68	2.74
0.8	2.79	2.85	2.90	2.96	3.02	3.09	3.15	3.22	3.29	3.37
0.9	3.46	3.55	3.67	3.79	3.92	4.08	4.26	4.50	4.75	5.21

(3) P=5%—50%—95%

S	0	1	2	3	4	5	6	7	8	9
0.0	0.00	0.04	0.08	0.12	0.16	0.20	0.24	0.27	0.31	0.35
0.1	0.38	0.41	0.45	0.48	0.52	0.55	0.59	0.63	0.66	0.70
0.2	0.73	0.76	0.80	0.84	0.87	0.90	0.94	0.98	1.01	1.04
0.3	1.08	1.11	1.14	1.18	1.21	1.25	1.28	1.31	1.35	1.38
0.4	1.42	1.46	1.49	1.52	1.56	1.59	1.63	1.66	1.70	1.74
0.5	1.78	1.81	1.85	1.88	1.92	1.95	1.99	2.03	2.06	2.10
0.6	2.13	2.17	2.20	2.24	2.28	2.32	2.36	2.40	2.44	2.48

续表

S	0	1	2	3	4	5	6	7	8	9
0.7	2.53	2.57	2.62	2.66	2.70	2.76	2.81	2.86	2.91	2.97
0.8	3.02	3.07	3.13	3.19	3.25	3.32	3.38	3.46	3.52	3.60
0.9	3.70	3.80	3.91	4.03	4.17	4.32	4.49	4.72	4.94	5.43

(4) P=10%—50%—90%

S	0	1	2	3	4	5	6	7	8	9
0.0	0.00	0.05	0.10	0.15	0.20	0.24	0.29	0.34	0.38	0.43
0.1	0.47	0.52	0.56	0.60	0.65	0.69	0.74	0.78	0.83	0.87
0.2	0.92	0.96	1.00	1.04	1.08	1.13	1.17	1.22	1.26	1.30
0.3	1.34	1.38	1.43	1.47	1.51	1.55	1.59	1.63	1.67	1.71
0.4	1.75	1.79	1.83	1.87	1.91	1.95	1.99	2.02	2.06	2.10
0.5	2.14	2.18	2.22	2.26	2.30	2.34	2.38	2.42	2.46	2.50
0.6	2.54	2.58	2.62	2.66	2.70	2.74	2.78	2.82	2.86	2.90
0.7	2.95	3.00	3.04	3.08	3.13	3.18	3.24	3.28	3.33	3.38
0.8	3.44	3.50	3.55	3.61	3.67	3.74	3.80	3.87	3.94	4.02
0.9	4.11	4.20	4.32	4.45	4.59	4.75	4.96	5.20	5.56	—

附录 4　三点法用表——C_s 与有关 Φ 值的关系表

C_s	$\Phi_{50\%}$	$\Phi_{1\%}-\Phi_{99\%}$	$\Phi_{3\%}-\Phi_{97\%}$	$\Phi_{5\%}-\Phi_{95\%}$	$\Phi_{10\%}-\Phi_{90\%}$
0.0	0.000	4.652	3.762	3.290	2.564
0.1	−0.017	4.648	3.756	3.287	2.560
0.2	−0.033	4.645	3.750	3.284	2.557
0.3	−0.052	4.641	3.743	3.278	2.550
0.4	−0.068	4.637	3.736	3.273	2.543
0.5	−0.084	4.633	3.732	3.266	2.532
0.6	−0.100	4.629	3.727	3.259	2.522
0.7	−0.116	4.624	3.718	3.246	2.510
0.8	−0.132	4.620	3.709	3.233	2.498
0.9	−0.148	4.615	3.692	3.218	2.483
1.0	−0.164	4.611	3.674	3.204	2.468
1.1	−0.179	4.606	3.656	3.185	2.448
1.2	−0.194	4.601	3.638	3.167	2.427
1.3	−0.208	4.595	3.620	3.144	2.404
1.4	−0.223	4.590	3.601	3.120	2.380
1.5	−0.238	4.586	3.582	3.090	2.353
1.6	−0.253	4.586	3.562	3.062	2.326

续表

C_s	$\Phi_{50\%}$	$\Phi_{1\%}-\Phi_{99\%}$	$\Phi_{3\%}-\Phi_{97\%}$	$\Phi_{5\%}-\Phi_{95\%}$	$\Phi_{10\%}-\Phi_{90\%}$
1.7	−0.267	4.587	3.541	3.032	2.296
1.8	−0.282	4.588	3.520	3.002	2.265
1.9	−0.294	4.591	3.499	2.974	2.232
2.0	−0.307	4.594	3.477	2.945	2.198
2.1	−0.319	4.603	3.469	2.918	2.164
2.2	−0.330	4.613	3.440	2.890	2.130
2.3	−0.340	4.625	3.421	2.862	2.095
2.4	−0.350	4.636	3.403	2.833	2.060
2.5	−0.359	4.648	3.385	2.806	2.024
2.6	−0.367	4.660	3.367	2.778	1.987
2.7	−0.376	4.674	3.350	2.749	1.949
2.8	−0.383	4.687	3.333	2.720	1.911
2.9	−0.389	4.701	3.318	2.695	1.876
3.0	−0.395	4.716	3.303	2.670	1.840
3.1	−0.399	4.732	3.288	2.645	1.806
3.2	−0.404	4.748	3.273	2.619	1.772
3.3	−0.407	4.765	3.259	2.594	1.738
3.4	−0.410	4.781	3.245	2.568	1.705
3.5	−0.412	4.796	3.225	2.543	1.670
3.6	−0.414	4.810	3.216	2.518	1.635
3.7	−0.415	4.824	3.203	2.494	1.600
3.8	−0.416	4.837	3.189	2.470	1.570
3.9	−0.415	4.850	3.175	2.446	1.536
4.0	−0.414	4.863	3.160	2.422	1.502
4.1	−0.412	4.876	3.145	2.396	1.471
4.2	−0.410	4.888	3.130	2.372	1.440
4.3	−0.407	4.901	3.115	2.348	1.408
4.4	−0.404	4.914	3.100	2.325	1.376
4.5	−0.400	4.924	3.084	2.300	1.345
4.6	−0.396	4.934	3.067	2.276	1.315
4.7	−0.392	4.942	3.050	2.251	1.286
4.8	−0.388	4.949	3.034	2.226	1.257
4.9	−0.384	4.955	3.016	2.200	1.229
5.0	−0.379	4.961	2.997	2.174	1.200
5.1	−0.374		2.978	2.148	1.173
5.2	−0.370		2.960	2.123	1.145
5.3	−0.365			2.098	1.118
5.4	−0.360			2.072	1.090
5.5	−0.356			2.047	1.063
5.6	−0.350			2.021	1.035

附录 5　瞬时单位线 S 曲线查用表

t/K \ n	1.0	1.1	1.2	1.3	1.4	1.5	1.6	1.7	1.8	1.9	2.0	2.1	2.2	2.3	2.4	2.5	2.6	2.7	2.8	2.9	3.0
0.0	0.000	0.000	0.000	0.000		0.000	0.000	0.000	0.000	0.000	0.000	0.000	0.000	0.000	0.000	0.000	0.000	0.000	0.000	0.000	0.000
0.1	0.095	0.072	0.054	0.041	0.030	0.022	0.017	0.012	0.009	0.006	0.005	0.003	0.002	0.002	0.001	0.001	0.001	0.000	0.000	0.000	0.000
0.2	0.181	0.147	0.118	0.095	0.075	0.060	0.047	0.037	0.029	0.023	0.018	0.014	0.010	0.008	0.006	0.005	0.004	0.003	0.002	0.002	0.001
0.3	0.259	0.218	0.182	0.152	0.126	0.104	0.085	0.069	0.056	0.046	0.037	0.030	0.024	0.019	0.015	0.012	0.009	0.007	0.006	0.005	0.004
0.4	0.330	0.285	0.245	0.209	0.178	0.151	0.127	0.107	0.089	0.074	0.062	0.051	0.042	0.034	0.028	0.023	0.019	0.015	0.012	0.010	0.008
0.5	0.393	0.347	0.304	0.265	0.230	0.199	0.171	0.147	0.125	0.106	0.090	0.076	0.064	0.054	0.045	0.037	0.031	0.026	0.021	0.018	0.014
0.6	0.451	0.404	0.359	0.319	0.281	0.247	0.216	0.188	0.164	0.141	0.122	0.105	0.090	0.076	0.065	0.055	0.047	0.039	0.033	0.028	0.023
0.7	0.503	0.456	0.412	0.370	0.331	0.294	0.261	0.231	0.203	0.178	0.156	0.136	0.118	0.102	0.088	0.076	0.065	0.056	0.047	0.040	0.034
0.8	0.551	0.505	0.460	0.418	0.378	0.341	0.306	0.273	0.243	0.216	0.191	0.169	0.148	0.130	0.113	0.099	0.086	0.074	0.064	0.055	0.047
0.9	0.593	0.549	0.505	0.463	0.423	0.385	0.349	0.315	0.284	0.255	0.228	0.203	0.180	0.159	0.141	0.124	0.109	0.095	0.083	0.072	0.063
1.0	0.632	0.589	0.547	0.506	0.466	0.428	0.391	0.356	0.324	0.293	0.264	0.238	0.213	0.190	0.170	0.151	0.134	0.118	0.104	0.092	0.080
1.1	0.667	0.626	0.585	0.545	0.506	0.468	0.431	0.396	0.363	0.331	0.301	0.273	0.247	0.222	0.200	0.179	0.160	0.143	0.127	0.113	0.100
1.2	0.699	0.660	0.621	0.582	0.544	0.506	0.470	0.435	0.401	0.368	0.337	0.308	0.281	0.255	0.231	0.209	0.188	0.169	0.151	0.135	0.121
1.3	0.727	0.691	0.654	0.616	0.579	0.543	0.507	0.471	0.437	0.405	0.373	0.343	0.315	0.288	0.262	0.239	0.216	0.196	0.177	0.159	0.143
1.4	0.753	0.719	0.684	0.648	0.612	0.577	0.541	0.507	0.473	0.440	0.408	0.378	0.348	0.321	0.294	0.269	0.246	0.224	0.203	0.184	0.167
1.5	0.777	0.744	0.711	0.677	0.643	0.608	0.574	0.540	0.507	0.474	0.442	0.411	0.382	0.353	0.326	0.300	0.275	0.252	0.231	0.210	0.191
1.6	0.798	0.768	0.736	0.704	0.671	0.638	0.605	0.572	0.539	0.507	0.475	0.444	0.414	0.385	0.357	0.331	0.305	0.281	0.258	0.237	0.217
1.7	0.817	0.789	0.759	0.729	0.698	0.666	0.634	0.602	0.570	0.538	0.507	0.476	0.446	0.417	0.389	0.361	0.335	0.310	0.287	0.264	0.243
1.8	0.835	0.808	0.781	0.752	0.722	0.692	0.661	0.630	0.599	0.568	0.537	0.507	0.477	0.448	0.419	0.392	0.365	0.340	0.315	0.292	0.269
1.9	0.850	0.826	0.800	0.773	0.745	0.716	0.687	0.657	0.627	0.596	0.566	0.536	0.507	0.478	0.449	0.421	0.395	0.368	0.343	0.319	0.296
2.0	0.865	0.842	0.818	0.792	0.766	0.739	0.710	0.682	0.653	0.623	0.594	0.565	0.536	0.507	0.478	0.451	0.423	0.397	0.372	0.347	0.323
2.1	0.878	0.856	0.834	0.810	0.785	0.759	0.733	0.705	0.677	0.649	0.620	0.592	0.563	0.535	0.507	0.479	0.452	0.425	0.400	0.375	0.350

续表

t/K \ n	1.0	1.1	1.2	1.3	1.4	1.5	1.6	1.7	1.8	1.9	2.0	2.1	2.2	2.3	2.4	2.5	2.6	2.7	2.8	2.9	3.0
2.2	0.889	0.870	0.849	0.826	0.803	0.779	0.753	0.727	0.700	0.673	0.645	0.618	0.590	0.562	0.534	0.507	0.480	0.453	0.427	0.402	0.377
2.3	0.900	0.882	0.862	0.841	0.819	0.796	0.772	0.748	0.722	0.696	0.669	0.642	0.615	0.588	0.560	0.533	0.507	0.480	0.454	0.429	0.404
2.4	0.909	0.893	0.875	0.855	0.835	0.813	0.790	0.767	0.742	0.717	0.692	0.665	0.639	0.613	0.586	0.559	0.533	0.507	0.481	0.455	0.430
2.5	0.918	0.902	0.886	0.868	0.849	0.828	0.807	0.784	0.761	0.737	0.713	0.688	0.662	0.636	0.610	0.584	0.558	0.532	0.506	0.481	0.456
2.6	0.926	0.912	0.896	0.879	0.861	0.842	0.822	0.801	0.779	0.756	0.733	0.708	0.684	0.659	0.634	0.608	0.582	0.557	0.532	0.506	0.482
2.7	0.933	0.920	0.905	0.890	0.873	0.855	0.836	0.816	0.796	0.774	0.751	0.728	0.704	0.680	0.656	0.631	0.606	0.581	0.556	0.531	0.506
2.8	0.939	0.927	0.914	0.899	0.884	0.867	0.849	0.831	0.811	0.790	0.769	0.747	0.724	0.701	0.677	0.653	0.629	0.604	0.579	0.555	0.531
2.9	0.945	0.934	0.922	0.908	0.894	0.878	0.862	0.844	0.825	0.806	0.785	0.764	0.742	0.720	0.697	0.674	0.650	0.626	0.602	0.578	0.554
3.0	0.950	0.940	0.929	0.916	0.903	0.888	0.873	0.856	0.839	0.820	0.801	0.781	0.760	0.738	0.716	0.694	0.671	0.648	0.624	0.600	0.577
3.1	0.955	0.946	0.935	0.924	0.911	0.898	0.883	0.868	0.851	0.834	0.815	0.796	0.776	0.756	0.734	0.713	0.691	0.668	0.645	0.622	0.599
3.2	0.959	0.951	0.941	0.930	0.919	0.906	0.893	0.878	0.863	0.846	0.829	0.811	0.792	0.772	0.752	0.731	0.709	0.688	0.665	0.643	0.620
3.3	0.963	0.955	0.946	0.937	0.926	0.914	0.902	0.888	0.873	0.858	0.841	0.824	0.806	0.787	0.768	0.748	0.727	0.706	0.685	0.663	0.641
3.4	0.967	0.959	0.951	0.942	0.932	0.921	0.910	0.897	0.883	0.869	0.853	0.837	0.820	0.802	0.783	0.764	0.744	0.724	0.703	0.682	0.660
3.5	0.970	0.963	0.956	0.947	0.938	0.928	0.917	0.905	0.892	0.879	0.864	0.849	0.832	0.815	0.798	0.779	0.760	0.741	0.721	0.700	0.679
3.6	0.973	0.967	0.960	0.952	0.944	0.934	0.924	0.913	0.901	0.888	0.874	0.860	0.844	0.828	0.811	0.794	0.776	0.757	0.737	0.718	0.697
3.7	0.975	0.970	0.963	0.956	0.948	0.940	0.930	0.920	0.909	0.897	0.884	0.870	0.856	0.840	0.824	0.807	0.790	0.772	0.753	0.734	0.715
3.8	0.978	0.973	0.967	0.960	0.953	0.945	0.936	0.926	0.916	0.905	0.893	0.880	0.866	0.851	0.836	0.820	0.804	0.786	0.768	0.750	0.731
3.9	0.980	0.975	0.970	0.964	0.957	0.950	0.941	0.932	0.923	0.912	0.901	0.889	0.876	0.862	0.848	0.832	0.817	0.800	0.783	0.765	0.747
4.0	0.982	0.977	0.973	0.967	0.961	0.954	0.946	0.938	0.929	0.919	0.908	0.897	0.885	0.872	0.858	0.844	0.829	0.813	0.796	0.779	0.762
4.2	0.985	0.981	0.977	0.973	0.967	0.962	0.955	0.948	0.940	0.931	0.922	0.912	0.901	0.890	0.877	0.864	0.851	0.837	0.822	0.806	0.790
4.4	0.988	0.985	0.981	0.977	0.973	0.968	0.962	0.956	0.949	0.942	0.934	0.925	0.915	0.905	0.894	0.883	0.870	0.857	0.844	0.830	0.815
4.6	0.990	0.987	0.985	0.981	0.978	0.973	0.968	0.963	0.957	0.951	0.944	0.936	0.928	0.919	0.909	0.899	0.888	0.876	0.864	0.851	0.837
4.8	0.992	0.990	0.987	0.985	0.981	0.978	0.974	0.969	0.964	0.958	0.952	0.946	0.938	0.930	0.922	0.913	0.903	0.892	0.881	0.870	0.857
5.0	0.993	0.992	0.990	0.987	0.984	0.981	0.978	0.974	0.970	0.965	0.960	0.954	0.947	0.940	0.933	0.925	0.916	0.907	0.897	0.886	0.875
5.2	0.994	0.993	0.991	0.989	0.987	0.985	0.982	0.978	0.975	0.970	0.966	0.961	0.955	0.949	0.942	0.935	0.928	0.919	0.911	0.901	0.891

续表

t/K \ n	1.0	1.1	1.2	1.3	1.4	1.5	1.6	1.7	1.8	1.9	2.0	2.1	2.2	2.3	2.4	2.5	2.6	2.7	2.8	2.9	3.0
5.4	0.995	0.994	0.993	0.991	0.989	0.987	0.985	0.982	0.979	0.975	0.971	0.967	0.962	0.957	0.951	0.945	0.938	0.930	0.923	0.914	0.905
5.6	0.996	0.995	0.994	0.993	0.991	0.989	0.987	0.985	0.982	0.979	0.976	0.972	0.968	0.963	0.958	0.952	0.946	0.940	0.933	0.926	0.918
5.8	0.997	0.996	0.995	0.994	0.993	0.991	0.989	0.987	0.985	0.982	0.979	0.976	0.973	0.969	0.964	0.959	0.954	0.948	0.942	0.936	0.928
6.0	0.998	0.997	0.996	0.995	0.994	0.993	0.991	0.989	0.987	0.985	0.983	0.980	0.977	0.973	0.969	0.965	0.961	0.956	0.950	0.944	0.938
6.2	0.998	0.997	0.997	0.996	0.995	0.994	0.993	0.991	0.989	0.988	0.985	0.983	0.980	0.977	0.974	0.970	0.966	0.962	0.957	0.952	0.946
6.4	0.998	0.998	0.997	0.997	0.996	0.995	0.994	0.993	0.991	0.990	0.988	0.986	0.983	0.981	0.978	0.975	0.971	0.967	0.963	0.959	0.954
6.6	0.999	0.998	0.998	0.997	0.997	0.996	0.995	0.994	0.993	0.991	0.990	0.988	0.986	0.984	0.981	0.978	0.975	0.972	0.968	0.964	0.960
6.8	0.999	0.999	0.998	0.998	0.997	0.996	0.996	0.995	0.994	0.993	0.991	0.990	0.988	0.986	0.984	0.982	0.979	0.976	0.973	0.969	0.966
7.0	0.999	0.999	0.998	0.998	0.998	0.997	0.996	0.996	0.995	0.994	0.993	0.991	0.990	0.988	0.986	0.984	0.982	0.980	0.977	0.974	0.970
7.2	0.999	0.999	0.999	0.998	0.998	0.998	0.997	0.996	0.996	0.995	0.994	0.993	0.992	0.990	0.989	0.987	0.985	0.983	0.980	0.977	0.975
7.4	0.999	0.999	0.999	0.999	0.998	0.998	0.998	0.997	0.996	0.996	0.995	0.994	0.993	0.992	0.990	0.989	0.987	0.985	0.983	0.981	0.978
7.6	0.999	0.999	0.999	0.999	0.999	0.998	0.998	0.998	0.997	0.996	0.996	0.995	0.994	0.993	0.992	0.990	0.989	0.987	0.986	0.983	0.981
7.8	1.000	0.999	0.999	0.999	0.999	0.999	0.998	0.998	0.997	0.997	0.996	0.996	0.995	0.994	0.993	0.992	0.991	0.989	0.988	0.986	0.984
8.0	1.000	1.000	0.999	0.999	0.999	0.999	0.999	0.998	0.998	0.997	0.997	0.996	0.996	0.995	0.994	0.993	0.992	0.991	0.989	0.988	0.986
8.2	1.000	1.000	1.000	0.999	0.999	0.999	0.999	0.999	0.998	0.998	0.997	0.997	0.996	0.996	0.995	0.994	0.993	0.992	0.991	0.990	0.988
8.4	1.000	1.000	1.000	1.000	0.999	0.999	0.999	0.999	0.999	0.998	0.998	0.997	0.997	0.996	0.996	0.995	0.994	0.993	0.992	0.991	0.990
8.6	1.000	1.000	1.000	1.000	0.999	0.999	0.999	0.999	0.999	0.999	0.998	0.998	0.997	0.997	0.996	0.996	0.995	0.994	0.994	0.993	0.991
8.8	1.000	1.000	1.000	1.000	1.000	0.999	0.999	0.999	0.999	0.999	0.999	0.998	0.998	0.997	0.997	0.997	0.996	0.995	0.994	0.994	0.993
9.0	1.000	1.000	1.000	1.000	1.000	1.000	0.999	0.999	0.999	0.999	0.999	0.999	0.998	0.998	0.997	0.997	0.997	0.996	0.995	0.995	0.994
10	1.000	1.000	1.000	1.000	1.000	1.000	1.000	1.000	1.000	1.000	1.000	0.999	0.999	0.999	0.999	0.999	0.999	0.998	0.998	0.998	0.997
11	1.000	1.000	1.000	1.000	1.000	1.000	1.000	1.000	1.000	1.000	1.000	1.000	1.000	1.000	1.000	0.999	0.999	0.999	0.999	0.999	0.999
12	1.000	1.000	1.000	1.000	1.000	1.000	1.000	1.000	1.000	1.000	1.000	1.000	1.000	1.000	1.000	1.000	1.000	1.000	1.000	1.000	0.999
13		1.000	1.000	1.000	1.000	1.000	1.000	1.000	1.000	1.000	1.000	1.000	1.000	1.000	1.000	1.000	1.000	1.000	1.000	1.000	1.000
14		1.000	1.000	1.000	1.000	1.000	1.000	1.000	1.000	1.000	1.000	1.000	1.000	1.000	1.000	1.000	1.000	1.000	1.000	1.000	1.000
15			1.000	1.000	1.000	1.000	1.000	1.000	1.000	1.000	1.000	1.000	1.000	1.000	1.000	1.000	1.000	1.000	1.000	1.000	1.000

续表

t/K \ n	3.0	3.1	3.2	3.3	3.4	3.5	3.6	3.7	3.8	3.9	4.0	4.1	4.2	4.3	4.4	4.5	4.6	4.7	4.8	4.9	5.0
0.0	0.000	0.000	0.000	0.000	0.000	0.000	0.000	0.000	0.000	0.000	0.000	0.000	0.000	0.000	0.000	0.000	0.000	0.000	0.000	0.000	0.000
0.1	0.000	0.000	0.000	0.000	0.000	0.000	0.000	0.000	0.000	0.000	0.000	0.000	0.000	0.000	0.000	0.000	0.000	0.000	0.000	0.000	0.000
0.2	0.001	0.001	0.001	0.000	0.000	0.000	0.000	0.000	0.000	0.000	0.000	0.000	0.000	0.000	0.000	0.000	0.000	0.000	0.000	0.000	0.000
0.3	0.004	0.003	0.002	0.002	0.001	0.001	0.001	0.001	0.000	0.000	0.000	0.000	0.000	0.000	0.000	0.000	0.000	0.000	0.000	0.000	0.000
0.4	0.008	0.006	0.005	0.004	0.003	0.003	0.002	0.002	0.001	0.001	0.001	0.001	0.000	0.000	0.000	0.000	0.000	0.000	0.000	0.000	0.000
0.5	0.014	0.012	0.010	0.008	0.006	0.005	0.004	0.003	0.003	0.002	0.002	0.001	0.001	0.001	0.001	0.001	0.000	0.000	0.000	0.000	0.000
0.6	0.023	0.019	0.016	0.013	0.011	0.009	0.007	0.006	0.005	0.004	0.003	0.003	0.002	0.002	0.001	0.001	0.001	0.001	0.001	0.000	0.000
0.7	0.034	0.029	0.024	0.021	0.017	0.014	0.012	0.010	0.008	0.007	0.006	0.005	0.004	0.003	0.003	0.002	0.002	0.001	0.001	0.001	0.001
0.8	0.047	0.041	0.035	0.030	0.025	0.021	0.018	0.015	0.013	0.011	0.009	0.008	0.006	0.005	0.004	0.004	0.003	0.003	0.002	0.002	0.001
0.9	0.063	0.054	0.047	0.041	0.035	0.030	0.026	0.022	0.019	0.016	0.013	0.011	0.010	0.008	0.007	0.006	0.005	0.004	0.003	0.003	0.002
1.0	0.080	0.070	0.061	0.053	0.046	0.040	0.035	0.030	0.026	0.022	0.019	0.016	0.014	0.012	0.010	0.009	0.007	0.006	0.005	0.004	0.004
1.1	0.100	0.088	0.077	0.068	0.060	0.052	0.045	0.040	0.034	0.030	0.026	0.022	0.019	0.016	0.014	0.012	0.010	0.009	0.008	0.006	0.005
1.2	0.121	0.107	0.095	0.084	0.074	0.066	0.058	0.051	0.044	0.039	0.034	0.029	0.026	0.022	0.019	0.017	0.014	0.012	0.011	0.009	0.008
1.3	0.143	0.128	0.114	0.102	0.091	0.081	0.071	0.063	0.056	0.049	0.043	0.038	0.033	0.029	0.025	0.022	0.019	0.017	0.014	0.012	0.011
1.4	0.167	0.150	0.135	0.121	0.109	0.097	0.087	0.077	0.069	0.061	0.054	0.047	0.042	0.037	0.032	0.028	0.025	0.022	0.019	0.016	0.014
1.5	0.191	0.173	0.157	0.142	0.128	0.115	0.103	0.092	0.083	0.074	0.066	0.058	0.052	0.046	0.040	0.036	0.031	0.028	0.024	0.021	0.019
1.6	0.217	0.198	0.180	0.164	0.148	0.134	0.121	0.109	0.098	0.088	0.079	0.070	0.063	0.056	0.050	0.044	0.039	0.035	0.031	0.027	0.024
1.7	0.243	0.223	0.204	0.186	0.170	0.154	0.140	0.127	0.115	0.103	0.093	0.084	0.075	0.067	0.060	0.054	0.048	0.043	0.038	0.033	0.030
1.8	0.269	0.248	0.228	0.210	0.192	0.175	0.160	0.146	0.132	0.120	0.109	0.098	0.089	0.080	0.072	0.064	0.058	0.051	0.046	0.041	0.036
1.9	0.296	0.274	0.253	0.234	0.215	0.197	0.181	0.166	0.151	0.138	0.125	0.114	0.103	0.093	0.084	0.076	0.068	0.061	0.055	0.049	0.044
2.0	0.323	0.301	0.279	0.258	0.239	0.220	0.203	0.186	0.171	0.156	0.143	0.130	0.119	0.108	0.098	0.089	0.080	0.072	0.065	0.059	0.053
2.1	0.350	0.327	0.305	0.283	0.263	0.244	0.225	0.208	0.191	0.176	0.161	0.148	0.135	0.123	0.112	0.102	0.093	0.084	0.076	0.069	0.062
2.2	0.377	0.354	0.331	0.309	0.287	0.267	0.248	0.230	0.212	0.196	0.181	0.166	0.153	0.140	0.128	0.117	0.107	0.097	0.088	0.080	0.072
2.3	0.404	0.380	0.356	0.334	0.312	0.291	0.271	0.252	0.234	0.217	0.201	0.185	0.171	0.157	0.144	0.132	0.121	0.111	0.101	0.092	0.084

续表

t/K \ n	3.0	3.1	3.2	3.3	3.4	3.5	3.6	3.7	3.8	3.9	4.0	4.1	4.2	4.3	4.4	4.5	4.6	4.7	4.8	4.9	5.0
2.4	0.430	0.406	0.382	0.359	0.337	0.316	0.295	0.275	0.256	0.238	0.221	0.205	0.190	0.175	0.161	0.149	0.137	0.125	0.115	0.105	0.096
2.5	0.456	0.432	0.408	0.385	0.362	0.340	0.319	0.299	0.279	0.260	0.242	0.225	0.209	0.194	0.179	0.166	0.153	0.141	0.129	0.119	0.109
2.6	0.482	0.457	0.433	0.410	0.387	0.364	0.343	0.322	0.302	0.283	0.264	0.246	0.229	0.213	0.198	0.183	0.170	0.157	0.145	0.133	0.123
2.7	0.506	0.482	0.458	0.434	0.411	0.389	0.367	0.346	0.325	0.305	0.286	0.268	0.250	0.233	0.217	0.202	0.187	0.174	0.161	0.149	0.137
2.8	0.531	0.506	0.482	0.459	0.436	0.413	0.391	0.369	0.348	0.328	0.308	0.289	0.271	0.253	0.237	0.221	0.206	0.191	0.178	0.165	0.152
2.9	0.554	0.530	0.506	0.483	0.460	0.437	0.414	0.392	0.371	0.350	0.330	0.311	0.292	0.274	0.257	0.240	0.224	0.209	0.195	0.181	0.168
3.0	0.577	0.553	0.530	0.506	0.483	0.460	0.438	0.416	0.394	0.373	0.353	0.333	0.314	0.295	0.277	0.260	0.244	0.228	0.213	0.198	0.185
3.1	0.599	0.576	0.552	0.529	0.506	0.483	0.461	0.439	0.417	0.396	0.375	0.355	0.335	0.316	0.298	0.280	0.263	0.247	0.231	0.216	0.202
3.2	0.620	0.597	0.574	0.552	0.529	0.506	0.484	0.462	0.440	0.418	0.397	0.377	0.357	0.338	0.319	0.301	0.283	0.266	0.250	0.234	0.219
3.3	0.641	0.618	0.596	0.573	0.551	0.528	0.506	0.484	0.462	0.441	0.420	0.399	0.379	0.359	0.340	0.321	0.303	0.286	0.269	0.253	0.237
3.4	0.660	0.638	0.616	0.594	0.572	0.550	0.528	0.506	0.484	0.463	0.442	0.421	0.400	0.380	0.361	0.342	0.324	0.306	0.289	0.272	0.256
3.5	0.679	0.658	0.636	0.615	0.593	0.571	0.549	0.528	0.506	0.485	0.463	0.442	0.422	0.402	0.382	0.363	0.344	0.326	0.308	0.291	0.275
3.6	0.697	0.677	0.656	0.634	0.613	0.592	0.570	0.549	0.527	0.506	0.485	0.464	0.443	0.423	0.403	0.384	0.365	0.346	0.328	0.311	0.294
3.7	0.715	0.695	0.674	0.653	0.633	0.612	0.590	0.569	0.548	0.527	0.506	0.485	0.464	0.444	0.424	0.404	0.385	0.366	0.348	0.330	0.313
3.8	0.731	0.712	0.692	0.672	0.651	0.631	0.610	0.589	0.568	0.547	0.527	0.506	0.485	0.465	0.445	0.425	0.406	0.387	0.368	0.350	0.332
3.9	0.747	0.728	0.709	0.689	0.670	0.649	0.629	0.609	0.588	0.567	0.547	0.526	0.506	0.485	0.465	0.446	0.426	0.407	0.388	0.370	0.352
4.0	0.762	0.744	0.725	0.706	0.687	0.667	0.648	0.627	0.607	0.587	0.567	0.546	0.526	0.506	0.486	0.466	0.446	0.427	0.408	0.389	0.371
4.2	0.790	0.773	0.756	0.738	0.720	0.701	0.682	0.663	0.644	0.624	0.605	0.585	0.565	0.545	0.525	0.506	0.486	0.467	0.448	0.429	0.410
4.4	0.815	0.799	0.783	0.767	0.750	0.733	0.715	0.697	0.678	0.660	0.641	0.621	0.602	0.583	0.563	0.544	0.525	0.506	0.486	0.468	0.449
4.6	0.837	0.823	0.809	0.793	0.778	0.761	0.745	0.728	0.710	0.692	0.674	0.656	0.637	0.619	0.600	0.581	0.562	0.543	0.524	0.505	0.487
4.8	0.857	0.845	0.831	0.817	0.803	0.788	0.772	0.756	0.740	0.723	0.706	0.688	0.671	0.653	0.634	0.616	0.598	0.579	0.561	0.542	0.524
5.0	0.875	0.864	0.851	0.839	0.825	0.811	0.797	0.782	0.767	0.751	0.735	0.718	0.702	0.685	0.667	0.650	0.632	0.614	0.596	0.578	0.560
5.2	0.891	0.881	0.870	0.858	0.846	0.833	0.820	0.806	0.792	0.777	0.762	0.746	0.731	0.714	0.698	0.681	0.664	0.647	0.629	0.612	0.594
5.4	0.905	0.896	0.886	0.875	0.864	0.852	0.840	0.828	0.814	0.801	0.787	0.772	0.757	0.742	0.726	0.710	0.694	0.678	0.661	0.644	0.627

续表

t/K \ n	3.0	3.1	3.2	3.3	3.4	3.5	3.6	3.7	3.8	3.9	4.0	4.1	4.2	4.3	4.4	4.5	4.6	4.7	4.8	4.9	5.0
5.6	0.918	0.909	0.900	0.891	0.880	0.870	0.859	0.847	0.835	0.822	0.809	0.796	0.782	0.768	0.753	0.738	0.722	0.707	0.691	0.674	0.658
5.8	0.928	0.921	0.913	0.904	0.895	0.885	0.875	0.865	0.854	0.842	0.830	0.818	0.805	0.791	0.777	0.763	0.749	0.734	0.719	0.703	0.687
6.0	0.938	0.931	0.924	0.916	0.908	0.899	0.890	0.881	0.870	0.860	0.849	0.837	0.825	0.813	0.800	0.787	0.773	0.759	0.745	0.730	0.715
6.2	0.946	0.940	0.934	0.927	0.920	0.912	0.904	0.895	0.886	0.876	0.866	0.855	0.844	0.833	0.821	0.808	0.796	0.782	0.769	0.755	0.741
6.4	0.954	0.948	0.943	0.936	0.930	0.923	0.915	0.908	0.899	0.890	0.881	0.871	0.861	0.851	0.840	0.828	0.816	0.804	0.791	0.778	0.765
6.6	0.960	0.955	0.950	0.945	0.939	0.933	0.926	0.919	0.911	0.903	0.895	0.886	0.877	0.867	0.857	0.846	0.835	0.824	0.812	0.800	0.787
6.8	0.966	0.961	0.957	0.952	0.947	0.941	0.935	0.929	0.922	0.915	0.907	0.899	0.891	0.882	0.872	0.863	0.853	0.842	0.831	0.820	0.808
7.0	0.970	0.967	0.963	0.958	0.954	0.949	0.943	0.938	0.932	0.925	0.918	0.911	0.903	0.895	0.887	0.878	0.868	0.859	0.848	0.838	0.827
7.2	0.975	0.971	0.968	0.964	0.960	0.955	0.951	0.946	0.940	0.934	0.928	0.921	0.915	0.907	0.899	0.891	0.883	0.874	0.864	0.855	0.844
7.4	0.978	0.975	0.972	0.969	0.965	0.961	0.957	0.953	0.948	0.942	0.937	0.931	0.925	0.918	0.911	0.903	0.896	0.887	0.879	0.870	0.860
7.6	0.981	0.979	0.976	0.973	0.970	0.966	0.963	0.959	0.954	0.950	0.945	0.939	0.934	0.928	0.921	0.914	0.907	0.900	0.892	0.884	0.875
7.8	0.984	0.982	0.979	0.977	0.974	0.971	0.968	0.964	0.960	0.956	0.952	0.947	0.942	0.936	0.930	0.924	0.918	0.911	0.904	0.896	0.888
8.0	0.986	0.984	0.982	0.980	0.978	0.975	0.972	0.969	0.965	0.962	0.958	0.953	0.949	0.944	0.939	0.933	0.927	0.921	0.915	0.908	0.900
8.2	0.988	0.987	0.985	0.983	0.981	0.978	0.976	0.973	0.970	0.967	0.963	0.959	0.955	0.951	0.946	0.941	0.936	0.930	0.924	0.918	0.911
8.4	0.990	0.989	0.987	0.985	0.983	0.981	0.979	0.977	0.974	0.971	0.968	0.964	0.961	0.957	0.953	0.948	0.943	0.938	0.933	0.927	0.921
8.6	0.991	0.990	0.989	0.987	0.986	0.984	0.982	0.980	0.977	0.975	0.972	0.969	0.966	0.962	0.958	0.954	0.950	0.945	0.941	0.935	0.930
8.8	0.993	0.992	0.990	0.989	0.988	0.986	0.984	0.982	0.980	0.978	0.976	0.973	0.970	0.967	0.963	0.960	0.956	0.952	0.948	0.943	0.938
9.0	0.994	0.993	0.992	0.991	0.989	0.988	0.986	0.985	0.983	0.981	0.979	0.976	0.974	0.971	0.968	0.965	0.961	0.958	0.954	0.950	0.945
10	0.997	0.997	0.996	0.996	0.995	0.994	0.994	0.993	0.992	0.991	0.990	0.988	0.987	0.986	0.984	0.982	0.980	0.978	0.976	0.973	0.971
11	0.999	0.999	0.998	0.998	0.998	0.997	0.997	0.997	0.996	0.996	0.995	0.994	0.994	0.993	0.992	0.991	0.990	0.989	0.988	0.986	0.985
12	0.999	0.999	0.999	0.999	0.999	0.999	0.999	0.998	0.998	0.998	0.998	0.997	0.997	0.997	0.996	0.996	0.995	0.995	0.994	0.993	0.992
13	1.000	1.000	1.000	1.000	1.000	0.999	0.999	0.999	0.999	0.999	0.999	0.999	0.999	0.998	0.998	0.998	0.998	0.997	0.997	0.997	0.996
14	1.000	1.000	1.000	1.000	1.000	1.000	1.000	1.000	1.000	1.000	1.000	0.999	0.999	0.999	0.999	0.999	0.999	0.999	0.999	0.998	0.998
15	1.000	1.000	1.000	1.000	1.000	1.000	1.000	1.000	1.000	1.000	1.000	1.000	1.000	1.000	1.000	1.000	0.999	0.999	0.999	0.999	0.999

续表

n / t/K	5.0	5.1	5.2	5.3	5.4	5.5	5.6	5.7	5.8	5.9	6.0	6.1	6.2	6.3	6.4	6.5	6.6	6.7	6.8	6.9	7.0
0.0	0.000	0.000	0.000	0.000	0.000	0.000	0.000	0.000	0.000	0.000	0.000	0.000	0.000	0.000	0.000	0.000	0.000	0.000	0.000	0.000	0.000
0.1	0.000	0.000	0.000	0.000	0.000	0.000	0.000	0.000	0.000	0.000	0.000	0.000	0.000	0.000	0.000	0.000	0.000	0.000	0.000	0.000	0.000
0.2	0.000	0.000	0.000	0.000	0.000	0.000	0.000	0.000	0.000	0.000	0.000	0.000	0.000	0.000	0.000	0.000	0.000	0.000	0.000	0.000	0.000
0.3	0.000	0.000	0.000	0.000	0.000	0.000	0.000	0.000	0.000	0.000	0.000	0.000	0.000	0.000	0.000	0.000	0.000	0.000	0.000	0.000	0.000
0.4	0.000	0.000	0.000	0.000	0.000	0.000	0.000	0.000	0.000	0.000	0.000	0.000	0.000	0.000	0.000	0.000	0.000	0.000	0.000	0.000	0.000
0.5	0.000	0.000	0.000	0.000	0.000	0.000	0.000	0.000	0.000	0.000	0.000	0.000	0.000	0.000	0.000	0.000	0.000	0.000	0.000	0.000	0.000
0.6	0.000	0.000	0.000	0.000	0.000	0.000	0.000	0.000	0.000	0.000	0.000	0.000	0.000	0.000	0.000	0.000	0.000	0.000	0.000	0.000	0.000
0.7	0.001	0.001	0.001	0.000	0.000	0.000	0.000	0.000	0.000	0.000	0.000	0.000	0.000	0.000	0.000	0.000	0.000	0.000	0.000	0.000	0.000
0.8	0.001	0.001	0.001	0.001	0.001	0.001	0.000	0.000	0.000	0.000	0.000	0.000	0.000	0.000	0.000	0.000	0.000	0.000	0.000	0.000	0.000
0.9	0.002	0.002	0.002	0.001	0.001	0.001	0.001	0.001	0.001	0.000	0.000	0.000	0.000	0.000	0.000	0.000	0.000	0.000	0.000	0.000	0.000
1.0	0.004	0.003	0.003	0.002	0.002	0.002	0.001	0.001	0.001	0.001	0.001	0.000	0.000	0.000	0.000	0.000	0.000	0.000	0.000	0.000	0.000
1.1	0.005	0.005	0.004	0.003	0.003	0.002	0.002	0.002	0.001	0.001	0.001	0.001	0.001	0.001	0.000	0.000	0.000	0.000	0.000	0.000	0.000
1.2	0.008	0.007	0.006	0.005	0.004	0.003	0.003	0.002	0.002	0.002	0.002	0.001	0.001	0.001	0.001	0.001	0.001	0.000	0.000	0.000	0.000
1.3	0.011	0.009	0.008	0.007	0.006	0.005	0.004	0.004	0.003	0.003	0.002	0.002	0.002	0.001	0.001	0.001	0.001	0.001	0.001	0.000	0.000
1.4	0.014	0.012	0.011	0.009	0.008	0.007	0.006	0.005	0.004	0.004	0.003	0.003	0.002	0.002	0.002	0.001	0.001	0.001	0.001	0.001	0.001
1.5	0.019	0.016	0.014	0.012	0.011	0.009	0.008	0.007	0.006	0.005	0.004	0.004	0.003	0.003	0.002	0.002	0.002	0.002	0.001	0.001	0.001
1.6	0.024	0.021	0.018	0.016	0.014	0.012	0.011	0.009	0.008	0.007	0.006	0.005	0.005	0.004	0.003	0.003	0.002	0.002	0.002	0.002	0.001
1.7	0.030	0.026	0.023	0.020	0.018	0.016	0.014	0.012	0.011	0.009	0.008	0.007	0.006	0.005	0.005	0.004	0.003	0.003	0.003	0.002	0.002
1.8	0.036	0.032	0.029	0.025	0.022	0.020	0.017	0.015	0.013	0.012	0.010	0.009	0.008	0.007	0.006	0.005	0.005	0.004	0.003	0.003	0.003
1.9	0.044	0.039	0.035	0.031	0.028	0.025	0.022	0.019	0.017	0.015	0.013	0.012	0.010	0.009	0.008	0.007	0.006	0.005	0.005	0.004	0.003
2.0	0.053	0.047	0.042	0.038	0.034	0.030	0.027	0.024	0.021	0.019	0.017	0.015	0.013	0.011	0.010	0.009	0.008	0.007	0.006	0.005	0.005
2.1	0.062	0.056	0.050	0.045	0.041	0.036	0.032	0.029	0.026	0.023	0.020	0.018	0.016	0.014	0.013	0.011	0.010	0.009	0.008	0.007	0.006
2.2	0.072	0.066	0.059	0.053	0.048	0.043	0.039	0.035	0.031	0.028	0.025	0.022	0.020	0.018	0.016	0.014	0.012	0.011	0.010	0.008	0.007
2.3	0.084	0.076	0.069	0.062	0.057	0.051	0.046	0.041	0.037	0.033	0.030	0.027	0.024	0.021	0.019	0.017	0.015	0.013	0.012	0.011	0.009

续表

t/K \ n	5.0	5.1	5.2	5.3	5.4	5.5	5.6	5.7	5.8	5.9	6.0	6.1	6.2	6.3	6.4	6.5	6.6	6.7	6.8	6.9	7.0
2.4	0.096	0.087	0.080	0.072	0.066	0.060	0.054	0.049	0.044	0.040	0.036	0.032	0.029	0.026	0.023	0.021	0.018	0.016	0.015	0.013	0.012
2.5	0.109	0.100	0.091	0.083	0.076	0.069	0.063	0.057	0.051	0.047	0.042	0.038	0.034	0.031	0.028	0.025	0.022	0.020	0.018	0.016	0.014
2.6	0.123	0.113	0.103	0.095	0.086	0.079	0.072	0.066	0.060	0.054	0.049	0.044	0.040	0.036	0.033	0.029	0.027	0.024	0.021	0.019	0.017
2.7	0.137	0.126	0.116	0.107	0.098	0.090	0.082	0.075	0.068	0.062	0.057	0.052	0.047	0.042	0.038	0.035	0.031	0.028	0.025	0.023	0.021
2.8	0.152	0.141	0.130	0.120	0.110	0.101	0.093	0.085	0.078	0.071	0.065	0.059	0.054	0.049	0.045	0.040	0.037	0.033	0.030	0.027	0.024
2.9	0.168	0.156	0.144	0.133	0.123	0.114	0.105	0.096	0.088	0.081	0.074	0.068	0.062	0.057	0.052	0.047	0.043	0.039	0.035	0.032	0.029
3.0	0.185	0.172	0.160	0.148	0.137	0.127	0.117	0.108	0.099	0.091	0.084	0.077	0.071	0.065	0.059	0.054	0.049	0.045	0.041	0.037	0.034
3.1	0.202	0.188	0.175	0.163	0.151	0.140	0.130	0.120	0.111	0.102	0.094	0.087	0.080	0.073	0.067	0.061	0.056	0.051	0.047	0.043	0.039
3.2	0.219	0.205	0.192	0.179	0.166	0.155	0.144	0.133	0.123	0.114	0.105	0.097	0.090	0.082	0.076	0.070	0.064	0.058	0.053	0.049	0.045
3.3	0.237	0.223	0.208	0.195	0.182	0.170	0.158	0.147	0.136	0.126	0.117	0.108	0.100	0.092	0.085	0.078	0.072	0.066	0.061	0.056	0.051
3.4	0.256	0.240	0.226	0.211	0.198	0.185	0.173	0.161	0.150	0.139	0.129	0.120	0.111	0.103	0.095	0.088	0.081	0.075	0.069	0.063	0.058
3.5	0.275	0.259	0.243	0.229	0.214	0.201	0.188	0.176	0.164	0.153	0.142	0.132	0.123	0.114	0.106	0.098	0.090	0.084	0.077	0.071	0.065
3.6	0.294	0.277	0.261	0.246	0.231	0.217	0.204	0.191	0.179	0.167	0.156	0.145	0.135	0.126	0.117	0.108	0.100	0.093	0.086	0.079	0.073
3.7	0.313	0.296	0.280	0.264	0.249	0.234	0.220	0.207	0.194	0.182	0.170	0.159	0.148	0.138	0.129	0.120	0.111	0.103	0.096	0.088	0.082
3.8	0.332	0.315	0.298	0.282	0.266	0.251	0.237	0.223	0.210	0.197	0.184	0.173	0.162	0.151	0.141	0.131	0.122	0.114	0.106	0.098	0.091
3.9	0.352	0.334	0.317	0.300	0.284	0.269	0.254	0.239	0.226	0.212	0.199	0.187	0.176	0.164	0.154	0.144	0.134	0.125	0.116	0.108	0.101
4.0	0.371	0.353	0.336	0.319	0.303	0.287	0.271	0.256	0.242	0.228	0.215	0.202	0.190	0.178	0.167	0.156	0.146	0.137	0.128	0.119	0.111
4.2	0.410	0.392	0.374	0.357	0.340	0.323	0.307	0.291	0.276	0.261	0.247	0.233	0.220	0.207	0.195	0.183	0.172	0.162	0.151	0.142	0.133
4.4	0.449	0.430	0.412	0.394	0.377	0.360	0.343	0.327	0.311	0.295	0.280	0.266	0.251	0.238	0.225	0.212	0.200	0.188	0.177	0.167	0.156
4.6	0.487	0.468	0.450	0.432	0.414	0.397	0.379	0.363	0.346	0.330	0.314	0.299	0.284	0.270	0.256	0.242	0.229	0.217	0.205	0.193	0.182
4.8	0.524	0.505	0.487	0.469	0.451	0.433	0.416	0.399	0.382	0.365	0.349	0.333	0.318	0.303	0.288	0.274	0.260	0.247	0.234	0.221	0.209
5.0	0.560	0.541	0.523	0.505	0.487	0.470	0.452	0.435	0.418	0.401	0.384	0.368	0.352	0.336	0.321	0.306	0.292	0.278	0.264	0.251	0.238
5.2	0.594	0.576	0.558	0.541	0.523	0.505	0.488	0.470	0.453	0.436	0.419	0.402	0.386	0.370	0.354	0.339	0.324	0.309	0.295	0.281	0.268
5.4	0.627	0.609	0.592	0.575	0.557	0.540	0.522	0.505	0.488	0.471	0.454	0.437	0.421	0.404	0.388	0.372	0.357	0.342	0.327	0.312	0.298

续表

n t/K	5.0	5.1	5.2	5.3	5.4	5.5	5.6	5.7	5.8	5.9	6.0	6.1	6.2	6.3	6.4	6.5	6.6	6.7	6.8	6.9	7.0
5.6	0.658	0.641	0.624	0.607	0.590	0.573	0.556	0.539	0.522	0.505	0.488	0.471	0.455	0.438	0.422	0.406	0.390	0.375	0.359	0.344	0.330
5.8	0.687	0.671	0.655	0.639	0.622	0.606	0.589	0.572	0.555	0.538	0.522	0.505	0.488	0.472	0.456	0.439	0.423	0.408	0.392	0.377	0.362
6.0	0.715	0.700	0.684	0.668	0.652	0.636	0.620	0.604	0.587	0.571	0.554	0.538	0.521	0.505	0.489	0.472	0.456	0.440	0.425	0.409	0.394
6.2	0.741	0.726	0.712	0.696	0.681	0.666	0.650	0.634	0.618	0.602	0.586	0.570	0.553	0.537	0.521	0.505	0.489	0.473	0.457	0.441	0.426
6.4	0.765	0.751	0.737	0.723	0.708	0.693	0.678	0.663	0.648	0.632	0.616	0.600	0.585	0.569	0.553	0.537	0.521	0.505	0.489	0.473	0.458
6.6	0.787	0.774	0.761	0.748	0.734	0.720	0.705	0.690	0.676	0.661	0.645	0.630	0.614	0.599	0.583	0.568	0.552	0.536	0.520	0.505	0.489
6.8	0.808	0.796	0.783	0.771	0.758	0.744	0.730	0.716	0.702	0.688	0.673	0.658	0.643	0.628	0.613	0.597	0.582	0.567	0.551	0.536	0.520
7.0	0.827	0.816	0.804	0.792	0.780	0.767	0.754	0.741	0.727	0.713	0.699	0.685	0.671	0.656	0.641	0.626	0.611	0.596	0.581	0.566	0.550
7.2	0.844	0.834	0.823	0.812	0.800	0.788	0.776	0.764	0.751	0.738	0.724	0.710	0.697	0.682	0.668	0.654	0.639	0.624	0.610	0.595	0.580
7.4	0.860	0.851	0.841	0.830	0.819	0.808	0.797	0.785	0.773	0.760	0.747	0.734	0.721	0.708	0.694	0.680	0.666	0.652	0.637	0.623	0.608
7.6	0.875	0.866	0.857	0.847	0.837	0.826	0.816	0.805	0.793	0.781	0.769	0.757	0.744	0.731	0.718	0.705	0.691	0.678	0.664	0.650	0.635
7.8	0.888	0.880	0.871	0.862	0.853	0.843	0.833	0.823	0.812	0.801	0.790	0.778	0.766	0.754	0.741	0.729	0.716	0.702	0.689	0.675	0.662
8.0	0.900	0.893	0.885	0.877	0.868	0.859	0.850	0.840	0.830	0.819	0.809	0.798	0.786	0.775	0.763	0.751	0.738	0.726	0.713	0.700	0.687
8.2	0.911	0.904	0.897	0.889	0.881	0.873	0.864	0.855	0.846	0.836	0.826	0.816	0.805	0.795	0.783	0.772	0.760	0.748	0.736	0.723	0.710
8.4	0.921	0.915	0.908	0.901	0.894	0.886	0.878	0.870	0.861	0.852	0.843	0.833	0.823	0.813	0.802	0.791	0.780	0.769	0.757	0.745	0.733
8.6	0.930	0.924	0.918	0.912	0.905	0.898	0.891	0.883	0.875	0.866	0.858	0.849	0.839	0.830	0.820	0.810	0.799	0.788	0.777	0.766	0.754
8.8	0.938	0.933	0.927	0.921	0.915	0.909	0.902	0.895	0.887	0.880	0.872	0.863	0.855	0.846	0.836	0.827	0.817	0.807	0.796	0.785	0.774
9.0	0.945	0.940	0.935	0.930	0.924	0.918	0.912	0.906	0.899	0.892	0.884	0.877	0.869	0.860	0.851	0.842	0.833	0.824	0.814	0.804	0.793
10	0.971	0.968	0.965	0.962	0.958	0.955	0.951	0.947	0.942	0.938	0.933	0.928	0.922	0.917	0.911	0.905	0.898	0.892	0.885	0.877	0.870
11	0.985	0.983	0.982	0.980	0.978	0.976	0.973	0.971	0.968	0.965	0.962	0.959	0.956	0.952	0.949	0.945	0.940	0.936	0.931	0.926	0.921
12	0.992	0.992	0.991	0.990	0.988	0.987	0.986	0.985	0.983	0.981	0.980	0.978	0.976	0.974	0.971	0.969	0.966	0.964	0.961	0.957	0.954
13	0.996	0.996	0.995	0.995	0.994	0.994	0.993	0.992	0.991	0.990	0.989	0.988	0.987	0.986	0.984	0.983	0.981	0.980	0.978	0.976	0.974
14	0.998	0.998	0.998	0.997	0.997	0.997	0.996	0.996	0.996	0.995	0.994	0.994	0.993	0.993	0.992	0.991	0.990	0.989	0.988	0.987	0.986
15	0.999	0.999	0.999	0.999	0.999	0.998	0.998	0.998	0.998	0.997	0.997	0.997	0.997	0.996	0.996	0.995	0.995	0.994	0.994	0.993	0.992

参 考 文 献

[1] 张子贤．工程水文及水利计算［M］．2版．北京：中国水利水电出版社，2015.

[2] 拜存有，高建峰，张子贤，等．工程水文及水利计算［M］．3版．郑州：黄河水利出版社，2016.

[3] 拜存有，高建峰，张子贤，等．工程水文及水利计算水文技能训练项目集［M］．郑州：黄河水利出版社，2016.

[4] 《工程水文及水利计算》课程建设团队．工程水文及水利计算［M］．北京：中国水利水电出版社，2015.

[5] 《工程水文及水利计算》课程建设团队．《工程水文及水利计算》工学结合案例及技能训练项目集［M］．北京：中国水利水电出版社，2015.

[6] 黎国胜，刘贤娟，于玲．工程水文与水利计算［M］．2版．郑州：黄河水利出版社，2015.

[7] 魏永霞，王丽学．工程水文学［M］．北京：中国水利水电出版社，2012.

[8] 詹道江，徐向阳，陈元芳．工程水文学［M］．4版．北京：中国水利水电出版社，2013.

[9] 中华人民共和国水利部．水文基本术语和符号标准：GB/T 50095—2014［S］．北京：中国计划出版社，2015.

[10] 水利部水利水电规划设计总院．水利水电工程技术术语：SL 26—2012［S］．北京：中国水利水电出版社，2012.

[11] 水利部水文局．降水量观测规范：SL 21—2015［S］．北京：中国水利水电出版社，2015.

[12] 中华人民共和国水利部．水位观测标准：GB/T 50138—2010［S］．北京：中国计划出版社，2010.

[13] 中华人民共和国水利部．河流流量测验规范：GB 50179—2015［S］．北京：中国计划出版社，2015.

[14] 中华人民共和国水利部．河流悬移质泥沙测验规范：GB/T 50159—2015［S］．北京：中国计划出版社，2015.

[15] 水利部长江水利委员会水文局．水文资料整编规范：SL 247—2012［S］．北京：中国水利水电出版社，2012.

[16] 水利部长江流域水环境监测中心．水环境监测规范：SL 219—2013［S］．北京：中国水利水电出版社，2014.

[17] 辽宁省水文水资源勘测局．水面蒸发观测规范：SL 630—2013［S］．北京：中国水利水电出版社，2014.

[18] 水利部水利水电规划设计总院．水利水电工程可行性研究报告编制规程：SL 618—2013［S］．北京：中国水利水电出版社，2013.

[19] 水利部水利水电规划设计总院．水利水电工程初步设计报告编制规程：SL 619—2013［S］．北京：中国水利水电出版社，2013.

[20] 水利部长江水利委员会水文局．水利水电工程水文计算规范：SL 278—2002［S］．北京：中国水利水电出版社，2002.

[21] 水利部农村电气化研究所．小型水电站水文计算规范：SL 77—2013［S］．北京：中国水利水电出版社，2014.

[22] 水利部水利水电规划设计总院，长江勘测规划设计研究有限责任公司．水利水电工程等级划

分及洪水标准：SL 252—2017 [S]. 北京：中国水利水电出版社，2017.

[23] 水利部水利水电规划设计总院，黄河勘测规划设计有限公司．防洪标准：GB 50201—2014 [S]. 北京：中国计划出版社，2015.

[24] 水利部长江水利委员会水文局．水利水电工程设计洪水计算规范：SL 44—2006 [S]. 北京：中国水利水电出版社，2006.

[25] 中国电建集团成都勘测设计研究院有限公司．水电工程泥沙设计规范：NB/T 35049—2015 [S]. 北京：中国电力出版社，2015.

[26] 水利部水利水电规划设计总院，长江勘测规划设计研究院．水利工程水利计算规范：SL 104—2015 [S]. 北京：中国水利水电出版社，2015.

[27] 中国电建集团西北勘测设计研究院有限公司．水电工程水利计算规范：NB/T 10083—2018 [S]. 北京：中国水利水电出版社，2019.

[28] 水利部农村电气化研究所．小水电水能设计规程：SL 76—2009 [S]. 北京：中国水利水电出版社，2010.

[29] 水利部水利水电规划设计总院，四川省水利水电勘测设计研究院．小型水力发电站设计规范：GB 50071—2014 [S]. 北京：中国计划出版社，2014.

[30] 长江水利委员会长江勘测规划设计研究院，水利部水利水电规划设计总院．水库调度设计规范：GB/T 50587—2010 [S]. 北京：中国计划出版社，2010.

[31] 水利部水工程安全与病害防治工程技术研究中心，长江科学院．水库调度规程编制导则：SL 706—2015 [S]. 北京：中国水利水电出版社，2015.

[32] 长江水利委员会长江勘测规划设计研究院．洪水调度方案编制导则：SL 596—2012 [S]. 北京：中国水利水电出版社，2012.

[33] 上海市政工程设计研究总院（集团）有限公司．室外给水设计标准：GB 50013—2018 [S]. 北京：中国计划出版社，2019.

[34] 住房和城乡建设部标准定额研究所城市建设研究院，中华人民共和国国家质量监督检验检疫总局．城镇给水排水技术规范：GB 50788—2012 [S]. 北京：中国建筑工业出版社，2012.

[35] 中国水利水电科学研究院．村镇供水工程技术规范：SL 310—2019 [S]. 北京：中国水利水电出版社，2019.

[36] 水利部水利水电规划设计总院，陕西省水利电力勘测设计研究院．灌溉与排水工程设计标准：GB 50288—2018 [S]. 北京：中国计划出版社，2018.

[37] 长江航道局．内河通航标准：GB 50139—2014 [S]. 北京：中国计划出版社，2014.